圆　茄

彩色辣椒

水果黄瓜

奶白菜

结球甘蓝

花椰菜（张建国提供）

韭　菜

紫菜花（张建国提供）

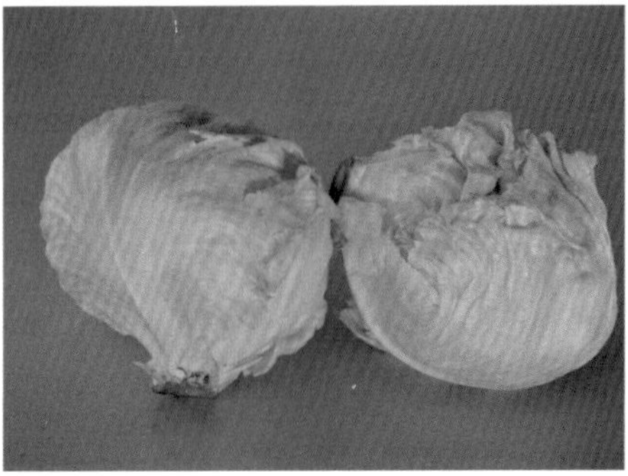

生　菜

紫甘蓝

茴　香

落　葵

萝卜（张建国提供）

豌　豆

油　菜

塑料棚温室种菜新技术

（第三版）

主　编

朱志方

编著者

臧成耀　王友田　王耀林

刘利云　王培运　曲淑英

郑玉福　戚长生　朱志方

本书被评为'97全国农村青年最喜爱的科普读物

本书荣获"第二届金盾版优秀畅销书奖"

金 盾 出 版 社

内容提要

本书由中国农业科学院蔬菜花卉研究所组织北京、沈阳和大连的专家编著和修订。此次修订汇集了当前国内外蔬菜生产的新设备、新品种、新技术。内容包括：温室及各种类型塑料大中小棚的结构、覆盖材料、设备和技术要求；适宜设施栽培的大路蔬菜品种、名特优稀蔬菜品种以及这些品种设施栽培的育苗、整地、施肥技术，多层覆盖保温、节能及控温技术，灌溉、嫁接、无土栽培技术；商品蔬菜产后处理技术。适合广大菜农、基层农业技术推广人员和农业院校有关专业师生阅读参考。

图书在版编目(CIP)数据

塑料棚温室种菜新技术/朱志方编著．—3版．— 北京：金盾出版社，2014.1(2018.6重印)

ISBN 978-7-5082-8808-6

Ⅰ.①塑… Ⅱ.①朱… Ⅲ.①蔬菜—塑料温室—温室栽培 Ⅳ.①S626.5

中国版本图书馆CIP数据核字(2013)第222765号

金盾出版社出版、总发行

北京市太平路5号(地铁万寿路站往南)

邮政编码：100036 电话：68214039 83219215

传真：68276683 网址：www.jdcbs.cn

彩色印刷：北京精美彩色印刷有限公司

黑白印刷：北京军迪印刷有限责任公司

装订：北京军迪印刷有限责任公司

各地新华书店经销

开本：850×1168 1/32 印张：12.625 彩页：4 字数：304千字

2018年6月第3版第18次印刷

印数：397 001～400 000册 定价：35.00元

目 录

第一章 设施园艺及覆盖材料

第一节 设施种类及其性能

设施园艺，是指采用各种材料建造成既有一定空间结构，又有较好采光、保温和增温效果的设备。它适于在常规季节内无法进行露地栽培的情况下，进行超时令的园艺作物栽培，以满足人们生活的需要，如栽培各种蔬菜、果品的温室、大中小塑料棚和简易覆盖等，均属于设施园艺栽培。

一、温 室

在我国长江流域以北的广大地区，晚秋、冬季、早春期间，有较长时间的气温处于10℃以下，有的地区甚至气温降至－40℃～－50℃，大部分地区都不能实行作物露地栽培。特别是黄河流域以北的地区，此期间几乎不可能进行作物的露地栽培，冬闲时间长达半年之久。然而，温室却能有效地改善栽培环境条件，实现超时令的作物栽培，生产出各种蔬菜产品，以满足市场需求，并为农业生产创造出良好的经济效益。

温室的结构和方位，总的要求是采光、增温和保温性能良好。但在设施的具体结构和取材方面，各地又有其不同的特点。一是由于各地区的地理位置不同，其经纬度、太阳入射角度、气候资源亦有所不同；二是各地区的经济发展水平不同，其资金实力、使用的建筑材料等条件亦不同，因而各地区的温室具有各自的特点；三是我国温室至今仍没有统一的叫法和严格的分类，各地温室建造尚处于各自探索阶段。

按能源的供给方式，可分为加温（炉火或水暖）温室和不加温温室；按前屋面覆盖材料，可分为玻璃温室和塑料温室；按用途可分为生产型温室、育苗型温室和育苗生产兼用型温室；按结构形式，可分为一面坡温室、二折式温室和三折式温室。近些年来，各地还建造了现代化大型温室，它具有结构高大、全钢全玻璃、锅炉供暖、大面积连跨和能实行机械操作等特点。因类型多样，本书只能以北京、沈阳和大连等地区为代表，分别介绍其有代表性的类型，以供参考。

到目前为止，我国北方地区，由于多年来因玻璃材料紧缺，价格昂贵，又易破损，玻璃温室极少，几乎用塑料温室代替了玻璃温室。

（一）冬季生产型温室

以深秋、冬季、早春季节生产茄果类、瓜类、豆类喜温蔬菜为主，可兼作蔬菜育苗用。有2种代表类型。

1. 传统型　后墙多为夯实土墙，墙高1.2～1.5米，墙体厚约0.5米，屋脊高1.8～2米，前柱高0.6米，每间宽3～3.3米。前沿至后墙内跨度宽5～6米。其中后墙设1个通风窗约40厘米^2，每3间设1个火炉加温。后墙与脊柱间（含烟道与人行道）宽1.2～1.3米。栽培床跨度3.5～4米。此类温室的长度主要看地块而定，其长度可在30～60米之间，如果采用一侧设门供人进出的单栋温室，一般长40～60米；如果在温室中间部位设一工作间，再在工作间靠北墙的东西两侧各开启一个门，供人进出两侧的温室，则两边的温室长度可分别为30～50米，整排温室加中间的操作间总长度可达70～100米。所以，温室长度取决于地块的长度。拱杆多用竹竿。这类温室的优点是升温快、保温性能好、省能源（煤）；缺点是跨度短、高度矮、空间小，不便于作业，栽培面积小（图1-1）。

2. 通用型　为克服传统型温室的缺点，北京地区十几年来大

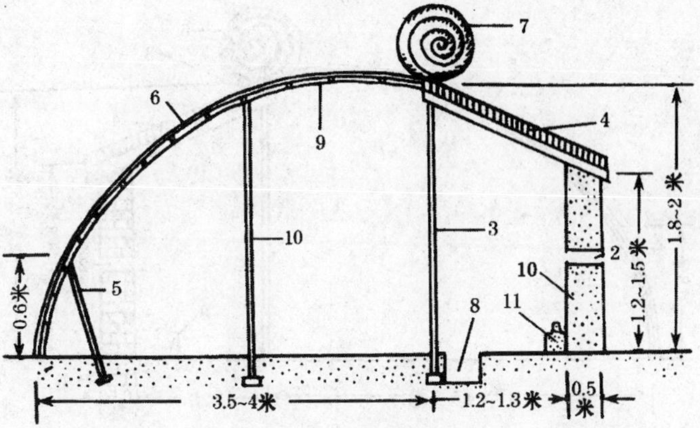

图 1-1 北京传统型生产温室示意图

1. 后土墙 2. 通风孔 3. 脊柱 4. 后屋顶 5. 前柱 6. 塑料薄膜 7. 蒲苫 8. 室内人行道 9. 拱杆 10. 中柱 11. 炉灶

力发展一种比较高大的温室。这种温室的内部总跨度达 6.5 米以上，甚至有的达到 7.5 米。后墙砖砌，厚约 0.5 米，墙体高 1.6～1.8 米，屋脊高 2.1～2.3 米，其中后墙至脊柱间距（包括烟道与人行道位置）1.2 米，走道不下挖。一般不设中柱、前柱，拱杆用圆钢或镀锌薄壁钢管，间宽 3～3.3 米，每间后墙设一通风孔，后屋面多采用水泥盖板。栽培床的跨度为 4.5～5 米，温室长的长度同传统型温室的设计（图 1-2）。

3. 育苗、生产兼用型温室 我国北方地区，不论是设施园艺栽培，还是露地栽培，绝大部分蔬菜均进行育苗移栽，而且培育出壮苗是生产过程中的一个重要环节。

温室的空间高大，床面宽，采光好，但升温较慢，冬季不宜生产喜温的茄果类、瓜类、豆类蔬菜，多用于生产耐寒性强的蔬菜，接着用于育苗，再接茬生产茄果类、瓜类、豆类蔬菜。一般栽培床跨度为 5.5～6 米。后墙至栽培床间距为 1.2 米，后墙高 2～2.3 米。墙体有单墙、夹皮墙（中空加填充物）和双墙，双墙间留 1.5 米以上

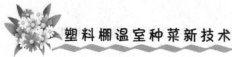

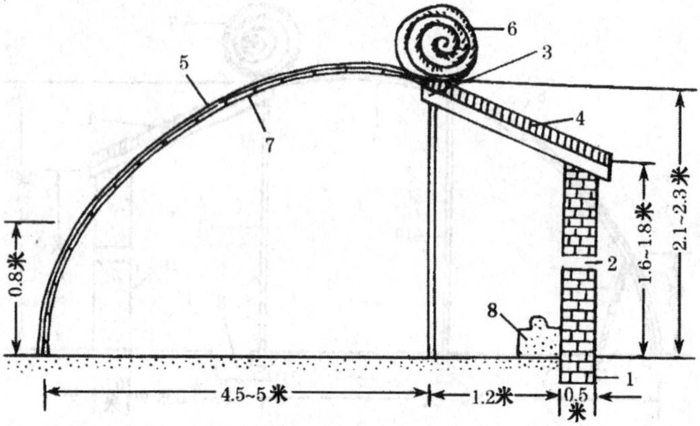

图 1-2　北京通用型生产温室示意图

1. 砖墙　2. 通风孔　3. 屋脊　4. 盖板　5. 塑料薄膜
6. 蒲苫　7. 拱杆　8. 炉灶

大空间(作暗室或走道),脊高 2.5～3 米,距南沿 1 米处拱高 1 米左右。此类温室可用于营养钵、盘立体育苗,即用多层架分层放置育苗钵、盘,加强空间利用。前屋面可用竹、木建材,也可用水泥柱加竹拱杆,或用钢筋拱架和镀锌薄壁钢管拱架。用竹木建材成本低,但施工麻烦,且室内遮光多,作业不方便,耐久性较差。拱杆用细竹竿时,需 2～3 根拼接起来使用,若选粗毛竹则较省工,拱杆间距视材料而定,一般为 0.3～0.5 米,用钢筋或镀锌薄壁钢管为拱架的,一般为 0.8～1 米。为使拱架牢固、耐压,一般设 2～3 排立柱作支撑(似图 1-1 中柱、前柱),立柱与拱杆的拉杆要捆扎牢固,连成一体,防止变形或下塌。

(二)节能型日光温室

又称全日光温室。它利用太阳能作能源。实践证明,华北广大地区及辽宁省的昌图县虻牛乡以南的地区,即北纬 43°09′,1 月份平均气温在－15℃以南的地区,均已成功地靠日光温室冬季生产喜温蔬菜,如黄瓜、茄子、西葫芦、豆角、番茄等,获取了高效益,成为农民致富的一项新技术。节能型温室的发展，带来良好的社会和经济效益：一是节省用煤，每 667 米^2 地一个生长季可节煤 40 吨；二是卫生、安全，大大减少了燃煤生烟后对大气的污染，操作人员也不会因煤气中毒而发生人身安全的危险；三是提高土地利用率 20%以上；四是改善了冬春季北方鲜菜供应情况，减少了南菜北运，又富裕了当地农民。有关专家指出：这一技术的突破，适用于北纬 33°～43°之间的广大地区开发应用。

发展节能型日光温室，要抓好以下几项关键技术环节。

1. 节能型日光温室的设计与建造　因节能型日光温室其能源是靠自然光能，所以在设计与建造时，必须围绕白天采光性能好，以达到升温快的目的，同时保证蓄热性能也要好(散热慢)，要求当地最低温时，室内气温仍能达到 8℃以上，栽培床的土层 10 厘米深地温在 10℃，以保证正常生产的茄果类、瓜类、豆类等喜温蔬菜的最低温度的需要；在建筑材料的选用上，新发展的菜区或经济收入水平较低的农户要就地取材，以降低造价，提高效益。一般用竹结构骨架时，投入和产出比为 1∶4 左右，高的达 1∶5，而加温温室的投入产出比只有 1∶1。老菜区或经济条件较好的农户，用材标准应要求高一些，可选用圆钢(筋)或镀锌薄壁钢管作拱架，其优点是既实用又好看(整齐美观)，使用时间长，又无柱，便于操作，大大减少了遮阴度，每年的折旧率也低。

2. 节能型日光温室建造参数

(1)跨度　指北墙内侧至南沿底脚宽为 6～7 米。不宜过大或过小，一般跨度加大 1 米要相应增加脊高 0.2 米、后坡宽度要增加 0.5 米，带来很多不利条件。

(2)高度　指屋脊最高处。它的高或矮直接影响日光温室空间的大小及光热状况，也影响作物的生育。空间小的日光温室热容量小，受光后升温快，但午后到夜间降温也快，空气对流和热辐射量小，遇到寒流、阴天、低温时，其缓冲能力弱，作物易造成冻害。

合理的高度，可提高白天采光能力，增加室内蓄热量。在保温性能好的情况下，可大大减缓夜间降温速度。

(3)长度　没有硬性规定，但长度在20米以下时，室内两头山墙遮阴面积与整栋温室面积的比例较大，作物受不良环境影响的面积也大。温室太长，超过60米，在管理上会增加许多困难，如产品、生产资料、苗木等搬运十分不便，一般单向长度以30～60米为宜。

(4)前屋面坡度(角)　日光温室向阳面多为塑料薄膜覆盖的采光屋面，与地平面构成的夹角叫屋面角，屋面角大小与太阳高度角形成不同的光线入射角，由于入射角不同，光线的入射量与反射损失量也不同。屋面角受建造形式的影响，拱圆式、二折式和三折式屋面，其屋面角不同，采光性能均有所差别。确定日光温室的屋面角，可综合参考两个因素，以日光温室生产季内的光照强度弱、时数短的冬至节气的太阳高度角为依据(各地不同)，同时考虑屋面形式。当然，合理的管理技术也是重要的一环。一般屋面角平均在20°～30°，北京地区认为，屋面采用拱圆式较好，它的底脚部分呈50°～60°角，中段在20°～30°角，上段为15°～20°角，而其中底脚，尤其是中段，为冬春季生产的主要受光面，两者的面积应占前屋面的3/5～3/4。至于上段(接近屋脊部分)，主要考虑便于拉、放草苫和排除雨雪积水及开天窗通风换气的作业。

(5)前后坡的宽度比　可分3种情况。第一种是短后坡式，其前后坡比为3∶1；第二种是长后坡式，其前后坡比为2∶1；第三种是无后坡式，其前屋面上端直接架设在较高的后墙上。从实践看，后坡长些，有利于提高日光温室的保温性能，但因前坡较短，白天采光面较小，升温慢些。前坡长后坡短，白天升温快而夜间保温力较差。前屋面大的短后坡温室虽然增温系数大，但受天气影响也大，晴天增温多，云天增温少，阴天时其增温幅度不比长后坡大。所以，日光温室设计，不应过分强调增大采光屋面，而应着重考虑采光角度,有利于提高进光量,减少散热,保温好等。无后坡温室,采光性能虽好,但散热多,保温能力差,除非用于生产较高大的作物,如葡萄等,一般不用于瓜果蔬菜生产。

(6)墙 日光温室的墙有后墙和山(侧)墙,是保证温室结构牢固、安全和具有足够的蓄热保温能力的主体结构,为此,要用热阻大的建筑材料,并有足够的厚度。目前,我国各地日光温室的墙体用材,有黏土夯实土墙、泥草垛墙、红砖砌墙、炉渣空心砖砌墙等。在保证牢固、耐久性的基础上,为降低成本,各地均可就地取材。如大连市瓦房店等地天然石料多,也可用石料砌墙。单层砖墙,只要有 240 毫米厚,就能保证其强度,但保温性能不够,特别是纬度越高温差越大,其墙外要培防寒土、填堆秸秆、稻草等物,以提高保温性能。也有采用空心墙形式的,即里墙 120 毫米红砖砌墙,加 120 毫米空心层,再加 240 毫米厚的外层红砖墙,只是成本增大。炉渣空心砖砌墙,不但重量轻,砂浆用量少,保温性能也好于实心墙,成本还低。后墙外堆防寒物,防寒保温效果显著。从实践经验看,在北纬 35°地区,其厚度要达到 50～60 厘米;在北纬 38°～40°地区,包括墙体以达到 80～150 厘米为好。

(7)后屋面及支柱 也称后坡、后屋顶,是一种维护结构,起隔热保温作用,也是卷放草苫、纸被及作业的部位。后屋面宽 1～2.5 米不等(上至屋脊最高点,下至后墙体外缘,有的还突出墙体外 10 厘米左右),后屋面保持有 15°～30°的仰角。后屋面及其支撑骨架是由柱、柁、檩、箔、草泥、秸秆和泥土等构成。也可用钢筋混凝土预制件,包括支柱、梁、空心板或槽形板。上面再覆盖草泥等,但其保温性能远不如麦秸、稻草泥的后屋面。后屋面的支柱也称脊柱,它的顶部和后墙顶部支撑柁木。一般 3～3.3 米宽为一间,柁上架檩,再铺秫秸、草泥等保温防寒物,或在脊柱与后墙间直接铺设预制件。在辽宁省海城地区,后屋面的总厚度达 70 厘米以上;河南、山东、河北南部等较暖地区,后屋面的防寒层可适当薄些。

(8)前屋面　也称南屋面，主要功能是采光，由拱架(支柱、腰檩、竹拱或钢筋拱、钢管拱等)、薄膜、压膜线等物构成。南屋面的拱架要考虑牢固性和减少遮光。选材可用粗毛竹、竹片、镀锌钢管或钢筋，甚至用钢筋焊接成的花架。视材料的牢固性而定，一般50～80厘米设一拱架，上端固定在脊檩上，下端埋入日光温室前沿的土中，使拱架形成半拱形。有三折式、二折式和拱圆式等(图1-3至图1-6)。

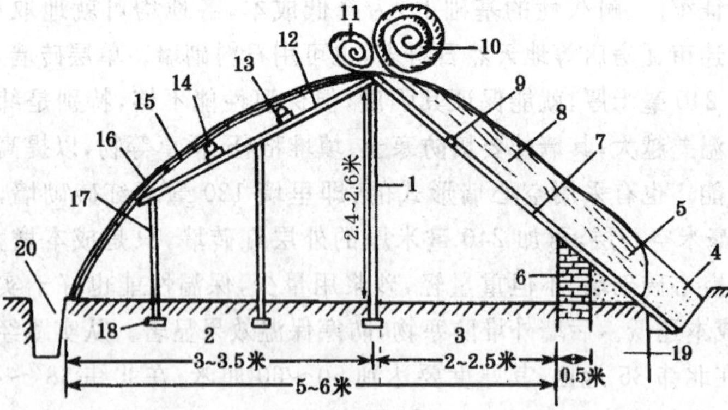

图1-3　辽宁省海城市感王式日光温室示意图

1. 脊柱　2. 脊柱前部　3. 脊柱后部　4. 后防寒沟　5. 防寒土　6. 后墙　7. 柁　8. 后坡覆盖物　9. 檩　10. 草苫　11. 纸被　12. 拱杆架梁　13. 横向连接梁　14. 吊柱　15. 拱杆　16. 薄膜　17. 前支柱　18. 基石　19. 后墙外填土部位　20. 前防寒沟

(9)薄膜　前屋面拱架上覆盖的透明薄膜，我国有聚乙烯树脂和聚氯乙烯树脂为主料生产的2种类型的薄膜。这2种树脂加入不同的助剂，均可生产出有耐老化(使用期1年以上)、保温、无滴、阻隔紫外线光等功能的薄膜。厚度为0.1～0.12毫米，幅宽1～7米。聚氯乙烯薄膜拉力大，但防尘性较差，比重大，单位面积用量大；聚乙烯薄膜，防尘好，比重轻，用量小。全国各地几乎2种薄膜并行使用。

(10)压膜线　可用8号铅丝、尼龙绳、聚丙烯绳、细竹竿和专用扁型压膜线等。用铅丝作压膜线吸热快、温度高，且易生锈，易引起薄膜老化、破损。尼龙绳或聚丙烯绳的伸缩性大，不易压紧薄膜，本身也易老化。细竹竿固定薄膜的效果虽好，但要在膜上穿孔、捆牢，有时造成薄膜破损。专用扁型压膜线，可用2～3年，伸缩性小，强度大，效果好。因在聚丙烯作包裹材料时，其中间加了拉力大、不易抻断的钢丝或尼龙线等材料，既克服了纯树脂线易老化和压不紧的缺点，又克服了纯钢丝易生锈和影响薄膜使用寿命等问题，是一种比较理想的压膜线，现已被广泛应用于大面积的生产实践。

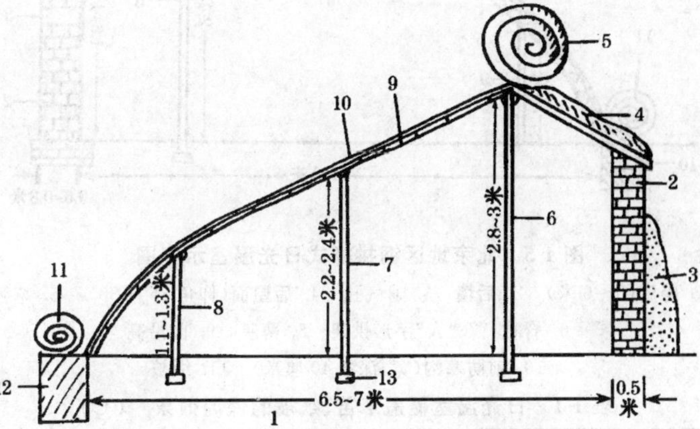

图1-4　大连市瓦房店式日光温室示意图

1. 栽培床面宽　2. 后墙　3. 防寒土(厚约1米)　4. 后屋面覆盖物　5. 草苫　6. 脊柱　7. 中柱　8. 前柱　9. 拱杆　10. 薄膜　11. 纸被　12. 前防寒沟(宽30～40厘米，深40～50厘米)　13. 基石

(11)草苫和纸被　是日光温室前屋面用于夜间保温的不透明覆盖物。一般3～4厘米厚草苫能保温4℃～10℃，4～7层纸被(牛皮纸或水泥袋纸)也能保温4℃～6.8℃(表1-1)。但各地纬度不同，气候也不同，如天气晴、阴、雨、雪，其热量都不一样，保温效

果也不同，覆盖草苫和纸被越厚，保温效果越好。其中纸被体质轻、保温效果好，但多雨、雪的地区，易受雨、雪水浸湿损坏，若表面再加一层薄膜或涂清漆当保护层，能延长使用寿命，降低成本。高寒地区若也用棉被或再生棉毯等作防寒保温材料，效果虽好，但成本高，而且雨、雪多的地区，棉被易受潮，变得太重，影响使用。

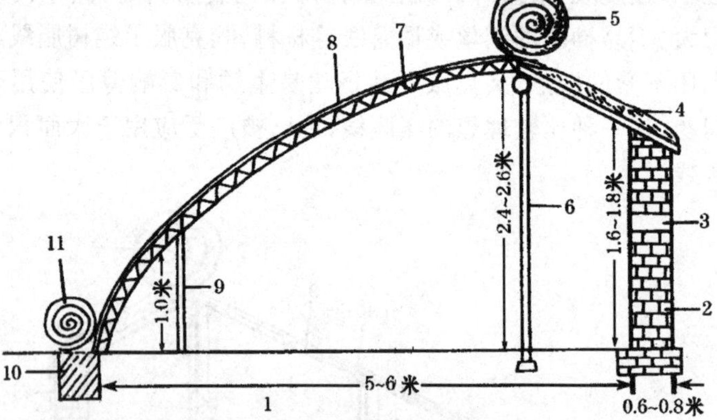

图 1-5　北京地区钢拱杆式日光温室示意图

1. 跨度(5～6 米)　2. 后墙　3. 通气孔　4. 后屋面(仰角 25°～30°)　5. 草苫　6. 脊柱　7."人"字形拱架　8. 薄膜　9. 前沿高　10. 前防寒沟(宽、深各 40 厘米)　11. 纸被

表 1-1　日光温室覆盖草苫、纸被的保温效果　(℃)

保温条件	早 4 时温度	室内外温差	加草苫增温	加纸被增温
室外温度	−18.0	—	—	—
不加草苫、纸被温室	−10.5	7.5	—	—
加盖草苫的温室	−0.5	17.5	10	—
加盖草苫、纸被的温室	6.3	24.3	—	6.8

(12)防寒沟　在日光温室南侧前沿挖宽 30～40 厘米、深40～60 厘米的防寒沟，沟上加盖埋好，用空气隔热，效果良好。为防止沟

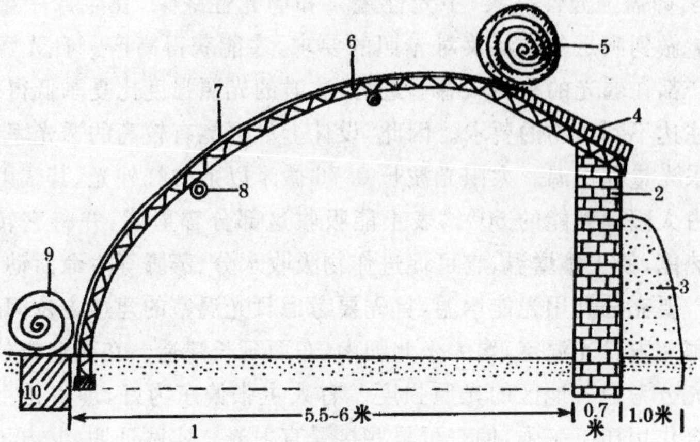

图 1-6 鞍山市钢架式日光温室示意图

1. 跨度 2. 后墙 3. 后墙外填土 后屋面 5. 草苫 6."人"字形钢拱架 7. 薄膜 8. 横向连接梁 9. 纸被 10. 前防寒沟

壁倒塌,沟内填入稻草、麦秸等物,以阻止热传导,利于温室保温。

(13)通风口 通风换气是日光温室生产中的一项重要作业,一是为了室内有充足的二氧化碳,二是放出水蒸气,降低空气湿度。一般设 2 排通风口,一排在近屋脊处,高温时易排出热气,另一排设在南屋面前沿离地 1 米高处,主要是换进气体,太高会降低换气效果,太低则易使冷空气放入室内,出现"扫地风",影响作物正常生长或出现冷、冻害。

(14)进出口 单排日光温室整排长度超过 20 间(60 米)以上时,常在温室一端或中间设一作业间,并在作业间的一面或两面墙上开设 1 个或 2 个门,用于通向温室室内。作业间可住人,也可放杂物、肥料等。面积小、长度短的温室,可不设作业间,只在一头山墙开门,供人进出。寒冷季节挂上门帘,以防冷空气进入室内。

3. 日光能的科学利用 温室与光的有关因素,主要是光照强度、光照时数和光质(波长)。根据蔬菜对光照的要求不同,可分为

3类，即需强光性蔬菜、中光性蔬菜和弱光性蔬菜，在生产中要尽可能做到满足各类蔬菜对光照的要求，才能获得高产。日光温室生产都在弱光的秋、冬、春季进行，这时的光照强度比夏季低得多，往往达不到作物的要求。因此，设计上尽可能有较高的透光率，加大采光量和保温。太阳光波长0.76微米以上的红外光，其辐射能约占太阳辐射能的50%，表土能吸收这部分辐射能，并将它转化成热能，使土壤增温，它可促进作物吸收水分、蒸腾等生命活动。

要充分利用光能增温，首先要考虑日光温室的建造方位问题。我国北方日光温室，均为坐北朝南、东西延长建造。在建造方位上要充分考虑各地区的光照强度。有人主张偏东为好，理由是上午光合作用比下午强，偏东可早些接受直射光。实践证明，北方不加温的日光温室在严寒的冬季，不能过早揭开草苫，否则室内温度不仅不能上升，反而会下降，实际上太阳出来一段时间后才能揭开草苫。因而，还是方位偏西一些，延长下午室内光照时间，有利于夜间保持较高温度。华北平原南部地区，可考虑方位正南或偏东，但不论偏东或偏西，均以偏角5°左右为宜，最大不要超过10°。

其次，要考虑阳光的透光率。照射到温室薄膜上的阳光，一部分被反射掉，一部分被吸收掉，余下的光线透射到室内被利用。不同种类的薄膜对光线的吸收率是一定的，即光线的透光率取决于反射率的大小，反射率又与光线的入射角大小有直接关系，即入射角越小，其反射率也越小。但入射角与透光率并不是简单的直线关系，当入射角在0°～40°、40°～60°和60°～90°范围内时，其透光率随入射角的增大分别表现为略有下降、明显下降和急剧下降(图1-7)。太阳光线与日光温室南屋面构成的入射角，既取决于太阳的高度角，又取决于南屋面的倾斜角。太阳的高度角与纬度、季节、时间、地点有关，即使在同一地点、同一时间内也与当地的坡度、坡向和地形差别有关。在采光设计中为使温室尽可能多地吸收太阳光和热，温室南屋面的倾斜度(屋面角)应同太阳光线的入射角配合得适当才能达到目的。从图1-7可以看出，0°的屋面角，以入射角为0°（或投射角为90°）最为理想，然而实际上是不可能的，因要达到此设计就必须使屋面的倾斜角加大到60°～70°，而且太阳光线的入射角只要不超过40°，光的透过率下降，就不超过4%。所以，日光温室南屋面角可依40°为设计参数，以达到良好的透光和较合理的断面尺寸。为使阳光对屋面构成一个较优的入射角，应依作物栽培期间的最低太阳高度角来确定屋面角度（图1-8）。

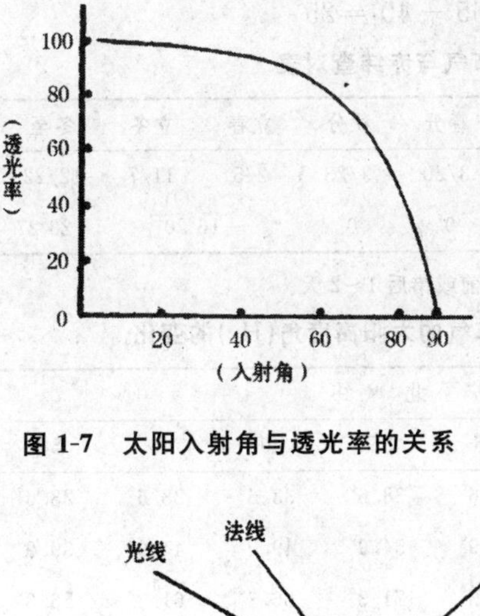

图1-7 太阳入射角与透光率的关系

我国北方以冬至节气的太阳高度角最低，无论哪个纬度和节气，中午时刻的太阳高度角，可按下列公式计算出来。

$$H_0=90°-\varphi+\delta$$

式中：H_0为太阳高度角；φ是纬度；δ是太阳的赤纬；90°为常数。

δ值可从表1-2中查

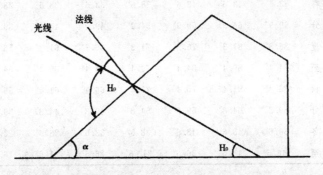

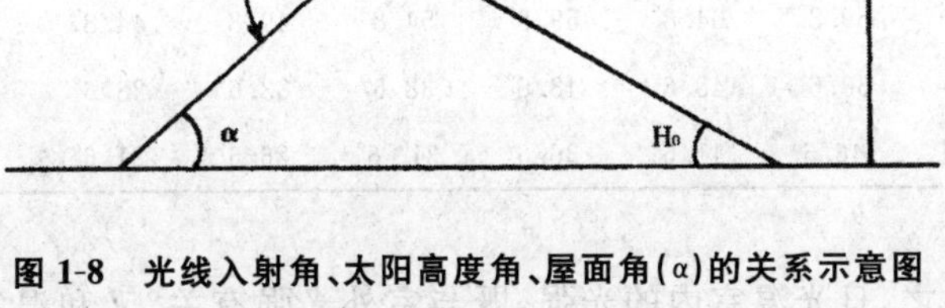

图1-8 光线入射角、太阳高度角、屋面角（α）的关系示意图

得。其他日期和节气的赤纬可从天文历查得。如果 H_0 的数值要求不太精确时，也可从表 1-3 查得。理想的屋面角（$\angle\alpha$）求法应为：$\angle\alpha = H_0' - H_0$，因为要求$\angle\alpha$ 为理想屋面角条件下，$\angle\alpha$ 应当为 0°，即 H_0' 为$\angle 90°$，所以$\angle\alpha = H_0' = 90° - H_0$，又因为其 $H_0 = 90° - \varphi + \delta$，结果是$\angle\alpha = 90° - (90° - \varphi + \delta) = \varphi - \delta$。如地理位置在某地为 41.5°时，则设计其日光温室的理想屋面角（最优）$\angle\alpha$ 和实用理想屋面角（较优）$\angle\alpha'$，应分别为：

$$\angle\alpha = \varphi - \delta = 41.5° - (-23.50°) = 65°$$

$$\angle\alpha' = 65° - 40° = 25°$$

表 1-2　节气与赤纬查对表

节气	夏至	立夏	立秋	春分	秋分	立春	立冬	冬至
月/日	6/21	5/5	8/7	3/20	9/23	2/5	11/7	12/22
赤纬 δ	+23°27′	+16°20′		0°	0°	−16°20′		−23°27′

注：节气与日期对照时间有时会提前或错后 1～2 天。

表 1-3　不同纬度各节气的太阳高度角（H_0）的变化

季节	北纬						
	20°	25°	30°	35°	40°	45°	50°
立春	53.6°	48.6°	43.6°	38.6°	33.6°	28.6°	23.6°
春分	69.9°	64.9°	59.9°	54.9°	49.9°	44.9°	39.9°
立夏	86.3°	81.3°	76.3°	71.3°	66.3°	61.3°	56.3°
夏至	64.4°	89.4°	84.4°	79.4°	74.4°	69.4°	64.4°
立秋	86.4°	81.4°	76.4°	71.4°	66.4°	61.4°	56.4°
秋分	69.8°	64.8°	59.8°	54.8°	49.8°	44.8°	39.8°
立冬	53.6°	48.6°	43.6°	38.6°	33.6°	28.6°	23.6°
冬至	46.6	41.6°	36.6°	31.6°	26.6°	21.6°	16.6°

总之，日光温室内的光强，既与室外光强有关，又和温室结构

(包括方位、屋面角度、骨架遮阴)有关,还和薄膜的透光能力及其污染(尘埃、水滴)、老化程度有关。只有采取合理的建造方位,尽量减少骨架遮阴,屋面角设计合理,选用防尘、无滴、耐老化、透光率高的优质薄膜,就能实现日光温室较好地利用光热源。同时,在低温弱光季节栽培对光强要求较高的番茄、西瓜等作物时,除上述措施外,还可使用反光膜,使作物增加光照。管理上经常保持棚面清洁、多层覆盖白天揭开等,也可使作物增加光照。

加强光能利用的同时,还要使日光温室有良好的保温条件。这里既要考虑气温也要考虑地温,气温对作物地上部的茎、叶、花、果等器官影响较大;地温直接影响作物根部的生长与活力。气温和地温两者又互有影响。温度条件对作物来说,如果在适宜温度范围内,能保持作物的正常生长发育,细胞的原生质黏度低,生命活动也旺盛。多数喜温蔬菜最适温度范围为26℃～32℃,生存温度高限为40℃～45℃,低限为0℃～3℃。蔬菜栽培管理中,只要不突然大幅度变温,而采取逐渐变温的办法,使作物有个适应过程或者经过一段时间的锻炼,其适温范围就能更广,如番茄在气温低于8℃时即停止生长,0℃时就要冻死。若育苗时经低温炼苗,使之适应低温能力增强,则短时间在0℃～－3℃的低温条件下也不至于冻死。又如,黄瓜在水分充足的前提下,高温达48℃时,经2～3小时闷烤也不至于死亡。然而,日光温室的室内外温差大,且随季节、当日天气变化而有明显差异。昼夜温差较大,有利于作物白天制造较多养分,晚上消耗较少养分,从而使生物产量和经济产量较高。但室内气温是随外界自然气温变化而变化的,所以应做好日光温室的保温工作,越是偏北地区越要充分注意其保温性能,表1-4也能说明室内外温度变化之关系,白天上午升温快,下午降温快,夜间降温缓慢。据各地观察,12月份至翌年1月份,日光温室的最低气温在早晨揭苫前后,在不通风情况下,晴天上午平均每小时可升温5℃～6℃,到13时升至最高值,至15时降温速度开始加快，直至盖苫为止平均每小时降温 4℃～5℃。在日光温室内各部位温度分布也不是完全均匀的，一般是白天靠南面温度高，夜间则南低北高，白天离地高的部位（接近膜）温度高，离地近的部位低，中柱前距地面 1 米高处向上到棚顶、向南 1.5 米的范围内是温室的高温区，与室内北墙内侧基部温差可达 6℃。为此，要使作物保证正常生长，建造温室时，一要尽量采用导热系数小的材料，二要适当加厚墙体，三要采用多层覆盖，四要使封闭尽可能严密，防止缝隙散热，五要随时注意冷风从门窗进入室内，通风换气掌握适时适度，为减少土壤热传导，南侧设防寒沟，可提高 3℃～4℃地温。这几项防寒保温措施是日光温室应当注意的问题。经济条件较好的单位或农户，有的在北墙内侧采用泡沫塑料板作为隔热材料，板厚 3～5 厘米，其隔热、保温效果相当好。

表 1-4　日光温室内外最低温度的关系（℃）

区　分	室内外温度关系									
室外最低温度	0～−1	−2～−4	−5～−7	−8～−10	−11～−13	−14～−16	−17～−19	−20～−22	−23～−25	−26～−28
室内外最低温差	11	9.2	12.5	13.8	14.3	17.3	19.8	20.1	22.4	24.3

二、各种类型的塑料大棚

我国从 20 世纪 70 年代初开始发展塑料大棚以来，至今仍没有统一的概念或规定，多数按各地的农民、技术人员的习惯称谓。例如，山东等地，把三面有土墙、上盖塑料薄膜的日光温室也叫塑料大棚；河北等地的大部分地区把土墙高 1.2 米以下、宽度在 3～4 米以内、中高不超过 1.5 米的叫小型温室；北京把改良阳畦的结构称之为土壕子等。

为了使读者有较明确的概念，并与其他结构加以区别，本书提出用各种材料作支架，架设成一个整体结构，形成一定空间，支架上面覆盖塑料薄膜，占地面积宽 6 米以上，长 30 米以上，高 1.8 米以上，四周无墙体的设施，称塑料大棚。高 1.5～1.8 米以内，宽 6 米以下，长度不等，覆盖塑料薄膜，四周无墙体的设施，称塑料中棚。小于前述塑料中棚指标，不论固定支架还是临时支架，无墙体的，称塑料小棚。在此规划范围内，论述各种大中小棚的结构、性能及有关栽培技术等问题。

（一）塑料大棚的结构

塑料大棚由于各地用材、面积大小不同，有各种不同的结构。有竹、木结构的，有水泥支柱、竹木或钢筋混合结构的，有金属线材焊接支架或镀锌钢管结构的等。近几年金属线材焊接支架、镀锌钢管支架，已批量生产，用户可直接组装的塑料大棚，已在经济比较发达地区占主要地位，经济条件较差的地区，仍以竹木结构为主。在此仅介绍 4 种有普遍性塑料大棚的基本结构及性能。

1. 竹木结构塑料大棚　竹木结构的塑料大棚，以立柱起支撑拱杆和固定作用，横向立柱数以横跨宽度而定，一般 12～14 米宽设 6～8 排立柱，最外边 2 排立柱要稍倾斜，以增强牢固性。拉杆起固定立柱、连接整体的作用，使棚体不产生位移。拱杆起保持固定棚形的作用。大棚中间最高部位向两侧呈对称弧形延伸，两侧离地 1～1.2 米处收缩成半立状（出肩）。拱杆间距一般为 1～1.2 米，过大会降低抗风、抗压能力（图 1-9）。覆盖薄膜时，一般在大棚中间最高点处和两肩处设 3 处换气口，换气口处薄膜要重叠 15～20 厘米，换气时拉开，不换气时拉合即可。薄膜需用压膜杆、绳或 8 号铅丝压紧，每两道拱杆间压一道，两端固定在大棚两侧地下。竹木结构塑料大棚有利于就地取材，适用范围广，选材不十分严格，造价低，容易建造。不足的是支柱多、材料粗、遮阴多，不能机械作业，竹木也易腐朽，使用 2～3 年则需维修或更换。要求必须能承受当地最大风、雪、雨所造成的压力，一般要考虑能承受 8

级大风，风速约 20.7 米/秒，风荷载为 26.9 千克/米²，雪荷载为 22.5 千克/米²（以积雪 30 厘米厚度为准）。达到上述荷载值，才能保证牢靠和实现安全生产。

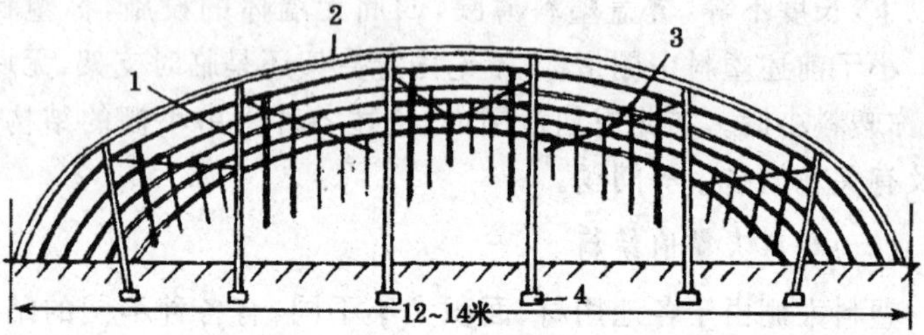

图 1-9　竹木结构塑料大棚示意图

1. 立柱　2. 拱杆　3. 拉杆　4. 立柱横木

2. 混合结构的塑料大棚　混合结构的塑料大棚是指混合使用水泥、钢材、竹木建材而建成的塑料大棚，比纯竹木结构大棚增强了牢固性和使用耐久性，成本也增加了一些。如用水泥立柱、角铁或圆钢拉杆、竹拱杆、铅丝压膜线的结构（图 1-10），棚内可减少立柱根数，这样减少了遮阴程度和方便作业。但要注意，两根立柱间横架的拉杆要与立柱连接紧实；两根拉杆上设短柱，不论用木桩或钢筋做短柱，上端都要做成"Y"形，以便捆牢竹子拱杆，而且短柱一定要与拉杆捆绑或焊接结实，使整个棚体牢固（图 1-11）。水泥立柱断面为 12 厘米×10 厘米，内有 6 毫米直径的钢筋 4 根或用 8 号铅丝代替，立柱顶端留"Y"形缺口，以便架设拱杆，缺口往下 5 厘米和 30 厘米处各留孔眼或突起，供架设拉杆和固定拱杆之用。

3. 无柱钢架塑料大棚　这一类塑料大棚，在北京、天津、沈阳、长春等广大地区应用很普遍，集体经营单位或蔬菜专业户可以自己焊接建造，也有厂家配套生产，负责安装技术指导。大棚一般宽 10～14 米，长 40～60 米，中高 2.5～3 米，占地面积 600～800

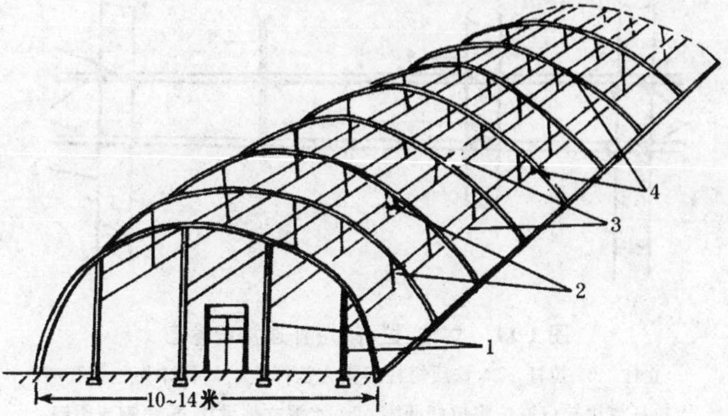

图 1-10 混合结构的塑料大棚示意图

1. 立柱 2. 短柱 3. 拉杆 4. 竹子拱杆

米^2。由于棚内无支柱，拱杆用材为钢筋，因此，遮阳少、透光好，便于操作，有利于机械化作业，坚固耐用，使用期 10 年以上，有的甚至长达 20 年，只是一次性投资较大。较普遍采用的是用 12～16 毫米直径的圆钢直接焊接成"人"字形花架当拱梁。上下弦间距离，在顶部为 40～50 厘米，两侧为 30 厘米。上下弦之间用 8～10 毫米钢筋做成"人"字形排列，把上下弦焊接成整体。工厂批量生产时只做成半截拱架，到棚址再焊接成整体。为使整体的牢固和拱架不变形，在纵向用 4 条或 6 条拉杆焊接在拱架下弦上。拱杆两端固定在两侧的水泥墩上(图 1-12)。

4. *无柱管架组装式塑料大棚* 这种大棚最近十几年发展迅速，以镀锌薄壁钢管为主要骨架用材，一般由厂家生产配套供应，用户组装即可，宽 6～12 米，长 30～55 米，高 2.5～3 米。拱杆为镀锌薄壁钢管，规格为 21～22 毫米×1.2 毫米，内外壁镀 0.1～0.2 毫米厚的镀锌层。单拱时拱杆距为 0.5～0.6 米。若双拱时拱距可达 1～1.2 米，上下拱之间用特制卡夹住并固定拱杆。底脚插入土中 30～50 厘米固定两侧，顶端套入弯管内，纵向用 4～6 排

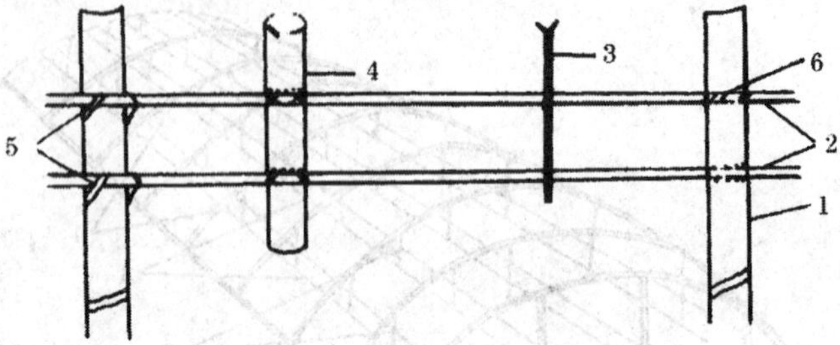

图 1-11　立柱、拉杆、短杆连接示意图

1. 立柱　2. 拉杆　3. 铁质短柱焊接在拉杆上　4. 圆木短柱打孔穿入拉杆或用缺口嵌位将拉杆捆牢　5. 水泥立柱设坎，放角钢或圆钢，焊接牢固　6. 水泥立柱设孔，穿入圆钢拉杆，再焊牢

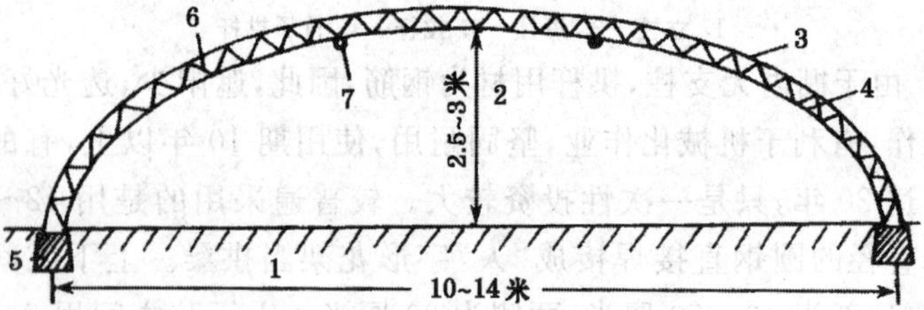

图 1-12　无柱钢架大棚横断面示意图

1. 大棚宽　2. 中高　3. 上弦　4. 下弦　5. 水泥墩

6. 上下弦间的"人"字形钢筋　7. 拉杆

拉杆与拱杆固定在一起，有特制卡销固定拉杆和拱杆，成垂直交叉。为了增加棚体牢固性，纵边四个边角部位可用 4 根斜管加固棚体。棚体两端各设一门，除门的部位外，其余部位约 4 排横杆，上有卡槽，用弹簧条嵌入卡槽固定薄膜。有的棚在纵向也用卡槽固定薄膜，但一般多用专用扁形压膜线压紧薄膜。有的还有手摇卷膜装置，供大棚通风换气时开闭侧窗膜用。这类塑料大棚外形美观、整齐，内无立柱，便于操作和机械作业。可用 15～20 年，但一次性投资较大，每 667 米^2 地需 1 万～1.5 万元(图 1-13)。

(二)有关塑料大棚的基本参数

塑料大棚必须创造出适于作物生长、发育的综合环境条件,如光照、温度、土壤、肥料、湿度、二氧化碳含量等,如果超过作物要求的上限或下限,都会有碍作物的生长发育,甚至会造成作物死亡,达不到栽培的目的。还须考虑有利于作物减少各种病害,以保证获得高额产量及较好的产品品质,又要兼顾到不影响人的身体健康。此外,操作管理要方便、结构牢固和使用耐久等,都是大棚设计、建造时要周密考虑的问题。

1. 大棚建造场地的选择　要选在背风向阳、土质肥沃、便于排灌、交通方便的地方建造,棚内最好有自来水设备。

2. 大棚的面积　从光、温、水、肥、气、保苗等因素综合考虑,南方地区单栋式大棚面积,以 400 米^2 较为有利,“三北”(东北、华北、西北)地区则以 600～800 米^2 为宜。连栋式的大棚比较少用,效果也不大好,主要是不利于各种栽培环境因素的调节。

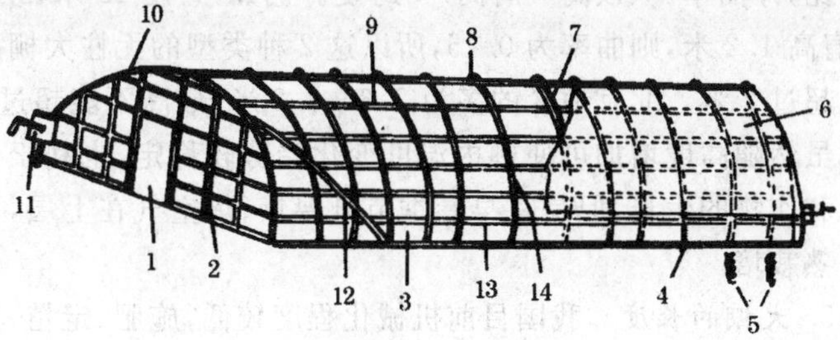

图 1-13　无柱管架组装式塑料大棚示意图

1. 吊装式推拉门　2. 大棚头的立柱　3. 大棚裙边　4. 专用扁形压膜线或 8 号铅丝　5. 地螺丝或木桩　6. 棚膜　7. 卡销　8. 弯头套管　9. 纵向拉杆　10. 横头拱杆　11. 卷膜器　12. 四角斜拉杆　13. 没有压线的设卡槽　14. 棚体拱杆

3. 大棚的宽度　又称跨度。从栽培管理和建棚用材两个方面考虑,要求尽可能做到方便和牢固耐用。单栋式大棚,南方地区因冬季时间短、高温季节长、空气湿度高等因素，宽以 6～8 米为宜，便于实现综合调节，实现良性管理。北方地区的单栋式大棚多为宽 10～14 米，因为北方秋、冬、春 3 季大部分喜温蔬菜要实行保护地栽培，受冻时边缘效应比例相对减小，有利于各种栽培因素的综合调节。其中，钢管拱架组装式单栋大棚宽度多为 10 米，少数为 12 米；钢筋焊接大棚和竹木大棚、混合结构大棚，多为 14 米宽，少数为 12 米，风小地区也有达到 15 米的，但超过 15 米以上的，必须增加高度，否则牢固性、抗风、抗雪、承压力则受影响，易于破损或变形。

4. 大棚的高度　大棚的中高和两侧的肩高，直接影响结构的强度、采光、保温、管理操作的性能。竹木结构多柱式大棚，多为人工操作通风，中高有 1.8 米，最高不能超过 2.2 米，肩高约 1 米。钢筋焊接和钢管组装式大棚，一般设计、建造时要考虑曲率问题，要求曲率达 0.15～0.2 才能有较好的抗风、雪和采光性。曲率为高跨比，即曲率＝(顶高—肩高)÷跨度。例如，跨度 12 米，顶高 3 米，肩高 1.2 米，则曲率为 0.15，所以这 2 种类型的无柱大棚高度多数超过 2 米。北京地区的多为 2.6～3.2 米，最高不能超过 3.5 米。虽然随高度增加可使棚内温度变化趋势较稳定，也利于田间作业和作物的生长，但是在早春季节升温慢、热空气在上层，不利于早熟栽培。

5. 大棚的长度　我国目前机械化程度较低，施肥、定植、产品搬运都是人力完成，所以尽量避免棚过长，以降低人力负担，一般以 40～60 米长较为合适。如果有小型机械进行耕作的，则可用跨度 15 米、长度达 90 米的圆钢和镀锌薄壁管作拱架的大棚，更有利于充分发挥机械作业的作用和大棚的生产潜力。

6. 棚间距离　集中连片建造大棚，又是单栋式结构时，两棚之间要保持 2 米以上距离，前后两排距离要保持 4 米以上，以利通风、作业和设排水沟渠，并防止冬季前排对后排遮阴。

7. 大棚抗风、雪力的设计　大棚的雪荷载能力受多种因素影响,如棚体曲率小,积雪不容易自然滑落,势必加重负荷,甚至把棚压趴。假定某地积雪达 30 厘米厚时,雪荷载则要求达到 20～22.5 千克/米^2;某地风力为 8 级时,风速可达 17.3～20.7 米/秒,则风荷载要能承受 18.3～26.9 米/秒,才能保证棚体的安全。

8. 大棚的方向　指单栋式大棚东西向延长还是南北向延长,主要从光照强度考虑。在高寒(北纬 35°)地区的冬季,东西延长比南北延长的光照强度平均增加 10%左右,但由于大棚的保温性有限,冬季无法进行栽培。只能秋、春、夏 3 季生产,结果光照条件基本能满足要求,造成产量差异也不显著,而且一般习惯栽培畦与大棚长向成垂直安排,便于操作。所以,大棚的方向多数为南北向延长,也有以东西向延长,南北畦垄式栽培,其效果稍为好些。

9. 大棚的通风　主要是调节棚内气体成分和调整温湿度。大棚宽度 10 米以上,多采用 3 道通风口,即留中缝和两道边缝。中缝在大棚中部最高位置。边缝在大棚两侧的肩部,离地面 1～1.2 米高的地方。这种通风口把冷空气从边缝放进,热空气从顶缝排出,通风效果好。不需要通风时,把两片薄膜拉合即关闭,两片薄膜的重叠要超过 10 厘米。跨度 10 米以下的大棚,多为组装式,顶部有接管,形状偏凸形,一般不留顶缝,利用两道边缝进行通风换气,若设顶缝,则缝口开闭比较困难。

三、各种类型的塑料中棚

(一)竹木结构单排柱塑料中棚

宽度不超过 6 米、高度约 1.7 米(图 1-14),长向每隔 2～3 米设 1 根支柱,其上端和离柱顶约 20 厘米处用木杆或竹竿成纵向连接牢固。用竹片或细竹竿做拱架,两端插入地下。纵向用几道拉杆把棚体的拱杆固定(捆绑),保持一定形状,上盖塑料薄膜。如果中棚的拱架用细小竹竿或小竹片时,这类中棚,小竹竿可以双根并用,或增加竹片(拱架)密度,或靠近两半部分的中部各加一排支柱,均可增加中棚的牢固性。这类中棚在冬季生产期间,遇降温天气时,可在四周围草苫增加抗寒性。

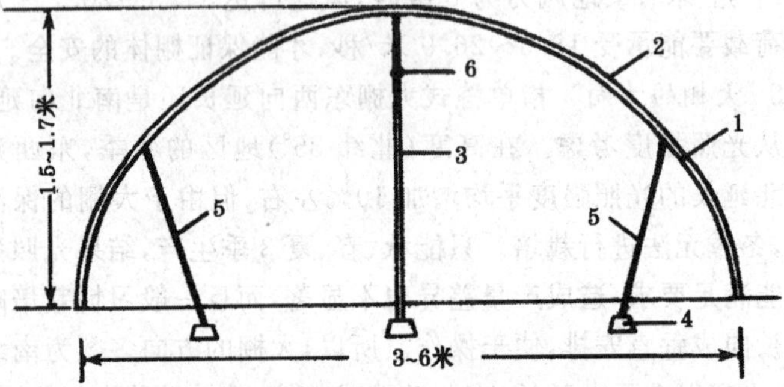

图 1-14 竹木结构塑料中棚横切面示意图

1. 竹片或竹竿拱杆 2. 薄膜 3. 木桩或粗竹竿支柱

4. 固定支柱的底座 5. 侧柱 6. 连接拉杆处

(二)钢筋、钢管拱架塑料中棚

一般钢筋拱架中棚,先按需要尺寸焊接成固定拱架,安装成生产需要的中棚。如果是管架中棚,先把钢管弯曲成中棚拱架所需的弧形,直接把两端插入土中。这类中棚纵向均要用拉杆连接牢固,一般不设立柱,因而安装、拆卸方便,遮阴少,坚固耐用,便于操作管理。

四、各种类型的塑料小棚

人不能在小棚内直立行走和作业,拱架有固定的和临时性的。

(一)拱圆形固定式小棚

这类小棚一般宽 1.5～2.5 米,高 1～1.3 米,长度按自然地块长度而定,用于秋、冬、春季生产韭菜、芹菜、菠菜、油菜等作物。根据温度变化,可以加盖草苫保温。下茬可生产茄果类蔬菜。根据作物保温需要，还可设风障增加防寒保温性能。不盖草苫时，可用于生产根茬蔬菜提前收获，或在早春生产茄果类蔬菜，提前定植，或作秋延后蔬菜栽培(图 1-15)。

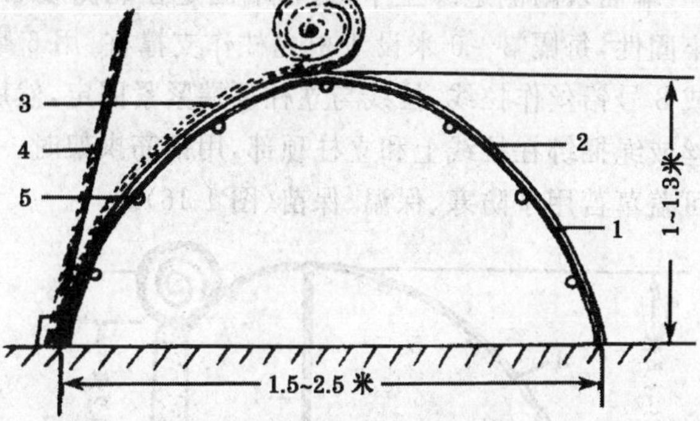

图 1-15　拱圆形固定式塑料小棚横切面示意图

1. 拱杆　2. 薄膜　3. 草苫　4. 风障　5. 拱架横拉杆

(二)拱圆形临时性小拱棚

用于早春、秋延后等蔬菜生产的临时性覆盖。进入晚秋季节，当温度不能保证蔬菜正常生长发育需求时，或春季抢早定植时，采取临时性覆盖，短期性增温保苗很有效，如春季大棚黄瓜，定植后为了增温、防寒、保苗，又没有加温设备时，常采用小拱棚临时覆盖。早春定植露地油菜，为了促缓苗，加速生长，也多采取短期小拱棚覆盖。这一方式灵活机动，拆卸方便，保温效果好。春季种植茄果类、瓜类、豆类蔬菜，为保证定植后快长，也有采用临时短期覆盖措施的。小拱棚宽度、长度都按主茬作物畦宽、畦长而定。材料用小号竹竿、竹片、钢筋都可以。

(三)半拱圆形固定式小拱棚

这类拱棚本应属于温室范畴，但因其高度矮、跨度小，所以称它为小拱棚。北京地区习惯称为改良阳畦，河北等地区称为小土壕等。这种小拱棚的特点是：北侧有1～1.2米高、0.5米厚的矮土墙或砖墙，中高约1.3米，宽度3米左右。棚架用竹竿、竹片或钢筋做成。依拱架材料的牢固性，可做成距离0.3～0.6米的拱架，拱架一端插入南侧边缘土中，另一端固定在北侧矮墙靠顶处。为增加牢固性，每隔3～6米设1根立柱作支撑桩，用6毫米直径的钢筋或8号铅丝作拉线，拉线与立柱顶端紧紧固定，然后将拱杆用细铅丝或绳捆绑在拉线上和立柱顶部，用钢筋拱架时，一般不设立柱。可盖草苫用于防寒、保温、保苗(图1-16)。

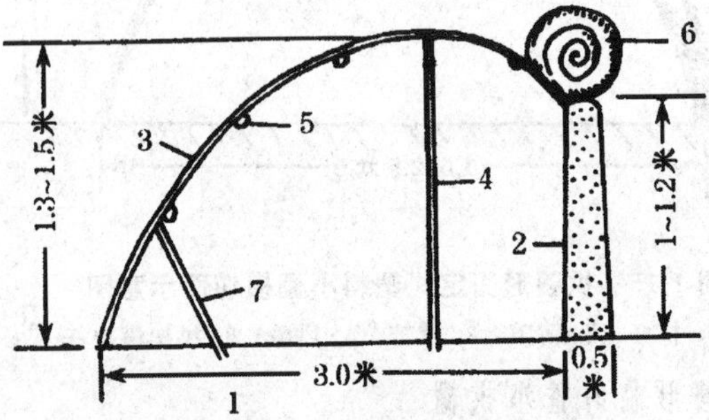

图1-16　改良阳畦横切面示意图

1. 宽　2. 墙厚　3. 拱架　4. 支柱　5. 纵拉杆　6. 草苫　7. 斜柱

五、各种形式的简易覆盖

简易覆盖在栽培中也是一种有效的增产措施，操作简便易行。如“三北”(东北、华北、西北)地区撒播，或没有严格的行距、株距要求的各种蔬菜，几乎都采取这种覆盖方式；有的虽有一定行距、株距要求，但只要比较耐冷的品种也有采用这一覆盖方式的。在北京、大连、沈阳，早春直播小油菜、小白菜、小红萝卜、茴香、茼蒿等蔬菜，播种后采用平畦近地面覆盖，覆盖20～30天，可提早上市10～15天，产量可增加10%左右，经济效益较好。简易覆盖使用的薄膜、竹竿等材料能多次利用。

(一)平畦近地面覆盖

在完成土地平整、挖出田间排灌水沟渠后，按各地种植习惯采用的畦口大小，在地扇内做出畦埂。畦内施足基肥，并将肥土掺和均匀、搂平，划沟条播或撒播种子后覆土，浇足底水。为提高出苗率、防止浇水时冲走种子，可先浇底水，待水渗下后再划沟播种子，用已准备好的过筛细土盖严种子。然后按1米左右，在畦内横跨畦面扦插竹竿起拱，中间高两边低，使床面距离竹竿15～30厘米，把农膜或幅宽合适的地膜铺盖在竹竿上，四边拉紧并埋入畦埂内，使膜不会因雨、雪所压而下垂至畦表面(图1-17)。盖薄膜后最好再在膜外插一些竹竿，使之与底下拱杆上下夹住薄膜，以防大风把薄膜掀起、刮跑。采用这种覆盖栽培应注意抓好以下几个问题。

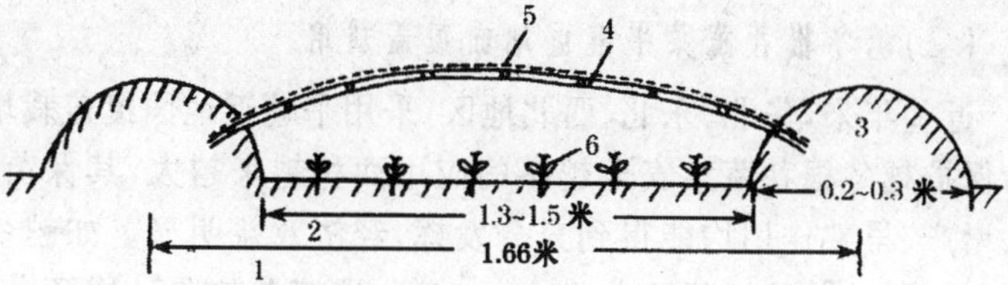

图1-17　近地面覆盖横切面示意图

1. 畦口　2. 床面宽　3. 畦埂　4. 竹竿　5. 薄膜　6. 秧苗

1. 覆盖时间　覆盖的时间长短要依当地情况和不同作物的品种而定。如小白菜、小油菜、小水萝卜比小茴香、茼蒿的覆盖时间可长些，因为覆盖后增温、保水能促使早发芽、出苗及生长，而茴香、茼蒿是茎、叶兼用的蔬菜，一般真叶展开后就要开始通风炼苗，并逐渐加大通风量，覆盖时间20～30天即可。如覆盖时间超过30天，会因秧苗得不到充足的阳光和通风换气，而光合生产率下降，积累干物质减少，而且长期处在高温、高湿的环境条件下，秧苗生长快速，变得茎细、叶薄、色淡，长势弱，而造成产量低、质量差，经济效益减少。

2. 防止突然撤除覆盖膜　在撤膜前要逐步加大通风量炼苗。其原因是膜下高温高湿，幼苗生长快，但苗不壮，抗冻力差，未经通风炼苗突然撤膜时若碰到低温会造成大量死苗，使生产受损失。而露地栽培时，虽然出苗、生长都较缓慢，但抗低温、霜冻的适应能力强，遇同样天气，死苗少或不死苗。这说明作物对环境条件有很强的适应性，只要环境条件不突然大幅度变化，有一个缓慢的变化过程，就能保持正常的生育进程。

3. 防止雨、雪压膜下塌伤苗　各种早春小菜在覆膜栽培期间，遇到下雨、雪天气是难免的，若雨水、雪积存在膜上，将薄膜压贴到畦面上，时间长了就会造成出不了苗或已出的苗不能生长。所以，雨、雪后要及时把雨、雪水放掉，也可在积雨、雪水最低处扎一洞，让雪水、雨水漏到畦内。

(二)越冬根茬蔬菜平畦近地面覆盖栽培

近些年来，华北、东北、西北地区，采用平畦近地面覆盖栽培方式，保护越冬根茬蔬菜安全越冬的应用面积越来越大，其保苗、防病、增产、早熟作用均能得到充分发挥，经济效益明显。如越冬根茬菠菜，露地栽培一般死苗20%～30%，覆膜栽培除解决死苗外，还比露地栽培提前半个月收获，增产30%左右。要注意的事项有以下几方面。

1. 掌握好覆膜时间　在当地土地进入日消夜冻，菠菜开始停止生长时，先浇1次越冬粪稀水，喷1次药防治越冬蚜虫等，然后盖膜，把膜四边抻紧，压埋在畦埂上即可。

2. 越冬期管理　越冬期间无须进行管理，但是，如果碰上冬暖天气，而且时间又较长，盖膜后的菠菜仍未停止生长，则要采取补救措施，要揭开畦两头的薄膜通风(穿堂风)换气，以防把苗捂黄弱。其次是土地真正达到日消夜冻时，再补浇1次冻水，防止越冬期内缺水，浇水后再把薄膜埋严实。

3. 到翌年春天要适时撤除覆膜　菠菜是喜冷凉的蔬菜，人们食用它的粗长叶柄和肥大的叶片。春天土地刚开始化冻时，菠菜就进入返青生长，此时要及早撤除覆膜，让其随自然气温不断回升而缓慢生长，才能长出叶柄粗长、叶片肥大的高质量菠菜。否则，会因肥水充足、气温高，而促使菠菜徒长，植株细小、黄弱、叶柄细长，叶片小而薄，产量低，质量差，或出现早熟拔节、抽薹，甚至因高温引发病毒病的发生。

其他蔬菜越冬期覆膜栽培，情况相似。只是不同品种覆盖时间长短要掌握好，才能保证获得高产、优质的产品。

(三)早春栽植油菜简易覆盖

最近10年来，北方地区油菜消费量逐年增加，种植面积不断扩大，而且油菜不抽薹的情况下收获期不严格，棵大小均能上市，对调节市场需要很有利，栽培管理又简单易行，经济效益很好，早春每667 米^2 可产油菜2 000～3 000 千克，收入能达近2 000～3 000元。

做法是：早春土地开始化冻时，整地做平畦，把上年11月中下旬育的苗，淘汰掉太小的苗和病虫苗，按规格要求栽下，浇足定苗水(最好用粪稀水)，然后全田铺盖薄膜(新旧农膜或地膜均可)。缓苗后注意通风，不要把秧苗捂黄，加强肥水管理，30～40 天即可收获。

(四)其他形式的简易覆盖栽培

1. 沟畦栽种　春季茄子、番茄、青椒等蔬菜，进行提早定植，争取早上市，可采用沟畦栽种方式，就是把苗栽在沟畦内，全田铺盖农膜或地膜，能促进早生早发。这种栽种方式，特别是在北京、天津、大连等地发展很快，效果也很好。它已成为一种早熟、创高效益的新的栽培方式。详细内容可参阅《蔬菜地膜覆盖栽培技术》(朱志方编著，金盾出版社出版)一书中的有关部分。

2. 南方地区简易覆盖　为了防雨水、防曝晒、防土壤板结，采用稻草、麦秸、山草等铺盖栽培蔬菜的垄面、行间，效果也很好。此法简便易行，可就地取材，如栽培大蒜、香菜、芋头、洋葱等蔬菜，都有悠久的栽培历史。

3. 北方地区简易覆盖　农民用过筛细土、腐熟马粪、稻草、麦秸、谷壳等作覆盖材料，进行育苗，栽培越冬大蒜、菠菜、芹菜等多种蔬菜。近年来又发展到栽培温室和露地的黄瓜、茄子、番茄等蔬菜，行垄间铺盖以上覆盖材料，可减少土壤水分蒸发。保护地内能降低空气相对湿度；露地栽培，在炎热季节能降低地温，减少高温烤苗，能保水，还能减轻雨水冲刷作物根系，保持土壤疏松，改善土壤有机质含量。这对栽培作物很有好处，是世界各国都在推广的一种栽培方式。在降水量少、蒸发量大、夏季高温干旱的西北等地区，几千年前就创造了沙田覆盖栽培法，即在土地表面铺上一层沙石，用以减少土壤水分蒸发，达到保水和促进作物保苗、生长的良好效果，一直延续至今。只是运输、铺沙石用工量大，限制栽培面积的扩大。

第二节　设施栽培中附属设备和装置

设施园艺栽培中附属设备，各地有各地的配套方式，设备也各不相同。概括起来主要有增温设备、保温设备、简易农机具和植保机具。

一、增温附属设备

增温附属设备，是在自然温度不能保证蔬菜正常生长发育的情况下，靠人为增温保护作物生长，生产超时令产品，供应市场需要的手段。增温设备虽然投资大，但效益好。所以，加温生产在北方地区是一大茬口，也是发展生产的重要手段。增温设备的几种形式及装置介绍如下。

（一）炉火加温设备

这是最常使用的增温措施之一。是用铁炉子或用砖块砌地炉子烧煤炭，靠炉口和烟道散热给设施园艺室内空气增温，保证作物需温的要求。临时加温的，可直接使用铁炉子燃煤增温。如塑料大棚、中棚在早春栽培时，遇阴天、降温时，定植后需短期加温，常采用铁炉子燃煤加温，以保证作物不被冻死，加速缓苗，争取早熟高产。这种铁炉子加温可以不设烟筒，只根据温度高低增减炉子数目即可，使用方便。如果加温时间较长，如塑料大棚早春栽培瓜果类蔬菜，需采用固定式炉火加温。每 667 米^2 地的大棚，在棚内两侧各设 1～3 个炉子，烟筒延长一段距离后出烟口伸出棚外，靠炉口和烟筒散热增温。

永久性温室的加温，多采用自砌炉灶，燃煤时靠灶口和烟道散热。炉灶一般设在温室北墙内侧，每 3～4 间温室设 1 个炉灶。炉灶由炉坑、炉膛、添煤口、出火口、烟道组成。炉坑是燃煤后清掏炉渣之场所，从炉面处下挖 1 米深，坑的大小以成人下去能活动为宜，约 0.8 米^2。炉膛大小，一般一次性加煤 20～30 千克，总容量 50 千克左右；上部设炉口，作添煤之用，下设出炉渣、进气口，炉口装活动门，控制通气量大小；炉膛与炉坑中间设铁篦子，烟道接炉膛处设一隔板，以控制散热量大小，烟道一般呈 2°～3°坡度向上，约经 10 米长后，烟道上升伸出温室后坡顶。烟道用砖砌，径粗 1 砖宽、2 横砖高（约 24 厘米×24 厘米），外抹泥巴，防止漏烟。也可用瓦管连接成烟道。烟道一般离北墙内侧 0.4 米远。

普通铁炉子或温室自砌炉子，燃料为煤，一定要注意操作人员的安全，要适当通风，一次操作时间不能太长，以免发生一氧化碳或二氧化硫中毒。

（二）电热线加温设备

电热线加温有地加温和空气加温两种形式。电热线用 0.6 毫米的 70 号碳素合金钢线作为电阻线,外用耐热性强的乙烯树脂包裹,并作为绝缘层。控制电热温床的温度,多采用电子继电器控制,管理省工,误差小(±1℃),只要电工按设备说明将各种配件组装起来即可使用(有专用设备组装说明)。电热线空气加温时,把加热线架设在室内空间,通电即可。

(三)热风炉(暖机房)加温设备

热风炉加温是利用输送加热后的空气提高棚室内温度。这种加温方式对煤炭选择不严,一般烟煤都能使用,热空气预热时间短,升温快,操作容易,性能较好。比水暖简单,成本也比水暖低。配热方式分上位吹出式和下位吹出式热风炉。

1. 上位吹出式热风炉　热空气从热风机的上部吹出,室内气温水平分布均匀,但垂直梯度大,上部温度高,下部温度低,热量损失较大。

2. 下位吹出式热风炉　热空气从热风机的下部吹出,室内气温垂直分布较均匀,而水平分布不均。

如中国农业工程研究设计院设计的立筒式全金属高效间接加热燃煤热风炉,适用于温室和塑料大棚使用。主要技术性能指标:

外形尺寸:1.2 米×1.5 米×1 米;耗煤量:4～7 千克/小时;输出热风量:800～1 000 $米^3$;输出热量:6.3 万～10.5 万千焦/小时;热风温度:40℃～100℃。

使用热风炉的注意事项:

第一,热风炉必须设在棚室内,以提高增温的效果。

第二,设热风炉加温应和双层覆盖相配合使用,以加强保温效果,减少热源浪费。

第三,塑料风筒上的散热孔不要直接对准作物,以免高温烤伤(死)作物。同时,出风口的温度不宜过高,以免因塑料风筒变形而影响使用寿命。

第四,一般可根据作物生长需要的适温和当时气候情况决定送热风加温。晚上多在9时开始送热风，送热风前1小时左右点火。

第五，热风炉送热空气，仍有棚内温度不均的问题，尤其是四角部位，温度较低，有待改进。

3. DRC-25型供热系统设备　大连市旅顺口区农牧业局，1987年12月由北京市农机研究所引进DRC-38-1型供热系统，加以改进，适应专业户和小型温室的需要，即小型无管式热风供热系统，称DRC-25热风炉。经多年实际应用，认为具有较高的实用价值。它是以煤为热源、以电为动力、以空气为介质的温室供暖新工艺，通过通风管道把热风炉加热后的热空气输送入温室内循环，靠热空气释放出热量，补充室内热量的损失而达到供暖的目的。

(1)DRC-25型热风炉主要技术参数　发热量2.5万千焦/小时；热效率60%；外形尺寸214厘米×79厘米；炉体重500千克。

(2)DRC-25型热风炉的特点

第一，升温快，室温均衡。据旅顺口区农牧业局调查，从早上4时开始加热，40分钟后室温可由15℃升高到26℃，平均每10分钟升温2.75℃；晚上6时加温30分钟后，室温由17℃升到25℃，平均每10分钟升温2.66℃。另据长城镇蔬菜服务站调查，当室温下降至8℃～10℃时开始加温，1小时后室温上升到18℃～20℃。采用DRC-25型热风炉比采用暖墙、火炉子、空间电热线等加温设施的升温速度快得多，同时，上述一些加温设施均不能使温室内的各处温度达到均衡，尤其是边缘、四角处与中间部位温差较大，热风炉送入热风，能在室内循环，克服了温度不均的问题，室内各处的温差只有±1℃左右。

第二，节省能源。旅顺口区农牧业局经过1989—1991年3年调查，加热每小时用煤25～28千克，热效率可达60%～70%，也是较高的，一般火炉子热效率只能达30%左右。在一个300米^{2}的温室中，当室外气温为－10℃时，要使室温达到15℃时，需6个火炉子，每天烧煤 90 千克，而热风炉只需 50 千克，节约近 50%的能源，而且对煤质要求不严格。

第三，有降湿、防病的作用。温室内栽培作物浇水后的室内相对湿度往往达 90%左右，正是诱发各种病害的临界湿度，用 DRC-25 型热风炉输入干、热空气，而将室内潮湿的空气从回风口抽出室外，能在 30 分钟内使室内相对湿度降到 60%～70%，使病菌处在不利于孢子发芽的湿度下，从而抑制各种病害的发生和发展，如芹菜斑枯病、黄瓜霜霉病和炭疽病的发病率都大大减轻，在一定程度上也可节约农药和省工。

第四，这种供热方式比较安全和卫生。因这种热风炉与棚室之间是隔开的，即在外边燃煤，只把预热后的热空气输送入棚室内达到增温目的，不在棚室内直接置放火炉燃煤，大大减少了棚室内因直接燃煤所产生的一氧化碳、二氧化硫等有毒气体，对操作人员的健康危害小，同时也减少了由于添加煤炭、捅炉子、清理炉渣等作业所造成的大量灰尘污染。所以，这种增温方式具有比较安全和卫生的优势。

第五，DRC-25 型热风炉重量轻，安装、操作简便，造价低。每台售价 6 000 元，按 10 年折旧计算，每年投资 600 元。这种小型热风炉得到菜农特别是较富裕的城市郊区菜农的欢迎。据笔者了解，这种增温方式不仅在国内，而且在国外，如日本、韩国等国家也都在扩大应用，发展前景比较可观。

(四)地下热交换加温设施

我国现阶段，利用地下热交换加温搞蔬菜生产的应用还不普遍。目前有一种地下热交换加温的方法，在塑料大棚内顺着大棚长度方向，按 1 米 1 畦大小，在畦内挖深 0.8～1 米、宽 0.6 米的沟，沟内用砖砌成宽 0.4 米、高 0.4 米的贮热洞，洞周围填土，洞上土层保持 0.4 米以上，在此土层上栽培作物，形成每畦土下面有一道贮热洞。栽培作物时，将白天的热空气用鼓风机不断吹入贮热洞内，使周围土壤不断升温，太阳落山后，大棚内温度下降到比土壤温度低时，地下贮存的热量就会慢慢释放，使作物不致出现冻害。

如果有发电厂等工厂余热，可采取埋管道，使热水或热气在管道内流通循环，使土壤加热，按 30 厘米距离埋设 1 条管道。选用管粗 6.5 厘米左右的聚乙烯塑料管或铁管，管应能耐受 80℃以上的温度不损坏。管道埋入土壤 40 厘米深，用泵将热水、气压入地下管道内循环流动，管道内的热不断传导给管道周围的土壤。这种方法不仅能加热耕层土壤温度，保证作物正常生长发育，而且土壤散热能提高温室、大棚内的气温。此种加热方法，需调节热量，耕层土壤温度不能超过 40℃，以防引起作物热害。所以，要间停热水、气的循环，到低温界限时再行通热水、气，使之增温。

（五）暖气或地热加温设施

暖气供暖保生产的方式，多用于大面积连栋式玻璃温室。通过烧锅炉使水加热，热水通过温室内管道散热而使室内空气增温，由室内热空气抑制土壤热量散失，保证作物正常生育需温要求。有地热资源（温泉水）条件的地方可利用地热作能源，其道理同暖气供暖一样。钻探地下温泉时，投资较大。这一方式，不断扩大利用，主要是利用其天然的地下热水资源，比用煤炭作能源经济一些。

1. 蒸汽供暖　是由锅炉产生的水蒸气，通过管道进入室内或棚内，在散热片上自然降温使空气升温。这种供暖方式适于大面积供暖，尤其是在温室群的地方，可集中供热，减少分散投资。

2. 热水供暖　是利用锅炉将水温加热到 80℃～90℃，热水由管道输送到温室；大棚内，通过散热片把热量辐射至室内，使室内气温升高，保持作物正常生长发育的需温要求。热水供暖能保持棚室内温度较均匀，变化较平稳。多限于永久性、大面积的玻璃温室使用，且热效率较低，只有 40%～50%。

3. 利用地下温泉水供热　近几年来,开采地下温泉水用于生产的面积不断扩大。使用地下温泉水供热要注意两个问题:一是温泉水温低于50℃时,利用的可能性较小,因热量不足,势必增加散热装置才能保证棚室内温度,增加了生产成本,因此最好选用80℃以上的温泉水。二是温泉水的水质含有害矿物质多,超过国家规定禁用标准时,则不能利用,若加以利用则要有回灌设施,把利用完热量的温泉水回灌入地层中,切忌自由排放入周围的农田,以免对人、畜造成危害。

二、保温附属设备

(一)草苫类

草苫类是传统使用的保温材料。如温室使用的蒲苫,主要用蒲草加部分芦苇秆为原材料,加工成宽2.3米左右、厚3～5厘米的草苫,长度按温室需要而定(6～8米)。这种大型草苫普遍用于温室前屋面的玻璃和薄膜上及大棚四周。又如小型日光温室、改良阳畦、塑料中棚、小拱棚等多使用稻草苫保温,将稻草加工成宽1.5～2米、厚2～3厘米的草苫,长度视覆盖需要而定。

(二)薄膜多层覆盖

温室、塑料大棚正常覆盖一层玻璃或薄膜,为了增加保温性能,促使早育苗、早定植,争取产品早上市,获得更好的经济效益。近几年各地的设施园艺栽培中多采取多层覆盖。如温室、大棚内在距玻璃、薄膜15～30厘米处的空间,架设铁丝等物作为承受架,再盖一层薄膜(称二道膜),形成双层覆盖,增加一层覆盖可增温2℃～4℃,相当于多盖一层草苫。也有地面加一层小拱棚覆盖的,即用竹片、竹竿、铁盘条、尼龙碳棒等材料,按作物栽培的畦宽,扦插成小拱架,盖上薄膜,高度可按拱杆长短和作物高矮而定,一般为50～70厘米,以拱架顶部不会压或贴到栽培作物尖端为度,而形成三层覆盖。还有地面再加一层地膜覆盖的四层覆盖。多层覆盖中的二层、三层覆盖，白天需打开，即把薄膜推向棚室一侧或两侧，使作物尽量多接受阳光。因一层新膜覆盖可减少光照强度20%左右。

（三）覆盖用的纸被

除盖草苫和多层薄膜覆盖外，还可用4～7层牛皮纸或水泥袋、白灰袋包装纸，缝在一起作保温材料，覆盖在玻璃或薄膜上面，而在蒲草、稻草苫下面，也有很好的隔热保温作用，生产中应用也较普遍，还可防草苫划破薄膜。

（四）防寒沟

温室、日光温室的南沿外侧和东西两头的山墙外侧，挖宽30～40厘米、深40～70厘米的沟，用以阻隔室内地温向外传导或阻隔外部土壤低温向室内传导，减少热损失。据测试结果，防寒沟内不填充物质，而是用空气阻隔热传导，其效果最好。但是，北方地区由于冬季土壤封冻，春天化冻时往往其会出现崩塌，或因雨雪侵入防寒沟而使其失去作用，所以多数是在防寒沟挖成后，即在沟内填入马粪、麦秸、稻草、谷壳等物，经踩实后表面盖一层薄土封闭沟表面。这样虽比空气阻隔热传导差些，但可防止崩塌沟帮。

（五）大棚保温幕

又称二道幕，即大棚的二层覆盖，有的用普通塑料薄膜，有的用较外膜稍薄的专门制造出来供做二道幕用的薄膜。据北京地区测定，单层覆盖薄膜大棚，3月中下旬棚内气温只比棚外自然气温高3℃左右，而加一层二道幕，则可提高到6℃～7℃，即加一层覆盖可升高棚内气温3℃～4℃，同时二道幕密封越好，保温性越强。此外，二道幕挂吊时要保持一定倾斜度，中间高两侧低，这样才能保证棚内蒸发的水汽在膜上冷凝成水滴并流走，并可防止膜上积水。薄膜温室或炉火加温的塑料大棚，采用二道幕覆盖，有利于节省燃料。

(六)无纺布的应用

无纺布又名丰收布、不织布。它是用聚酯纤维经热压加工成的布状物,近似织物强度,可用缝纫机或手工缝合。农业上用的是长纤维无纺布,特点是不易破损、耐水、耐光、重量轻、透气性良好、使用时不积水滴。可使作物免受自然气候危害而获得增产,是近年才出现的新材料,应用面积正在逐渐扩大。使用保管得当,寿命可达 5 年,一般是在作物栽植后覆盖 20 天左右即可收回、晾干、收藏。无纺布的具体情况见本章第三节关于无纺布的介绍内容。

(七)围　膜

围膜可为大棚幼苗减轻低温危害。尤其是不开肩缝、而采用开底缝进行通风换气的大棚,往往幼苗遭受扫地风危害,使生产受损失。如在大棚内靠棚边四周、距边 0.5 米处,设高约 1 米的薄膜围膜,则能免除低温危害,因冷空气比热空气重,冷空气在下部,设围膜后冷空气不会直接从棚底部入侵大棚内,而要上升到围膜高度再下沉,有个缓冲过程。做法是:将围膜一边套入一条麻绳(把绳摺在膜内,膜口用烙铁热合在一起),按 1 米左右高度把两端绑在棚两头的立柱上,下留 10 厘米左右的膜边,中间部位用铁丝吊在拱架上,把下膜边埋入土中即可。

(八)二道幕装置

在大棚内架设二道幕。因棚内没有附属装置,一般用铁丝作为承接薄膜的架设线,人工开、闭薄膜。日本设计生产的温室、大棚等设施园艺有专门架设二道幕的专制配件,包括葫芦拉盘、长拉杆、托架、滑轮、拉绳、塑料夹等。将托架固定在大棚中部离棚顶 1 米处,把棚分为两部分,各有一条长拉杆(从一端连到另一端),再将二道幕用塑料夹连接在尼龙绳的一端上,另一端连接长拉杆,长拉杆一端装在葫芦盘上,当拉动葫芦盘时,带动拉杆旋转,牵动拉杆上的尼龙绳前进或后退,也带动二道幕前进或后退而达到二道幕开闭的目的。这种方法比人工开闭二道幕既节时、省力、轻便,又活动自如,很受欢迎。上海市嘉定区长征乡温室管架棚工厂已生产此装置,为今后扩大使用提供了方便。

(九)小棚用镀锌弯管

小棚骨架国内多数就地取材。日本则有规范化的镀锌弯管,供直接组装使用。使用时按规格扦插弯管、盖上薄膜后用扁形尼龙压膜线压住薄膜即可,非常方便,省时、省力,也很受欢迎。

(十)小拱棚尼龙棒

国内多使用铁盘条、小竹竿或毛竹片作骨架。日本则用外包塑料皮的尼龙丝细棒,长 2 米,粗约 0.3 厘米,用时可弯曲,不用时可复原为直棒,富有韧性、弹性,很受欢迎,是理想的规范化架材,对早春露地小棚栽培、秋延后小棚栽培、炎夏时遮阴、防雨保护栽培或育苗,都非常适用。北京工艺美术学校振泰设施园艺场已能生产此产品,为今后扩大应用提供了方便。

三、简易农机具及植保机具

(一)小型耕耘机

我国用于设施园艺的耕耘机械较少,大部分作业为人工操作,只有各种小型拖拉机,用于浅耕土地为主,也可作运输工具。日本则用小型耕耘机完成耕、耙主要作业,包括起垄作业。中日合建的设施园艺场,在上海、北京、沈阳、大连 4 个示范点,都引进了日本小型耕耘机等机械,又称小型管理机,是一种 2 238～3 357 瓦(3～4.5 马力)的小型机具,配套机具能完成旋耕、中耕、除草、起垄或培土等作业。它的轮距窄,驱动轮轴上装有提土效果好、具有旋耕作用的铁轮或中耕铁轮,还可根据操作要求挂上松土铲等机具,作起垄或培土用,还可装上 3～5 把钢性良好的有刃口的刀齿,距离宽窄可调整，可作黏重土壤的旋耕、中耕用，作业角度也能调整。具有尺寸小、运用灵活方便等特点。

笔者于2008年到福建省漳州市参加农业博展会，曾看到龙岩市中农机械制造有限公司生产的IWG-4型微型耕耘机械，可完成开垦、松土、除草等机械作业，完全能代替日本制造的小型耕耘机。其中，柴油动力的整机质量108千克，耗油量≤1升/小时，耕幅宽980毫米，双轮驱动，最小旋耕半径为1米，耕深可在5～300毫米范围内调整，耕作速度为1.2～5.5千米/小时；还有汽油动力机，整机质量为84千克，耗油量≤2升/小时，耕幅宽730毫米，其他性能同柴油动力机。

(二)小型播种机

小型播种机特点是设置了水平传送带，带上开有凹穴，每转动一定间隔时，就落下一定量的种子，对不同种子可更换不同规格的传送带，以适应种子大小的播种要求。能做到株行距、播量均匀一致。由于种子自由下落，即使发了芽的种子在播种时也不会损伤种芽。从加料斗落到种子室的种子量受闸门控制，种子室的种子落到传送带上的孔穴内时，通过弹簧底座落下多余的种子，并由回收轮除去。是值得我国借鉴的一种日产小型农机具。

(三)蔬菜用植物保护机具

植保用机具有很多种类，最常用的可分为人力喷雾器和动力式喷雾器。同时可用于叶面喷肥。

1. 人力喷雾器　如手动式喷雾器，操作人员把配对好的农药放入药箱，加盖封闭后，背起整个喷雾器，一边走一边完成喷洒农药的过程。其原理是通过手压杆把空气压入药箱的压缩器内，使药箱内产生压力，把药液压出喷头，呈雾状喷洒到植株上。

2. 自动喷雾器　喷药前用气泵将空气压入兼作空气压缩室的圆筒形容器内，药液占容积70%～80%，留一部分空间，利用空气对液面施加的压力，使药液呈雾状喷出，均匀地喷洒在植物上，约打气 100 次能喷完 1 桶农药。

3. 背负式动力喷雾机　此机器背负架上安装有气泵、小型发动机、药液箱和喷嘴等基本部件。气泵是单缸往复式或回转式的旋涡泵。药液喷射量每分钟 3～5 升，喷射压力 980.665～1 961.33千帕(10～20 千克/厘米^2)，采用 746～1 492 瓦(1～2 马力)的二冲程小发动机作动力。喷射量和雾滴大小通过变更喷头的孔径来达到理想的要求。药液箱为塑料制品，容积 20 升左右，箱内药液用至将尽时，发动机会自动停止运转。注满药液后的整机重约 30 千克。

4. 担架式动力喷雾机　是将泵、发动机等主要部件安装在木制或钢管制的机架上，通过人力搬运机架或用小型搬运车移动打药机，压力动力可用电动机或人力摇动压缩机使药液喷出。此类喷雾机由药液箱、很长的喷雾软管及喷头组成。这种小型搬运车移动方便，大面积作业、田间道路平坦时工作效率很高。而过去全靠人力搬运时，则需 3 人才能作业，不易充分发挥作用。

第三节　覆盖材料的种类及性能

一、农用薄膜的种类

农用薄膜是指在农业生产上应用的塑料薄膜。农用塑料薄膜主要有：聚氯乙烯(PVC)膜、聚乙烯(PE)膜、乙烯-醋酸乙烯共聚膜(EVA)。其中，聚乙烯膜又分为低压高密度聚乙烯膜(HDPE)、线性高压低密度聚乙烯膜(LLDPE)、低压高密度和线性高压低密度聚乙烯共混膜(HDPE/LLDPE 共混)、高压低密度与线性高压低密度共混膜(LDPE/LLDPE 共混)。按农用薄膜的功能与特性的不同，又可分为普通膜、长寿膜、无滴膜、漫反射膜、除草膜、防老化膜、光降解膜、生物降解膜、多功能膜等。按覆盖方式不同，又可分为棚膜（大、中、小棚和温室苫盖用）和地膜（近地面和地面用）。有些功能薄膜可有选择性地专用，如二道幕专用膜、烟草专用膜、西瓜专用膜和除草专用膜等。除草膜加入不同品种和剂量的除草剂（因除草剂对作物的选择性），又有不同作物应用的专用除草膜。

（一）棚　膜

指覆盖大、中、小棚和温室以及用于苫盖的农用塑料薄膜。

1. 聚乙烯普通棚膜　透光性好，新膜透光率80%左右；吸尘性弱，无聚氯乙烯膜那种因增塑剂析出（发黏性）所造成的吸尘多的现象；耐低温性能强，低温脆化度为－70℃，在－30℃时仍能保持柔软性；比重轻，0.92 克/厘米^3；红外线透过率高达70%以上。但其夜间保温性能差，不如聚氯乙烯膜；雾滴性重；耐候性差，使用周期 4～5 个月；不耐晒，高温软化度为 50℃。因此，这种膜不适用于高温季节的覆盖栽培，可作早春提前和晚秋延后覆盖栽培。撕裂后不易黏合，目前尚无合适的修补黏合剂，并幅时只能热合。

2. 聚乙烯长寿膜　它以聚乙烯树脂为基础原料，加入一定比例的紫外线吸收剂、防老化剂和抗氧化剂后吹塑而成。耐候性较好，使用寿命 1.5～2 年。厚度 0.1～0.12 毫米，每 667 米^2 大棚用膜量 100～120 千克，幅宽有折径 1 米、1.5 米、2 米、3 米、3.5 米不等。近几年应用面积迅速扩大。一次性投资虽然大一些，但使用寿命长，几乎可以用四茬作物，比聚乙烯普通膜较为经济。

3. 聚乙烯无滴长寿膜　以聚乙烯树脂为基础原料，加入防老化剂和无滴性添加剂后吹塑而成。耐候性能良好，使用期能达 1.5 年以上。无结露现象。厚度为 0.1～0.12 毫米，每 667 米^2 用量 100～130 千克，幅宽有折径 1 米、1.5 米、2 米、3 米和 3.5 米不等，即打开后单幅宽 2 米、3 米、4 米、6 米、7 米均有。能适应各种棚型选用，还可以在温室内和大棚内当二道幕覆盖用。

4. 聚乙烯高保温无滴长寿膜　在聚乙烯无滴长寿膜的基础

上，其原料中又加入高保温添加剂后吹塑而成。新膜为浅黄色，覆盖后经太阳曝晒会逐渐变成无色，似聚乙烯普通透明膜。该膜除了保留无滴、保温、长寿膜的功能外，由于选用了优质助剂，所以在如下几方面具有独特性。

(1)优异的保温性能　远红外线透过率仅为一般聚乙烯农膜的1/2左右，散热速度大大减缓，夜间的棚内最低气温比聚乙烯无滴农膜高2℃以上。

(2)农膜的表面湿润性能及耐候性能得到明显改善　流滴持效期及连续使用寿命(即耐老化性)均比无滴长寿膜又有延长。

(3)投入产出比高　相同面积用膜的成本上升幅度远小于增产增收的效益。

此膜适于栽培各种茄果类、瓜类、豆类及花卉的育苗，适于温室及大中小棚等覆盖用。长城以南的广大地区也可应用于节能型日光温室和各种形式的拱棚作覆盖栽培用。

此膜厚度0.006～0.12毫米，幅宽有2～8米各种规格，可任选。

5. 聚氯乙烯普通膜　以聚氯乙烯树脂为基础原料制成的农用薄膜。耐高温、日晒，夜间保温性比聚乙烯膜要好，耐老化，雾滴较轻，薄膜撕裂和折断后，可用黏合剂黏合，修补方便。厚度为0.1～0.12毫米，幅宽折径有1米、2米、3米不等。每667米^{2}用量130～150千克，比重为1.25克/厘米^3，等量的覆盖面积比同厚度的聚乙烯膜的用量多24%。新膜具有较好的透光性，但随着覆盖时间的延长，增塑剂逐渐析出，膜表面有发黏感，因而吸尘性强，又很难清洗，很快降低透光率，且耐低温性较差，低温脆化度为－50℃，硬化度为－30℃。聚氯乙烯薄膜较适于风沙小、尘土少的地区，尤其适宜于要求夜间保温栽培的北方地区使用。

6. 多功能膜　以聚乙烯树脂为基础原料，加入多种添加剂，如无滴剂、保温剂、耐老化剂等，使一种膜具有长寿、无滴、保温等多种功能，达到同时发挥多种效果。在加工工艺上，一种是将基础树脂与各种添加剂混合均匀后吹塑成薄膜，另一种是复合膜。例如三功能复合膜，内层加无滴剂，中层、外层加紫外线吸收剂，吹塑成多功能复合膜。厚度为0.06～0.08毫米，使用年限1年以上，透光性、保温性好，晴天升温快，夜间有保温作用，适合大中小塑料棚、温室和作二道幕使用，由于较薄，单位重量的膜覆盖面积大，每667米^{2}用量只需60～100千克。

7. 漫反射膜　以聚乙烯树脂为基础原料加入一定比例的对太阳光漫反射晶核，太阳直射光经过此膜时，在漫反射晶核的作用下，转化为平射光，并较为均匀地射入到温室、大棚内各个部位，减少直射光的透过率，既可降低中午前后棚室内高温峰值，减轻高温对作物的伤害，又有利于棚室内植物生长的均匀度。这种膜夜间保温性较好，积温性能好于聚乙烯和聚氯乙烯普通农膜。

8. 聚乙烯调光膜(光转换膜)　以低密度聚乙烯树脂为基础原料，添加光转换剂后，吹塑成的一种新型塑料薄膜。能将自然光中的紫外光转换成红光及红外光，减少对植物无益处的紫外光。红光和红外光增加后能提高植物光合利用率，加强光合作用，并能提高棚室内气温和地温。此种农膜具有长寿、耐老化和透光率好等特点。厚度为0.08～0.12毫米，幅度折径为1～5米，抗拉强度≥13兆帕，断裂伸长率≥305%，直角撕裂强度≥50千牛/米。使用期限为2年以上，透光率85%以上，在弱光下增温效果不显著。

使用注意事项：调光膜主要用于喜温、喜光作物。可提前早扣棚，棚内积温高，有利提前定植，定植后注意控温。由于棚内温度较高，可能诱发黄瓜徒长和黄瓜霜霉病提前发生，因此在管理上应控制浇水量，避免1次性浇水过量，应采取小水勤浇。另外，注意提前喷洒农药防治霜霉病等病害。

(二)各种地膜

指直接覆盖于栽培畦、垄或近地表面的薄型农膜。其厚度为

0.006～0.015毫米，以聚乙烯树脂为基础原料，辅助以添加剂，经吹塑而成。

地膜覆盖后，能使根际的水、气、土、肥、热等多种环境条件向有利于作物生长发育的方向转化，起主导作用的是增温、保墒，促进了根系的生长发育，由于土壤温度、湿度的提高，促进了土壤微生物的活动、繁殖，加速了有机质的分解，增加了有效养分。同时，由于地膜的避雨作用，减少了土壤养分被淋溶流失，提高和保持土壤肥力。也减少了根系受雨水冲刷而露根，起到护根的作用。地膜还有一定的反光作用，能增强植物中下部叶片的受光均匀度和光合作用。地膜的种类和特性如下：

1. 普通地膜　以高压聚乙烯树脂(LDPE)为基础原料，经吹塑而成的透明地膜，无添加剂和防老化剂。厚度为0.014毫米±0.002毫米，幅宽为80厘米、95厘米、100厘米、120厘米、130厘米、180厘米、200厘米，可据畦垄大小选用。地膜覆盖后具有较好的增温保湿和保温或护根效果，可用于地面、近地面覆盖(矮拱棚)及温室、大棚内二道幕覆盖。每667米^{2}用量8～12千克。

2. 高密度聚乙烯地膜　以低压聚乙烯(HDPE)树脂为基础原料，经吹塑而成的半透明地膜，无添加剂和防老化剂。厚度为0.006～0.008毫米±0.002毫米，幅宽60～200厘米，用户可自由选用。此种地膜黏性小，好操作。纵向拉力大，横向拉力小，除具有普通地膜的功能外，特别适合花生地膜覆盖栽培用。北京助剂二厂1984年开发成功，向全国经销。现在全国各地的塑材厂均能生产。

3. 线性高压低密度聚乙烯地膜(LLDPE)　是经吹塑而成的透明地膜。厚度为0.008毫米，具有优良的拉伸强度、抗冲击性、耐穿刺性、耐低温性、热封合性、柔软性，老化时间90天以上。是目前质量最好的一种农用地膜。需注意的是，这种纯线性地膜由于抗拉伸强度大、耐穿刺性能强，不适于花生地膜覆盖栽培，因花生果针很难穿透此薄膜进入土壤，特别是靠花生栽培畦两边的边行，因畦边具有坡度，果针扎不透地膜而顺坡往下伸延，果针扎不进土壤就不能形成果荚而影响产量。其他各类作物栽培时需要打孔定植，或是先播种，待出苗后再掏苗引出膜外，无须像花生那样果针要从膜外空间穿过地膜而进入土层内。所以，选用此种地膜有利于作物整个生育期间保持地膜完好，更能充分地发挥地膜覆盖栽培的技术效果。只是此种地膜成本比 HDPE 和 LDPE 地膜高。

4. 共混地膜　以 HDPE、LDPE 和 LLDPE 树脂为基础原料，用其中两种树脂共混，并添加一定量的具有特定功能的添加剂，经吹塑而成的薄型透明地膜。厚度为 0.008 毫米±0.002 毫米，幅宽 60～200 厘米。保温性、保湿性和增温性均优于普通地膜。每 667 米^2 用量 4～5 千克。

(1)线性高压低密度聚乙烯与高压聚乙烯共混地膜(LLDPE/LDPE 共混)　这种共混地膜透明性好，耐老化，拉力强度、柔软性不如 LLDPE 地膜。其质量优劣与 LLDPE 所占比例大小有关，一般 LLDPE 的比率不低于 30%，但它好于同厚度单一树脂的 HDPE 和 LDPE 地膜。

(2)线性高压低密度聚乙烯与低压高密度聚乙烯共混地膜(LLDPE/HDPE 共混)　其性能优于 HDPE 膜，但不如 LLDPE 地膜。此种地膜透明性好。

(3)高压聚乙烯与低压聚乙烯共混地膜(LDPE/HDPE 共混)　性能一般，也不如 LLDPE 地膜。

5. 有色地膜　以聚乙烯树脂为基础原料，加入一定比例的色素母料，经吹塑而制成有各种颜色的地膜，具有不同特殊功能，专用于某种栽培使用。

(1)黑色地膜　厚度 0.02 毫米±0.002 毫米，宽度有多种，作地膜覆盖栽培时，具有抑制杂草滋生作用，还能降低地温。可作高温季节的防高温栽培，为作物创造一个有利于根系生长发育的环境，提高产量，改进产品品质。由于黑色膜透光极差，还可以用作遮光栽培，如生产韭黄、蒜黄时用作遮光覆盖，能取得好效益。由于厚度大、加碳素，具有耐候性好、易回收、减少对环境污染等好处，但单位面积用量大，比透明膜价格高，投资成本增加。

(2)防病虫长寿地膜　以聚乙烯树脂为基础原料，加一定量的紫外线阻隔剂，以降低阳光中紫外线的透入，能有效地减轻植物受菌核病的侵害。

(3)绿色地膜　以聚乙烯树脂为基础原料，加入一定量的绿色母料，经吹塑而成的绿色地膜，因能吸收绿色光，使绿色光透过少，失去光合作用的基础，能使杂草造成"饥饿"而死亡，起到抑制杂草滋生的作用。

(4)防草膜　地膜内加入一定量的除草剂，从而起到杀灭杂草的作用。因除草剂对作物有严格的选择性，用错了会对作物产生药害，故要特别小心对号入座。花生、青椒、棉花等都有专用除草地膜，不要用错，以防造成生产损失。

(5)银灰色地膜　除了具有普通地膜的增温、增光、保墒及防病虫害的作用外，能反射紫外线，有明显的驱避蚜虫的作用。又因为大大减少了蚜虫数量，也就大大减少了传播病毒的途径，栽培作物覆盖银灰色地膜后，其各种病毒病的发生率、危害程度将大大降低和减轻。同时增加了地面反射光，利于茄、果、瓜等类蔬菜和果品(中下部和群体内部很难晒到太阳的产品)的着色度，从而提高商品的质量和等级，增加经济效益。用于夏秋季蔬菜地膜覆盖栽培，因正是病、虫及雨涝多或高温季节，其作用与效应更容易充分发挥。其幅宽有0.7～4米多种规格，厚度为0.008～0.03毫米，各地的塑料厂均能生产，可自由选用。

(6)反光膜　具有极明显的反射阳光的作用，大大增加作物的光照强度，并使阳光辐射均匀分布于整个植株上，做到更充分利用阳光，提高光合作用，促进作物生长齐壮，发育提前，从而增产增收，提高经济效益。反光膜比银灰色膜的反光性、驱蚜性更强，效应更佳。由于该膜主要用于秋、冬、春季弱光期的蔬菜生产，当反光屏幕吊、挂在温室及大棚北边，其对光的反射角度、部位可以随时调整，使阳光照射在作物上，而使作物增加光照及驱蚜虫等，温室、大棚栽培时已广泛应用，效应明显。幅宽为0.7～1米，厚度为0.03毫米。但价格也相对较高，限制了使用面积的迅速扩大。

(7)复合、专用地膜　我国近几年来，不少研究单位为促使地膜更加完善、配套，研制了不少复合、专用或降解地膜。如银/黑两面膜，有降温、除草和驱蚜虫、避病害作用。黑/白两面地膜，有更好的降温、除草、避高温栽培效果。还有墨绿/银灰彩条、黑/白彩条、透明/银色彩条，以及纯银灰色、纯紫、纯绿、纯蓝色等地膜，各具有专门用途或突出某种功能，以满足不同栽培目的的需要。但由于生产工艺复杂、色母料价昂贵、基础树脂用量大等原因，造价比透明地膜高，使用成本高，所以应用面积都不大，只能显示它们的应用前景。

二、日本农用薄膜

1986年，中日两国合作建立设施园艺试验场，在北京、上海、沈阳、大连建立了4个试验、示范点，成为国际合作设施园艺栽培的窗口，各实验农场引来无数国内外同行、专家参观、学习和交流，起到了很全面的示范作用，促进了我国设施栽培的发展和技术的提高。同时，对我国农用薄膜有关的母料、助剂、吹塑技术、应用的型号、发展方向、光降解、生物降解、应用技术等方面的研究、开发均起到了很好的促进作用。尤其是对轻工、化工和农业的多部门跨学科协作也起到了很好的带动作用，从而也大大促进了我国农用薄膜的应用和开发，并取得了可喜的进展。在此，对日产农用薄膜的应用介绍如下，以供读者参考。

日本的农用薄膜品种多、规格全,具有性能好、功能多样、耐用等特点。85%以上属于聚氯乙烯农用薄膜。

(一)农用棚膜

1. 聚氯乙烯棚膜

(1)诺比埃斯透明棚膜 厚度0.1毫米,幅宽2米、4米、6.6米不等。透光性66%左右,保温性好,无雾滴,略有阻挡紫外线透入作用(波长390纳米以下),有促进作物的生长和增加产量,抑制某些病虫害发生的效果。使用期可连续扣棚2年左右。

(2)诺比埃斯半透明棚膜 厚度为0.1毫米、0.13毫米、0.15毫米,幅宽有2米、4米、6.6米等,保温性较好,透光性52%,无雾滴,具有阻挡紫外光(波长390纳米以下)透过作用,促进作物的生长和增产,也有抑制某些病虫害发生的效果。使用期2~2.5年。

(3)克林埃斯透明棚膜 厚度为0.075毫米、0.1毫米、0.13毫米、0.15毫米等,幅宽分2米、4米、6.6米等。此膜经过特殊工艺处理,长期覆盖防尘性极好,能长期保持高透明度,无雾滴,耐用。使用期2~2.5年。

(4)卡多埃斯透明棚膜 厚度为0.075毫米和0.1毫米2种,幅宽有2米、4米、6.6米不等,保温、透光性能良好,无雾滴,能阻挡波长355纳米以下的紫外光透过,促进作物茎叶生长,推迟功能叶片的老化速度。抑制灰霉病、菌核病、叶枯病、轮纹病、黑斑病的病害发生作用明显,还能抑制蚜虫、螨类等虫害的发生。达到促生长、防病虫、获丰收的良好效果。使用期2年以上。

2. 聚乙烯棚膜

(1)长寿棚膜 厚度0.05毫米、0.1毫米,幅宽有1.5米、4米、6米等,透光率90%左右,保温性好,无雾滴,0.05毫米的使用期为1~1.5年,0.1毫米的可达2年以上。

(2)优拉库 透明略现乳白色,厚度有0.05毫米、0.075毫米、0.1毫米。透明度稍差,保温好,雾滴少。0.05毫米厚的可使用1年，0.075毫米厚的使用期1.5年，0.1毫米厚的使用期2年。

(3)米可隆4101棚膜　厚度有0.05毫米和0.075毫米2种，比一般高压低密度聚乙烯棚膜厚度0.08毫米和0.1毫米的优越，具有长寿的性能。使用期1.5～2年，无滴性功能好，有利于提高白天棚内气温和地温，积温大，有助于促进作物健壮生长和发育。

中国农资公司和日本合作，利用米可多化工株式会社的特殊复合添加剂和日本三菱油化株式会社的低密度高压聚乙烯，经吹塑而成的棚膜。纵向拉伸强度为210～270千克/厘米^2，断裂伸长率360%～490%；横向拉伸强度220～270千克/厘米^2，断裂伸长率500%～580%。特别适于蔬菜的大、小棚专用。为充分发挥此膜的耐候性，选用镀锌管大棚骨架可延长使用期，不宜在以带铁锈的钢筋、不平整的竹和木杆做大棚骨架的大棚上应用，否则使用期限将大大缩短，或造成损伤。为了使其无滴性充分发挥作用，要在吹塑成膜后保管1个月左右再使用，以使无滴剂充分析出，高温的夏季吹塑制膜更为有效。最佳吹膜期为5～8月份，若冬季低温期吹膜，或冬春季使用此膜，无滴功能几乎不能发挥作用。

(4)米可隆6111膜　是中国农资公司和日本米可多化工株式会社合作开发的又一种新型农膜。采用米可多化工株式会社的乙烯、醋酸共聚的低浓度EVA(醋酸乙烯即VA含量为5%)为基本树脂，加入一定量的保温剂及无滴剂，经吹塑而成的棚膜。厚度为0.05～0.07毫米。使用期限1年以上。具无滴性和保温性。厚度0.05毫米，纵向拉伸强度200～250千克/厘米^2，横向拉伸强度210～250千克/厘米^2；纵向断裂伸长率和横向断裂伸长率分别为35%～47%和49%～56%。保温性处于PVC和LDPE农膜之间。为了充分发挥米可隆6111膜的耐久性，不能忽略大棚骨架材质的关系，用镀锌管架大棚较好，采用易生锈的钢筋、不平的竹条、竹片和木杆当骨架的大棚，易损坏和缩短使用寿命，不易发挥效益。

(5)有滴水稻育秧专用膜米可隆6110　该膜是从米可隆6111原料中除去无滴剂，经吹塑而成，其性能除有滴性外，其他性能完全与米可隆6111膜相同，为了区别，以着蓝色做米可隆6110膜的标志。

(6)思巴索拉膜　又称太阳膜。厚度0.15毫米，幅宽多种，手感柔软，抗老化、抗拉力、抗破损功能都较强，透明度、透光率、保温性均较好，防雾滴性强，使用周期2年以上。

(二)二层保温农膜

1. PVC二层保温膜　即塑料大棚内二层保温专用的农膜。

(1)桑斯力普　厚度0.075毫米和0.1毫米，透明、无滴、保温性好，特别是夜间的保温性好。

(2)桑斯努巴　厚度0.1毫米，黑灰色，具无滴性，夜间保温强，遮光率达99.99%，使用时白天打开，使作物尽量多接受光照，夜间关闭，防止冷冻危害，以便取得预期效果。

(3)桑哈托膜　厚度0.075毫米，透明中略带紫色，严寒季节使用保温效果良好。夜间覆盖地温、气温均较高，无雾滴，能将直射光转变成散射光，有防止作物高温伤害作用。

2. PE二层用膜　即塑料大棚的二道幕。

(1)长寿膜　厚度有0.05毫米和0.075毫米2种，幅宽2米和2.3米，透明中略显乳白色，保温和无滴性能良好。

(2)优拉库膜　厚度0.05毫米和0.075毫米，幅宽3米、2.3米，性能中等。

(三)中、小棚用农膜

1. PVC中、小棚用农膜

(1)诺比埃斯膜　厚度0.05毫米、0.075毫米，幅宽1.85米和2.3米，保温、无滴性和透光率好。

(2)桑斯力普膜　厚度0.05毫米和0.075毫米，幅宽1.05米和2.3米,保温、无滴性好,透明。

(3)桑斯努巴膜　厚度0.05毫米和0.075毫米,幅宽1.85米和2.3米,无滴,保温性强,透明。

(4)桑哈托膜　厚度0.075毫米,幅宽1.85米和2.3米,保温、无滴,透明中略带紫色,能将直射光转变为散射光。

2.PE中、小棚用农膜

(1)优拉库膜　透明中略带乳白色,厚度0.05毫米、0.075毫米,幅宽1.85米、2.1米、2.3米,无滴、保温、透光性均较好。

(2)优拉库换气膜2号　透明略显乳白,0.05毫米厚,1.85米宽,纵向打2排孔,纵向孔间距离13.5厘米。透光性、无滴性好,开孔率1.5%。

(3)优拉库换气膜3号　性能同(2),开孔率2.25%,纵向打3排孔。

(4)优拉库换气膜4号　性能同(2),开孔率3%,纵向打4排孔。

(5)优拉库换气膜5号　性能同(2),开孔率3.75%,纵向打5排孔。

(6)优拉库换气膜7号　性能同(2),开孔率5.25%,纵向打6排孔。

(7)优拉库换气膜8号　性能同(2),开孔率6%,纵向打7排孔。

(四)日本产地膜

1.KON地膜　厚度0.016毫米,幅宽有95厘米、125厘米、135厘米、150厘米、180厘米的,每卷长200米,透明、保温、保湿、耐久性好,适于春季、晚秋生长期长的作物使用,耐用期4个月以上,最好与除草剂配合使用,更能发挥出高效果。

2.KOB地膜　是一种黑色地膜,厚度、幅宽、长度同KON地膜。黑色度好,不透光,有一定降温作用,具灭草、保湿、护根等功能。适于夏季、初秋防高温栽培和某些蔬菜的黄化或软化栽培时使用(即遮光栽培)。

3. WB地膜　是白黑两面复合型地膜,厚度0.024毫米,幅宽有95厘米、125厘米、135厘米、150厘米、180厘米不等,使用时黑色向下,白色向上,具有反射太阳光作用,因而盖此膜后地温低、灭草、保湿、护根,适用于夏秋季蔬菜的防热栽培,比KOB单黑色地膜效果更好,价格比KOB高。

4. 带孔WB地膜　是一种白黑两面复合带孔地膜,厚度0.024毫米,幅宽有95厘米和135厘米2种,除具有白黑两面复合膜的优点外,因打孔有利于作物栽植,节省田间用工,且栽培株排列整齐一致,规范化。有如下几种形式。

(1)WB 2孔地膜　在95厘米幅宽的WB地膜基础上,按横向孔距45厘米,行间孔距按27厘米和30厘米2种距离,吹塑后先打好孔再包装为标准件,即行株距为45厘米×27厘米和45厘米×30厘米2种规格。

(2)WB 4孔地膜　幅宽135厘米的4排孔,孔距等距离分布,纵横孔距均为30厘米,即株距和行距均为30厘米。幅宽95厘米的4排孔时,纵向孔距均为15厘米,横向孔距外2排为15厘米、内2行为20厘米。

(3)WB 5孔地膜　幅宽95厘米,纵向5排孔,每排孔距(即行距)为14厘米,行内株距为15厘米。

(4)WB 6孔地膜　幅宽135厘米,纵向6排孔的5个行距分别为15厘米、15厘米、20厘米、15厘米、15厘米,3～4排间距为20厘米,1～2排、2～3排、4～5排和5～6排的间距为15厘米,纵向每排内的孔(株)距为15厘米。

可根据作物行株距栽培密度、季节性气候特点加以选用。

5. SB地膜　是一种银黑两面复合地膜,厚度、幅宽同WB地膜,使用时银色面向上,黑色面向下。具反光性强、驱赶蚜虫、减少病毒病传播、降低发病率的效果,降温不如白黑两面复合膜,保湿、除草功能作用好,适于夏秋季抗热栽培,如栽培青椒、番茄等作物效果都明显。

6.SB银黑两面复合带孔地膜　厚度、宽度同SB地膜,性能也一样,只是膜已先打好孔,定植时按已有孔穴栽苗可省劳力,但行株距无法再调整,要选定作物和栽培密度,以免达不到要求。

7. 切口地膜　又称芽得膜。即在地膜上横向切刈出很多互相交错的长条小口,适用先播种后盖膜、种子量少、粒小,需撒播、点播、条播的叶类等蔬菜栽培。厚度为0.01毫米,幅宽有80厘米、90厘米、135厘米、140厘米的,并有几种颜色。

(1)白色切口地膜　具增温、保湿、保肥等作用,适于春、秋季使用。

(2)黑色切口地膜　具降温、保湿、保肥、灭杂草等作用,适于夏季、初秋抗热栽培用。

(3)银黑两面切口地膜　性能、用法同银黑两面复合地膜。

(4)白黑两面切口地膜　性能、用法同白黑两面复合地膜。

8. 多孔透明地膜　按作物株行距要求打好孔,使用方便,定植时省工,适于春季、晚秋季节栽培使用。有几种规格。

(1)2孔透明地膜　幅宽80厘米,纵向有2排孔,即行孔距30厘米,株孔距12厘米。

(2)2孔透明地膜　幅宽95厘米。

①并列打孔法:行、株间的孔距为45厘米×15厘米。

②两排交错打孔法:行、株间的孔距有:45厘米×24厘米、45厘米×27厘米、45厘米×30厘米、45厘米×35厘米、45厘米×50厘米,可供不同作物不同种植密度要求而选用。

(3)3孔透明地膜　多行交错打孔地膜。

①幅宽95厘米地膜:横向孔距25厘米,纵向孔距30厘米。

②幅宽130厘米地膜:横向孔距35厘米,纵向孔距27厘米、

30厘米。

(4)4孔透明地膜 幅宽130厘米,行、株间的孔距分别为30厘米×30厘米、30厘米×35厘米。

(5)6孔透明地膜 幅宽130厘米,形成纵向5排孔距,分别为15厘米、20厘米、15厘米、20厘米、15厘米,即为行距,行内株距均为15厘米。

(6)7孔透明地膜 幅宽130厘米,等距离打孔,行株距都是15厘米,即均匀排布孔穴。

9. 多孔银灰色地膜 性能同银灰色地膜,规格同多孔透明地膜,可供选用。

(五)其他农用薄膜

1. 光降解地膜 地膜原料中再加入一定量的光解剂,要求覆盖后在限定时间内自行崩坏、破碎,为的是节省清除残膜的用工和消除农田残膜的污染公害。光降解地膜是地膜覆盖栽培的热门话题与研究、试验课题,进行工作已有多年。由于地理、气候、栽培因子等复杂,光降解程度受多种条件影响,很难制出使用理想的光降解地膜。如同一种光降解膜在不同地区降解时间不同,不同作物下降解时间也不同,有的地面部分已破碎,埋在地里的部分还完整无损,有的不破碎反而变得脆、硬而更难捡清。

2. 浮动膜 近年来,西欧等不少国家,已采用的一种新型覆盖薄膜,厚度0.05毫米,幅宽有的可达10米,薄膜上布满密集的小孔,每平方米有500孔、750孔和1 000孔等。浮动膜直接覆盖在马铃薯、小萝卜等蔬菜作物上,不用搭小拱棚,也不像盖地膜需压埋入土中,只进行松弛覆盖,此膜可随作物生长而上浮、顶起,有透光、增温、保湿、透气、不烤坏作物等综合作用,覆盖期5~7周,可使作物早收获。浮动膜使用后保管好,能使用3年左右。

3. 反光膜 是在聚乙烯薄膜上复合一层铝箔,或在聚乙烯树脂中掺入铝粉吹塑成薄膜,也有在聚乙烯薄膜上采用镀铝工艺而成。主要用于栽培作物的补光之用，因为它有很强的反射光的效果，从而使在弱光季节栽培的作物改善光照条件而增加光合产物。如北方地区冬季栽培中的日光温室，在北墙内侧挂上反光膜，可增加室内光照强度，提高棚温、降低能耗。使用时应常注意调整反光膜角度，使反射光正好照射在作物上，以加强光能利用。北京华盾塑料包装器材公司等单位能供应此膜。厚度为 0.015～0.02 毫米，幅宽为 0.8～1 米。其他地区也有生产此膜的。

4. 生物降解地膜　20 世纪 80 年代后期，消费后的废弃塑料及农田残膜，对环境造成的污染越来越严重，引起世界各国的关注，一些发达国家开始重视生物降解塑料的研究与开发。日本将分解性塑料列为仅次于金属材料、无机材料和高分子材料之后的第四种新材料，由近 50 家大公司组成了生物降解性塑料研究会，美国也成立了可降解性塑料协会。生物降解薄膜随着生物降解塑料的出现应运而生，它作为解决农用薄膜覆盖后残膜对土壤、环境污染的一项措施而受到农业有关部门的重视。生物降解薄膜具有一定机械强度和功能，并在应用过程中达到一定期限后逐渐地全部或大部分被微生物、酶所分解，而不造成对土壤和环境的污染。生物降解塑料薄膜的机制，根据国内外有关报道，大体分成 2 类：一类是在聚乙烯原料中混入一定量的淀粉，再吹塑成薄膜，在微生物作用下，使薄膜逐渐失去其形状和功能；另一类是通过利用纤维、木质素、甲壳等天然高聚合物技术，利用微生物制出的高分子以制造成具有塑料功能材料技术及通过发酵技术廉价制造氨基酸、糖类、聚酯等原料，再经过高分子合成技术，制成微生物能分解的高分子合成物。通过上述高分子合成技术制成具有塑料功能的生物降解塑料，在微生物及酶的作用下，能全部或大部分被微生物分解。

对生物降解薄膜的研究、开发，我国起步较晚，农业、轻工、化工系统的一些科研单位近几年开展了部分研制工作，到目前为止，工作虽有进展，也能间断地看到一些有关的报道材料，但仍未见到在实用上已取得令人满意的农用成果之报道和应用实例。为加强此项工作研究与开发，生物降解薄膜的研制已列入国家“八五”科技攻关计划，只是由于地理位置、气候因素、栽培环境等的复杂性，至今仍没有具有实用效果很好的生物降解膜面市。虽曾见到了淀粉地膜、草纤维地膜生产成功的研究报道，说是可以被微生物降解，只是仍然未见到确实符合农艺要求和开展大面积应用的实例。同时，由于其价格昂贵，农用成本太高，致使发展应用的前景受到极大限制。

5. 水枕膜　用厚度 0.12～0.15 毫米的薄膜，制成折径 30～40 厘米的塑料软管或上面透明、下面黑色的塑料软管，放在田间作物茎基部附近的地表，内部充入水，白天阳光可将管内的水晒热，其热量可在夜间慢慢放出。因水的比热在物质中最高，对提高地表及近地表的温度有利，防止轻度霜冻有一定效果，是栽培中一种节能、防寒设施，适于蔬菜早熟栽培。沈阳等地已有应用。

三、无 纺 布

无纺布又叫丰收布或不织布。它是以聚酯为原料，不经纺织工序，采用热压加工成的一种纤维布状物，有近似织物的强度，可用缝纫机或手工缝合。因在农业上应用可促进增产，故此称丰收布。目前，农业上使用的无纺布是长纤维的无纺布，通常用每平方米克数表示无纺布的品名，也就是质量。

无纺布具有的特点：结实耐用，不易破损，使用期一般 3～4 年，使用保管得当，使用期可长达 5 年；耐水、耐光、透气；重量轻；操作方便；脏了可用水洗；不会因气候变化而变形；燃烧时不会产生有害气体，因而无公害。目前，国内外常用的无纺布主要有如下几种。

(一)每平方米20克的无纺布

这是生产上应用较薄的一种,厚度为0.09毫米,透水率98%,遮光率27%,通气度500毫升/厘米^2·秒。用于蔬菜近地面覆盖或浮动覆盖,遮光及防虫栽培,也可用作温室内的保温幕,使蔬菜减轻冻害。

(二)每平方米30克的无纺布

这种厚度为0.12毫米的无纺布,透水率98%,遮光率为30%,通气度为320毫升/厘米^2·秒。用于露地小拱棚、温室、大棚内保温幕,夜间起保温作用,覆盖栽培蔬菜或用于遮阴栽培防热害。

(三)每平方米40克的无纺布

这种无纺布,厚度为0.13毫米,透水率30%,遮光率35%,通气度为800毫升/厘米^2·秒。用于温室和大棚内保温幕,夜间有保温作用,也适于夏、秋季遮阴育苗和栽培。

(四)每平方米50克的无纺布

这是厚度为0.17毫米的无纺布,其透水率为10%,遮光率50%,通气度为145毫升/厘米^2·秒。适用于温室和大棚内保温幕,或用于遮阴栽培效果更佳。

(五)每平方米30克、50克的BK(黑色)无纺布

这是厚度为0.12毫米和0.17毫米的2种黑色无纺布,遮光率分别为75%和90%,通气度分别为220毫升/厘米^2·秒和130毫升/厘米^2·秒。用于遮阴栽培和防止杂草滋生。

无纺布覆盖栽培技术,在发达国家的日本、美国、荷兰、加拿大等国早已普遍应用,多用于温室、大棚内二道幕、三道幕覆盖栽培和露地浮动覆盖栽培,对提早和延后栽培、提高产量、改进产品质量具有重要作用。我国于1982年引进无纺布覆盖栽培技术和无纺布，在消化、吸收的基础上又有了新的发展。无纺布具有保温节能、防霜防冻、降湿防病、遮阴调光、防虫和避免杂草等作用。当二道幕、三道幕用时，不论是早春还是晚秋，均有提高棚室内气温及土壤温度的效果，能促进作物生长，增产增收，并实现提前或延后栽培。由于无纺布孔隙大而多，松软，纤维间隙可吸水，能防止结露，降低湿度，减轻病害发生，人工操作也很轻便。

因其不仅用于蔬菜育苗、早熟和延后栽培、蔬菜夏季遮阴栽培、育苗，还可用于花卉、水稻、柑橘、茶叶等覆盖栽培，既可以用在温室、大棚的二道幕、三道幕，又能用于露地浮动覆盖栽培，操作简便，无须任何支架，以作物本身为支架，将柔软、轻型(20 克/米^2)的无纺布直接宽松地盖在作物上，四周用土块压好，随着作物向上长高，无纺布跟随上浮，能起到保温、防虫、防鸟和促早熟、促高产及改善品质的作用。

管理上应适时挂幕，一般在作物定植或播种前 1 周挂幕，距棚膜 30～40 厘米，每 667 米^2 用无纺布 700 米^2 左右；其次要掌握好开、闭幕时间，因无纺布具有保温和遮阴降温的双重作用，一般情况下，上午在棚室内温度达到 10℃以上时即拉开，午后棚室内的气温下降到 15℃～20℃时闭上，如果上午气温高达 35℃时，可临时拉闭无纺布以减少阳光透过而降温，避免高温对作物造成伤害。无纺布有广阔的应用前景，只是价格比较昂贵，多数应用在经济效益较高的作物栽培上，因而影响了应用面积的扩大和发展速度。为减少生产成本，凡使用无纺布的单位，用后应及时清洗干净、晾干，收藏保管，以利再用。如使用保管得当，使用期可达 5 年，一次性投资虽大，但用茬次、年数折算，就大大减少了成本费用。

四、寒 冷 纱

寒冷纱是又一种新型覆盖材料，是似窗纱结构的化纤纤维纺织物，用耐腐蚀、抗油污、不霉烂、抗日晒、耐气候变化、不易老化、无毒的聚乙烯醇缩甲醛纤维(即维尼纶纤维)织造而成的,厚度为0.1～1毫米。维尼纶纤维织物的干燥断裂强度大,为棉纱的4倍,可以加工成白色、银灰色、深色等多种颜色,作各种不同用途,如分别用于防虫、防病毒病、防风害、防雹灾、降湿保温、防寒、防强光照等。北京地区主要用于夏、秋蔬菜育苗、夏播番茄的前期覆盖防病毒病。覆盖寒冷纱后比露地气温可降低3℃～5℃,地温能降2℃～4℃,病害轻,产量高,品质好。南方一些地区用它作为春、秋两季培育壮苗,出苗率高,幼苗素质好,用其作覆盖栽培促增产。注意使用后,要洗净、晾干,妥善保管好,能延续使用4～5年,如果保管不善,势必缩短使用寿命,造成投资不能充分利用,设备利用率低,增大生产成本。

五、遮阳网

遮阳网是与寒冷纱有近似功能的又一新型覆盖材料。它是用高密度聚乙烯树脂为基础原料,加入防老化剂和各种色料,熔合后拉成丝,再编织成网状织物,具有高强度、耐老化性能。有银灰色、黑色、蓝色等多种颜色,不同颜色遮阳网有不同的透光率,覆盖后能起降温、遮光、避雨、防风、防虫、防鸟、保湿抗旱、保暖防霜等多种作用,与普通常用的苇帘、竹帘、草苫相比较,遮阳网有使用寿命长、重量轻、操作方便、便于剪裁拼接、保管方便、体积小、用时省工、省力等优点。目前,以江苏省常州市武进塑料二厂的生产量大、型号多、使用范围广而著称,可用于大面积大、中、小棚遮阴栽培,防暴雨栽培及早春、晚秋叶菜抗热防霜冻栽培,也可用于遮阴育苗。但应用技术上较复杂,要因作物抗热性和不同地区、不同光照情况灵活应用,才能获得好的效果。

(一)覆盖效应

1. 遮强光,降高温　遮光率25%～75%不等。炎夏覆盖地表温度可降4℃～6℃,最大值可降12℃以上;地上30厘米气温可降

1℃左右;5厘米地温可降3℃～5℃,作地表浮面覆盖时可降地温6℃～10℃。

2. 防暴雨,抗雹灾　因遮阳网机械强度较高,可避免暴雨、冰雹对蔬菜等作物的机械损伤,防土壤板结和灾后倒苗、死苗等所造成的不可挽回的损失。据江苏省镇江市农业气象站测算,遮阳网大棚,能使暴雨对地面的冲击力减弱到1/50,棚内雨量减少13.3%～22.8%。江苏省无锡市郊区,用遮阳网和棚膜双层覆盖育菜苗,既防暴雨袭击和雨后死苗,又抵御了雨涝后持续高温伏旱,发挥了安全度汛、越夏的良好作用,深受当地广大群众的好评。

3. 减少蒸发,保墒抗旱　据测试,浮面和封闭式大、小棚覆盖,土壤水分蒸发量可比露地减少60%以上;半封闭式覆盖秋播小白菜生长期间浇水量可减少16.2%～22.2%。

4. 保温、抗寒,可防霜冻　江南地区主要用于夏季抗热防暴雨栽培,也用于秋季防早霜、冬季防冻害、早春防晚霜。据江苏省测试,冬、春季覆盖,气温可提高1℃～2.8℃,对耐寒叶菜越冬有利;早春茄果类、瓜类、豆类蔬菜可提早10天播种、定植。1991年上海市调查,4月1～2日出现霜冻,盖网小拱棚番茄未受害,不盖的受害12.6%。

5. 避虫害,防病害　据广州市调查,银灰色网避蚜效果88%～100%,对菜心病毒病防效达95.5%～98.9%,对青椒日灼病防效达100%,封闭式覆盖可防小菜蛾、斜纹夜蛾、菜螟等多种害虫入侵产卵,可实现叶菜不施药生产,既省药、省工、省成本,又有利于健康。

(二)社会效益、经济效益显著

1. 增产增值,缓解蔬菜淡季　遮阳网每667米^{2}投资600～700元,南方每年用4～6茬,可使用3年以上,每667米^{2}每茬成本40～60元。据广州市调查,菜心增产34.1%,小白菜增产

20.7%，芥蓝增产114.8%，小荠菜增产22.3%，生菜增产25.6%，芫荽增产140.4%，节瓜增产43.9%等。早熟茄果类蔬菜可延长供应期30～50天。可增加伏黄瓜、伏芹菜、伏萝卜、伏莴笋等供应品种。能使早花椰菜、早甘蓝、早白菜、蒜苗、茼蒿、菠菜等早上市10～30天。在广东省解决了夏季不能栽培生菜、芥蓝、食荚豌豆的历史；在江苏等地解决了夏季韭菜“焦梢”问题。

2. 提高成苗率和秧苗素质　遮阳网能解决高温、暴雨季节育苗问题。据调查，与露地育苗相比，成苗率在广东省广州市提高20%～60%，浙江省提高40%左右，安徽省提高30%～40%，江苏省提高60%，四川省成都市提高80%；出苗率比露地高1.28倍，比传统苇帘覆盖高56.5%。蒜苗出苗率比露地高44.5%，株高、叶片、单株鲜重等指标比对照高30%～50%，所以素质好。

3. 省工、省力、省成本　目前，国产遮阳网一般能用3年，能用4～6茬，单位面积成本比苇帘低50%～70%；管理上因其质轻、可裁剪，用工可省25%～50%，且劳动强度低，贮运方便，节省库容。

4. 可充分利用设施园艺　大量的大、中、小棚和温室夏季可以得到利用。由冬春半年向夏半年发展，有利于发展周年系列化设施园艺栽培体系。

（三）蔬菜遮阳网覆盖栽培的利用

1. 伏菜利用　用于夏季伏天小白菜、菜心、伏莴笋、伏萝卜、伏芹菜、伏黄瓜、夏大白菜、夏生菜、芥蓝、食荚豌豆等生产，一般增产20%以上，遇暴雨、干旱、冰雹天气则增产、抗灾效果更显著。

2. 早熟夏菜延后供应栽培　因为夏季的气候以高温、强光、多雨、常伴有渍涝等灾害为特点，各种蔬菜很难栽培，更难获得高产，茄果类、瓜类、豆类等蔬菜很难满足市场需求，此时人们常称为蔬菜淡季。若采用遮阳网覆盖栽培，避免各种自然灾害，夏季可照样进行蔬菜生产，能有效地改善市场缺菜的供应状况，为解决淡季供应做出新的贡献。如早熟辣(甜)椒、茄子等蔬菜,覆盖后其伏后的产量仍有总产的一半,不论产量、市场供应、经济效益均能大大提高,作用十分显著。

3. 秋菜育苗　甘蓝、花椰菜、荠菜、莴笋、芥蓝、番茄等秋菜,需夏播育苗,有利于提高成苗率和秋苗素质,栽培更容易获得成功。如北方秋大棚番茄栽培,6月中下旬育苗,7月底8月初定植,正是灾害性天气频发时期,特别是高温、干旱,可导致番茄苗发生病毒病的比例高达60%～80%。而用遮阳网覆盖育苗后,病毒病发病率就很低,甚至不发生,大大提高了育苗成功率,促成多灾害季节能开展正常栽培而保证蔬菜正常供应。

4. 早秋菜栽培覆盖　花椰菜、大白菜、甘蓝、菠菜、芹菜、茼蒿、芥蓝等秋菜早定植,以早上市为目的,可早收10～30天,对缩短蔬菜供应的淡季有重要意义。

5. 防霜栽培覆盖　具有白天降温、夜间保温性能,可充分利用此特点,用于秋菜防早霜、春菜防晚霜、夏季防高温和干旱等。

6. 食用菌栽培覆盖　利用高遮光夏季降温、秋冬保暖保湿,生产平菇、草菇、香菇等能达高产、优质,获取高效益。

当然,遮阳网也不是万能的,要在应用中根据当地气候状况和不同品种的耐热及抗寒性灵活应用,充分利用其优点一面,克服遮光不利的一面,遮光过多、时间过长,反而会造成某些蔬菜减产减收。因此,各地要在试验、总结经验的基础上,扩大应用面积,切忌盲目扩大应用范围。

六、聚乙烯宽幅三层共挤复合长寿无滴保温膜

聚乙烯宽幅三层共挤复合长寿无滴保温多功能薄膜,厚度为0.08～0.12毫米,幅宽为6～8米,可供作物栽培中选用。其抗张强度为16兆帕,断裂伸长率320%,直角撕裂强度为600牛/厘米,具有较良好的耐候性,一般可连续使用1.5～2年,无滴性能保持4～

5个月，透光率提高15%～20%。由于保湿无滴层(布满微小水珠不下滴，只能顺膜下流)的存在，使夜间散热速度缓慢，白天升温却加快，无滴性持久，同时又可有效地减少各种病虫害的发生，说明多功能性发挥良好，可用于各种作物栽培的温室、大中棚和家畜家禽饲养棚，用于防寒保温，保证畜、禽安全越冬。为了延长使用寿命，最好能按下面要求做：选用背风向阳处建棚；除镀锌管架大棚外，其余骨架用草绳裹住，以避免膜直接与锈铁骨架、不平的竹木接触；扣棚时选无风天或顺风盖膜；膜边、棚膜用压膜线绷紧。

七、其他覆盖材料

(一)纸　被

是用4～7层牛皮纸或水泥袋包装纸缝制而成，长度视温室前屋面的坡长而定，能够盖严即可。冬季生产、日光温室栽培、早春提前和秋季延后栽培均有使用，通常与草苫搭配应用，即覆盖在温室、日光温室的玻璃、薄膜外而在草苫下。纸被覆盖既能增强保温，又能减少草苫对棚室塑料薄膜、玻璃的磨损。覆盖一层草苫和纸被，可使棚室内夜间最低气温比无覆盖的提高4℃～6℃。

(二)保 温 毯

是用再生纤维或次棉纱编织而成，有很好的保温性能，也可以当塑料大棚的围帘使用。在韩国、日本等国的冬季蔬菜、花卉栽培中被广泛使用。由于使用成本较高，我国使用的较少。另外，因棉毯吸水力强，如被雨、雪弄湿了会变得很重，卷起、铺盖都比较困难，不注意晾晒干的话，易发生霉烂。但正常使用保温性很好，一般在棚体比较高、侧面直立的结构，用作围毯的较多，采用固定、不移动式方法使用。

(三)保温海绵毯

有极好的保温性能，像草苫一样作覆盖，只是价格昂贵，使用的较少。如资金雄厚，使用海绵毯保温极好，且质量轻便。

(四)水膜保温

水的比热在物质中是最大的一种，利用水的比热大，升温、降温慢的特点，也成了一种保温利用设施。如塑料大棚覆盖外层膜外，再在棚内覆盖一层二道幕(塑料膜)，外层膜与二道幕中间设置喷水装置，呈雾状喷水，水顺二道幕流下，由棚边沟流出棚外，这样也能减少冬季、早春栽培作物受冻害，而且设备简单、易行，效果甚好。只是要选择需水量较大、特别是不怕水汽大的作物上应用较好。另外，滴水成冰的极冷地区，喷出的水极快结冰地区，因水沟易结冰，影响水的畅流，清理水沟不便，也较难使用。

第二章 适于设施栽培的蔬菜品种

改革开放以来，我国十分重视发展经济，有关农业大专院校、科研机构都十分重视新品种的选育，因此新的品种在全国各地层出不穷，种子经营单位更是遍地开花，应该说这是一个极好的发展局面。但是，一些不法经销单位为了促销，在各种媒体上极力渲染自己所持有的种子的优越性，铺天盖地地刊登广告，以吸引客户购买自己的种子，但是在出售种子时却大做手脚，以假充真，以次充好，致使一些农民朋友因购买了假种子而使生产、经济遭受极大的损失。因此，建议农民朋友在引进、购买新品种时要注意以下几个问题。

第一，要到相关农业部门的正式、固定售种单位去购买种子，不要在游商中购买。

第二，购种后要索取正式发货票并保存好，以备购来伪劣假杂种子造成生产损失后有据索赔。

第三，生产面积较大、批量购种时，一定要注意当地消费者的消费习惯，购进当地适销对路的品种，以免产品销不出去。

第四，引种时要充分考虑当地的气候、土质条件及品种的适应范围，并要坚持先少量引进试种、再逐步推广种植的原则，以免盲目进行大面积生产造成经济损失。

第五，有条件的最好在正式播种前先做一下试验，即在室内用盆或找一小块地（1 米^2）进行试种，观察品种的发芽率、品种纯度、生长情况，判断无误后再按计划正式引种种植。

如果能按上述途径把好关，则可避免购进伪劣假杂种子，保证生产不受损失。

第一节 常规栽培品种

常规栽培品种，是指使用面积大、适应性强、应用较普遍的蔬菜品种。

因各地均有自己的主栽常规品种，本书介绍的常规栽培品种以偏重于中日合作设施园艺试验点沈阳、大连、北京所在地区的为主，其他地区的极少介绍，否则就会介绍很多的品种，文字篇幅太大，对于这一处理方式，请广大读者谅解。

一、茄　子

(一)沈阳紫长茄

沈阳市农业科学研究所由长茄一号中选出的常规品种，属长茄类型。株高 100～120 厘米，开展度较小。果实长而平直，长 25～30 厘米，果皮紫黑色有光泽，果肉松软，品质好。该品种适应性强，极抗黄萎病。适于越夏周年栽培，每 667 米^2 产量 5 000 千克以上，北方地区作设施园艺栽培和露地栽培均可。

沈阳地区在 2 月上旬温室育苗，4 月上中旬于大、中、小棚定植，高畦地膜覆盖栽培配合使用塑料软管滴灌浇水、施肥更好。定植行距约 60 厘米，株距 45～50 厘米。每 667 米^2 重施农家基肥 5 000千克。定植后田间管理要注意及时打掉脚叶和底杈，以便通风透光，减少病害，促进生长和增产。

(二)六叶茄

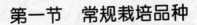

北京地方农家品种，属圆茄类型。植株长势中等，茎粗壮，培土后不易倒伏，叶绿色，叶柄和老茎紫黑色。门茄着生于第六叶处分杈上，果实萼片和果柄呈深紫色，果形呈扁圆状，一般横径为 10～12 厘米，纵径 8～10 厘米，单果重 400～500 克，果皮黑紫色并有光泽，果肉为浅绿白色，肉质致密、细嫩，品质佳，最适于烧煮食用。对低温适应性较强，早熟。每 667 米^2 产量 2 500 千克左右。适于春季设施园艺栽培和春播露地地膜覆盖栽培。注意防治黄萎病(又称半边疯)及蚜虫、茶黄螨等病虫害，最好不重茬种植。

(三)七 叶 茄

北京地方农家品种，属圆茄类型。植株生长势强，株高 80～90 厘米，始花节位在 7～8 节。茎粗壮，培土后不易倒伏，叶绿紫色，叶柄和老茎紫黑色。果实萼片和果柄呈深紫色，果实微扁圆形，果皮紫黑色并有光泽，果肉为浅绿白色，肉质致密、细嫩，品质佳，适于烧、煮食用。纵径 10～12 厘米，横径 14 厘米左右，单果重 600～800 克，每 667 米^2 产量 3 500 千克以上。适于春季设施园艺栽培和春播露地地膜覆盖栽培。栽培上应注意防治茄子黄萎病，虫害主要防治蚜虫、茶黄螨、白粉虱等。

(四)九 叶 茄

九叶茄为北京地方农家品种。植株高大，株高 100 厘米以上，直立，生长势旺。叶、茎、萼片及果实皮色均似七叶茄。始花节位在 9～10 节。果实扁圆形，纵径 15 厘米左右，横径 20 厘米左右。果肉质地致密、细嫩、微甜，品质佳，适于烧、蒸、煮食用。单果重 800～1 000 克，最大果重可达 2 000 克以上，每 667 米^2 产量 4 500 千克以上。栽培上注意浅栽、沟栽，分次培土，防雨季刮大风及下雨引起倒伏。注意防治黄萎病、绵疫病，并注意除治蚜虫、茶黄螨、白粉虱。

二、番 茄

(一)丽 春

中国农业科学院蔬菜花卉研究所选育。属早熟，无限生长类型品种。株高 55 厘米左右(人为控制 3 穗果)，坐果力强，在早春低温等不良条件下，第一花序坐果能力高，前期产量及总产量均高于早粉2号。果实高桩、圆形，果面鲜粉色，品质上等，单果重120克以上。株型中等，适宜密植，栽培密度4 000～4 500株/667米^2。设施园艺和露地栽培，均表现早熟、优质、高产。

(二)强 丰

中国农业科学院蔬菜花卉研究所选育。属中熟，无限生长类型品种。植株较高大，生长势强，抗病、高产，每穗花序坐果4～6个，开花期遇低温能够保持较高坐果率。果实较大，平均单果重150克左右，果形圆正，果肩绿色，果面粉红，皮薄，肉厚，味酸甜适中，品质上等。抗烟草花叶病毒病能力强于强力米寿品种，较耐湿热。每667米^{2}产量5 000千克以上，比强力米寿增产20%以上。果皮较薄，需适时采收。适宜设施园艺栽培和露地地膜覆盖栽培。

(三)中蔬4号

中国农业科学院蔬菜花卉研究所选育。属中早熟，无限生长类型品种。植株长势中等，抗病性强，单式花序，节间较短，坐果率高。果实较大，果形圆且周正，果面粉红色，不易裂果，品质好，味酸甜适中，产量高，每667米^{2}产量5 000～7 500千克。适于设施园艺栽培，要求肥料充足，生育中后期适当打掉脚叶，以增强通风透光性。

(四)中蔬5号

由中国农业科学院蔬菜花卉研究所选育。属中熟，无限生长类型品种。植株生长势强，坐果率高，每花序坐果5～7个，果形圆至高圆，果面粉红色，味甜酸适中，品质好，果实较大，平均单果重150克以上。前期产量高，每667米^{2}产量5 000～8 000千克。抗烟草花叶病毒病。适于设施园艺及露地栽培，适宜密度3 000～3 500株/667米^2。基肥要求施足农家基肥，适时整枝打杈和打去脚叶，可保稳产。

（五）中蔬6号

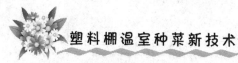

中国农业科学院蔬菜花卉研究所选育。属中熟，无限生长类型品种。植株节间短，株型紧凑，叶片较宽大、色深绿。坐果整齐，果实红色，果形扁圆至圆，不易裂果，单果重200克左右，味甜酸适中，品质上等，食味良好。抗病性强，产量高，每667米^{2}产量可达5 000～8 000千克。适于设施园艺和露地地膜覆盖栽培。

（六）中杂4号

中国农业科学院蔬菜花卉研究所选育。属中熟、抗病一代杂种。植株为无限生长类型，生长势强，坐果率高，每穗结果数较多。果圆形、整齐，单果重140～180克，口感酸甜适中，品质上等。抗病性强，对土壤、气候适应性广。每667米^{2}产量可达6 500千克。每667米^{2}用种量50克左右。栽培要点参照中蔬5号。

（七）中杂7号

中国农业科学院蔬菜花卉研究所选育。适于设施园艺内栽培专用的一代杂种。植株为无限生长类型，长势中等强壮，叶量较少。中熟。果实大，圆形，无绿果肩，果色粉红，单果重200克左右。品质优，丰产，每667米^{2}产量6 500千克左右。抗烟草花叶病毒病，中抗黄瓜花叶病毒病，兼抗番茄叶霉病。此品种因叶量较少，在苗期和植株生长前期不要蹲苗过狠，要以促为主，使植株早发起来，才能保证果大高产。若控苗过度，植株发不起棵来，会影响发果，这是关键之注意点。其他栽培要点参看中杂9号。

（八）中杂8号

中国农业科学院蔬菜花卉研究所选育。适于设施园艺和露地栽培的兼用之一代杂种。植株为无限生长类型，中早熟种。果实圆形、红色，畸形果、裂果数少，个大，单果重160～200克，品质好，产量高，温室内生产时每667米^{2}产量可达5 000～7 000千克。抗烟草花叶病毒病，中抗黄瓜花叶病毒病兼抗叶霉病。栽培要点参照中杂9号。

(九)中杂9号

中国农业科学院蔬菜花卉研究所选育。适于设施园艺和露地栽培的兼用一代杂种。植株为无限生长类型，生长势强，叶量适中。果实中熟，近圆形，粉红色，个大，单果重160～200克。坐果率高，畸形果和裂果少，品质优良，丰产性能好，每667米^{2}产量可达5 000～7 500千克。抗烟草花叶病毒病，中抗黄瓜花叶病毒病，兼抗叶霉病。

栽培要点如下。

1. 培育壮苗　壮苗是抗病丰产的基础，表现为茎粗节间短，叶片大而肥厚，色深绿，7～8片叶带大花蕾。苗龄50～60天，苗床温度、水分不能过大，以防育成徒长苗。温度白天一般保持20℃～25℃，夜间保持13℃～15℃。

北京露地栽培时，可于2月上旬播种，4月下旬前后晚霜期过后定植。春季温室栽培的，12月下旬播种，于翌年2月上旬定植；春季塑料大棚栽培的，1月下旬播种，3月下旬定植；秋季塑料大棚栽培的，6月下旬至7月上旬播种，7月下旬或8月上旬定植；秋季温室栽培时，7月下旬至8月上旬播种，8月下旬至9月上旬定植。其他地区同类型栽培，播种、定植时间可据当地节气相应提前或延后进行。

2. 合理密植　可据不同季节、栽培方式和留果穗多少而定密度。春季露地栽培，3穗果打顶。可按行株距50～60厘米×30～35厘米定植，每667米^{2}栽3 500株左右；春季塑料大棚栽培，留3穗果打顶，可按每667米^{2}栽3 000株左右定植。秋季塑料大棚和日光温室栽培，若留2穗果打顶，可按每667米^{2}栽4 000株左右定植。春秋季温室栽培的，若留5穗果打顶，可按每667米^{2}栽2 000株左右定植。

3. 肥水管理　因该杂种为大果型高产杂交种，要求肥水充足，农家优质基肥应每 667 米^2 施 5 000 千克左右，定植时再沟施饼肥 100 千克、复合肥 30 千克。浇缓苗水后及时中耕，然后控水蹲苗。当第一穗果长至核桃大小时浇水并追施粪稀水或追施复合肥，以后不能缺水，但暑伏天不要浇粪稀水。每穗果核桃大小时追 1 次肥。温室、大棚栽培的，注意浇水后空气相对湿度不要过大，以免引起晚疫病、叶霉病大发生。所以，浇水不能过勤、过多，以经常保持土壤湿润为宜，并注意浇水后及时换气、通风。

4. 适时打顶，保花保果　按栽培方式不同采取不同打顶方式。例如，春秋季塑料大棚、日光温室、露地早熟栽培，可留 2～3 穗果打顶；春季露地栽培可留 4～5 穗果打顶；大型温室则可留 5 穗果以上，甚至留 7～8 穗果打顶。在欲留果穗的最上一穗显蕾时，上部留 2 片叶摘掉生长点及叶，以保证果实发育的养分供应和防止日烧病发生。在每穗花序有 2～3 朵花开放时，用 2.5%水溶性防落素 30～50 毫克/千克浓度蘸花，可防止落花落果，促进果实膨大。

5. 综合防治病虫害　不少品种虽抗病毒病，但作物抗病性都是相对的，不是绝对的。如春季适当早播早定植，加上良好的栽培管理，可减轻病害的发生。对发生病毒病的植株应及时拔除，避免因传播而扩大或蔓延。雨季来临时和在设施园艺栽培时，要注意防治晚疫病和叶霉病，在发病前用农药预防，初发时加紧用农药救治。25%甲霜灵可湿性粉剂 800～1 000 倍液，或 75%百菌清可湿性粉剂 500 倍液等农药均有不同的防治效果。在设施园艺中用 55%百菌清烟雾片熏烟效果良好。主要害虫有棉铃虫、蚜虫、温室白粉虱等，应注意及早防治，用药要抓早和及时，越彻底越有利于夺取丰产。

(十)佳粉 1 号

北京市农林科学院蔬菜研究中心选育。属中熟，杂交一代良种。植株高大，长势强，抗病毒病、疫病性较强。果实较大，果形扁圆，果色粉红，花序较散，产量高，单果重200～250克。适于设施园艺栽培，不宜露地栽培，要求温室适当保持高温育苗。苗龄60～70天。适宜栽培密度3 800～4 000株/667米^2。

（十一）佳粉2号

北京市农林科学院蔬菜研究中心选育。属中熟，杂交一代良种。特性与佳粉1号相似，但抗病性、产量均比佳粉1号要高。是北京郊区设施园艺栽培中使用面积较大的品种。

（十二）佳粉10号

北京市农林科学院蔬菜研究中心选育。属中熟，杂交一代良种。特性同佳粉1号、佳粉2号，抗病性强，产量高，因单株坐果多，要求栽培管理中结合蘸花保果进行疏花、疏果，肥水要充足。适于设施园艺栽培。

（十三）佳粉15号

北京市农林科学院蔬菜研究中心选育。是高抗型杂交一代良种。对叶霉病、烟草花叶病毒病高抗，耐黄瓜花叶病毒病。耐低温，生长性良好，在高温下也能适应。生长势强，中熟，无限生长类型。叶色浓绿。第八节出现花序。坐果率强，且易膨大，幼果有浅绿色果肩，成熟果粉红色，果圆形至稍扁圆形，单果重一般达200克以上，大者达500克以上。品质优良，高产稳产。该杂交种适于冬、春、秋季设施园艺栽培，也可春播露地栽培。

栽培要点：

1. 苗龄　定植前70～75天播种，带花蕾后定植。苗期温度不宜过低，苗龄不要过长。

2. 合理密植　留2穗果的株行距30厘米×50厘米，每667米^{2}栽4 000株左右；若留3穗果定植，株行距33厘米×55厘米，每667米^{2}栽3 300株左右。

3. 管理　定植7～10天始花，用防落素喷花。待第一穗果核桃大小时(进入膨果期)应及时追肥浇水。本杂种植株长势旺盛，只有肥水充足才能获取丰产，故每穗果膨大期都应追肥1次。

4. 产量　留2穗果的每667米^{2}产量可达4 500千克以上；留3穗果的每667米^{2}产量可达6 000千克以上。

此外，北京市农林科学院蔬菜研究中心选育成的番茄良种，还有佳粉16、佳粉17、佳红2号等可供选用。

(十四)双抗1号

北京市农林科学院蔬菜研究中心选育。属早熟，自封顶类型的杂交一代良种。因抗病毒病、叶霉病而得名。果色粉红，果型较大，每667米^{2}产量可达3 500～4 000千克。适宜设施园艺栽培，特别是塑料大棚、温室的早熟栽培，密度以5 500～6 000株/667米^{2}为宜。

(十五)双抗3号

北京市农林科学院蔬菜研究中心选育。属早熟，杂交一代良种。生长势强，叶量中等，抗病毒病和叶霉病。果圆形，色粉红，单果重150～250克，每667米^{2}产量3 000～4 000千克。适于春播露地和大棚栽培。

(十六)沈粉1号

沈阳市农业科学研究所选育。属中早熟，无限生长类型的杂交一代良种。留3穗果时株高80～100厘米，开展度50厘米左右，生育期约115天。抗病毒病能力强，坐果率高。粉红色果，果实整齐、均匀、果面厚，品质好，味酸甜可口。中大型果，单果重200克左右。每667米^{2}产量5 000～6 000千克。适于长江流域和北方地区的设施园艺栽培。要求温室育苗，高畦地膜覆盖栽培，配合塑料软管滴灌，基肥施农家肥4 000～5 000千克，适当施用钾肥，株距约30厘米，行距约50厘米，立架或吊绳引蔓，单秆整枝，及时打掉侧枝。第一穗果蛋黄大小时，追施复合肥或磷酸二铵。

第三穗花序出现后，上部留2叶闷尖，用防落素蘸花保果。

(十七)大 强

大连市农业科学研究所选育。属无限生长型，中早熟杂交一代良种。留3穗果时植株高80厘米左右，普通叶形，色绿，叶片较厚。主茎6～7节出现第一花序，隔2～3节出1个花序。果实扁圆形，粉红色，平均单果重165克，可溶性固形物含量4.9%，味酸甜可口。较抗晚疫病和病毒病。栽培适应性广，丰产性较好。适于设施园艺及露地地膜覆盖栽培。

三、青椒(大椒、甜椒)

(一)中椒2号

中国农业科学院蔬菜花卉研究所选育。属早熟型，杂交一代良种。植株高80～90厘米，单株结果17～25个，果皮较厚，味脆甜，平均每667米^{2}产量2 500千克。适于设施园艺栽培，越夏恋秋栽培的后期果实仍比较整齐。

(二)中椒3号

中国农业科学院蔬菜花卉研究所选育。是由日本引进杂交种新甜后代系选的稳定品种，属极早熟品种。植株生长势强，平均株高58.6厘米，开展度46.3厘米，分枝数2.6个，叶色深绿。第一花着生节位为平均7.5个叶节。果实灯笼形，果色深绿。味甜质脆，品质佳，单果重100～200克，果皮厚0.45～0.55厘米，3～4道门，胎座小，种子少。可食率达94.3%，耐病毒病。栽培密度，每穴双株，4 500穴/667米^2，每667米^{2}产量可达3 000～4 000千克，比对照品种大同3号和海花3号甜椒增产23%～40%。适于设施园艺和露地沟畦地膜覆盖早熟栽培，前期产量高，可提早供应市场，对创收有利。

(三)中椒5号

中国农业科学院蔬菜花卉研究所选育。属中早熟型杂交一代良种。植株长势中等。抗病性较好。结果连续性强,果实灯笼形,色深绿有光泽,果实性状适于北京市场习惯要求,单果重85克左右,皮厚0.4～0.45厘米,味甜质脆,产量高,一般每667米^{2}产量3 500～4 000千克,栽培适应性较强。适于设施园艺和露地栽培。

(四)中椒7号

中国农业科学院蔬菜花卉研究所选育。属早熟,大果型杂交一代优良品种。植株生长势强,耐病性强。果实商品性状良好,灯笼形,果色绿,个头大,单果重130～150克,皮厚0.4～0.42厘米,味甜质脆,符合北京地区居民食用习惯,一般每667米^{2}产量3 000～4 000千克,比双丰品种早熟6天,增产60%。栽培适应性强,在天津、广东等地试种,均表现良好。适于设施园艺和露地简单覆盖早熟栽培。

(五)甜杂3号

北京市农林科学院蔬菜研究中心选育。属中早熟,杂交一代良种。植株生长势强,抗病毒病。12～13片叶开始坐果,连续结果性好,果实生长速度快,定植约40天始收。果实灯笼形,深绿色,品质好,有微辣味。单果重100～150克,一般每667米^{2}产量2 500～4 000千克。适于设施园艺和露地春季早熟栽培。

(六)甜杂8号

北京市农林科学院蔬菜研究中心选育。属早熟型,杂交一代良种。植株长势中等。11节见花,连续坐果性好,定植约35天始收。果实为灯笼形,单果重平均80克左右,一般每667米^{2}产量3 000～4 000千克。早期产量、产值高。适于设施园艺和露地简单覆盖的早熟栽培。

(七)农乐甜椒

北京农业大学园艺系选育。属早熟杂交一代良种。植株长势较强，株高65～75厘米，较抗病毒病。坐果率高，连续结果习性好，果实发育快，定植后35～40天始收。果实灯笼形，果绿色，表面光滑，有光泽，果实个头较大，纵径10.45厘米左右，横径6.1厘米左右，果皮厚0.4～0.5厘米，味甜，品质优良。平均单果重90克以上，比老品种上海茄门甜椒单果重多30克左右，可增产20%以上，一般每667米^{2}产量3 500～4 000千克。适于温室、大棚等设施园艺有覆盖的早熟栽培。采用93～100厘米垄距，每垄种2行，穴距30～33厘米，每穴栽2株，每667米^{2}以栽4 500～5 000穴为宜。

(八)辽椒3号

辽宁省农业科学院选育。属中早熟，甜椒型常规品种。生育期约110天，株高50～60厘米，开展度60～70厘米，8～9片叶分枝。果实方灯笼形，味甜，肉厚，果面有纵向沟棱，果大，单果重125～200克，较抗病，一般每667米^{2}产量4 000千克左右。采用高畦地膜覆盖栽培，塑料软管滴灌。定植行距平均50厘米，株距30厘米，双株植。适于北方地区作设施园艺和露地栽培。

(九)长丰号

大连地区普遍栽种品种，属辣型青椒。株型较直立，株高58厘米左右，开展度54厘米左右，茎粗，分枝能力强，叶片卵状披针形，色绿。花白色，单生，第一花着生于9～11节，单株结果32个左右，果实为短羊角形，果长14厘米左右，表面光滑，单果重46克左右，果皮厚约0.36厘米，心室2～3个，辣味中等。抗病毒病、疮痂病、炭疽病，不太抗疫病。丰产性好，平均每667米^{2}产量3 505千克。栽培适应性广，全国各地均可栽培。适于设施园艺的大、中、小棚和露地地膜覆盖栽培。

(十)茄门甜椒

植株生长势较强,茎秆粗壮,株型紧凑、整齐,株高可达80厘米,开展度50～60厘米。主茎14～16节着生第一果,果单生下垂,果形方灯笼形或略长,3～4道门,果色深绿并有光泽,果型大,单果重100～150克,横径7厘米左右,肉质,厚度0.8厘米左右。味甜,水多,质脆,品质好,适于热锅爆炒食用。耐热性、抗病性均较强,适于露地恋秋栽培和各种设施栽培。

适于在华北、东北、西北及上海等地区种植。在北京地区春播露地恋秋栽培时(盖地膜),1月下旬播种,4月下旬至5月初断霜后定植,种植密度多采用1米宽垄(盖膜部分为70～80厘米),栽2行,穴距23～27厘米,每穴栽双株或单株,栽8 000～12 000株/667米^{2}能获得最高产量。6月中旬始收,霜降节气前拉秧。若栽培管理得当,每667米^{2}产量3 000～4 000千克,高产可达6 000千克以上。果品耐贮运。

还有海花3号、海花29号、海花30号等常规甜椒型品种和海丰1号、海丰5号、双丰等杂交一代甜椒型良种及海丰2号、海丰3号等杂交一代微辣型大椒良种,均系北京市海淀区海花生物技术开发公司培育的青椒系列良种,均适于设施园艺栽培用种。

因各地消费者对青椒的需求有不同的要求,各地栽培中应选适销对路的品种。例如,江西、湖南、湖北、四川等地,对辣味有特殊嗜好,多栽培辣味浓的羊角型的尖椒,如湘辣系列品种、湘运系列等品种;北京、天津、上海等地消费者喜肉厚、味甜、脆嫩的品种,应选种茄门类型的甜椒为主;东北、西北等地则应选种微辣型尖椒为主。

(十一)彩色甜椒

近年来,为满足市场需求和增加花色品种,各地又发展了许多彩色甜椒,并逐渐形成规模生产和经营。特别是北京、上海、天津等大城市，彩色甜椒在市场上已不鲜见，有不断发展的趋势，且经济效益极佳，最高单价曾出现过80元/千克的好价钱。为便于选用，现介绍几个彩色甜椒品种如下。

1. 黄玛瑙　杂交品种。植株2杈分枝或3杈分枝。叶色绿，叶片较小，叶柄较长。果实成熟时颜色由绿变黄，果实方灯笼形，果大(8～10厘米×8～10厘米)，2～4个心室，果肉较厚，果皮极度光亮，单果重平均200克左右。适于设施园艺和露地栽培。

2. 紫晶　杂交品种。植株以2杈分枝为主，少数3杈分枝。叶色深绿，叶片较大。果实紫色，方灯笼形，果大(8～10厘米×8～10厘米)，2～4个心室，3或4个心室为常见，果肉厚，果质脆硬，单果重150～200克。适于设施园艺和露地栽培。

3. 橙水晶　杂交品种。3杈分枝者居多，个别的4杈分枝。叶色偏深绿，叶片大，叶柄长度中等，叶脉规则、清楚。果实成熟时颜色由绿色变为橙黄色，果形为方灯笼形，果大(8～10厘米×8～10厘米)，3～4个心室，果肉较厚，单果重150～250克。适于设施园艺中的温室、大中棚栽培。

4. 红水晶　杂交品种。植株3杈分枝的居多数。叶绿色，柄长及大小为中等。果实成熟时颜色由绿变红，果形方灯笼形，果大(8～10厘米×8～10厘米)，3～4个心室，3心室者居多数，果肉较厚，单果重150～200克。味感甜，品质好。适于设施园艺和露地栽培。

5. 绿水晶　杂交品种。植株2～3杈分枝均有，3杈分枝占多数。叶色绿，叶柄长度和叶片大小为中等。果形为灯笼形，果实3～4个心室，果肉较厚，单果重150～200克，果实成熟时保持有光泽的绿色。适于设施园艺和露地栽培。

6. 白玉　杂交品种。植株2～3杈分枝，以2杈分枝占绝大多数。叶色浅绿，叶片相对较少，而叶柄较长。果形长灯笼形，果实大小中等(10厘米×8厘米)，3～4个心室，成熟时果色由奶白色转为浅黄白色，肉质稍薄，单果重150克左右。适于设施园艺和露地栽培。

7. 宇航太空椒王　该品种以航天诱变为主要途径，经多年选育稳定而成的新型太空甜椒，在全国各地试栽培后，表现特别优良。其生育期95～100天，属早熟品种。果实为灯笼形，抗病，高产，皮厚，耐贮运。果实很大，平均单果重达250克，最大的达750克。连续坐果性强，单株可结果10个以上。露地栽培时株高在50厘米左右，设施园艺栽培时株高可达100厘米左右。叶片肥厚，叶色浓绿，维生素C、可溶性糖的含量比一般甜椒高出20%～30%，口感极佳。露地栽培每667米^{2}产量5 000千克左右，设施园艺栽培产量达8 500千克左右，是我国目前极有发展潜力的青椒新品种类别。

四、黄　瓜

(一)长春密刺

吉林省长春市培育的品种。植株长势中等，节间短，叶片五角心脏形。耐低温，耐弱光。主、侧蔓结瓜，瓜码密，易产生回头瓜。早熟，第一雌花着生于3～5节。瓜条棒形，瓜把短，长25～30厘米，横径3～4厘米，色深绿，单瓜重250～350克，刺瘤小而密，刺白色，纵沟明显，皮薄，肉质脆嫩，味清香，品质好，深受消费者欢迎。抗枯萎病，但对霜霉病、白粉病的抗性较弱。北方地区已生产多年，仍为主栽品种，适于设施园艺的冬春季温室、塑料大棚栽培，每667米^{2}产量可达5 000千克以上。

(二)农大12号

北京农业大学园艺系选育的杂交一代良种。根系生长旺盛，侧枝发生力强，主、侧蔓同时结瓜，主蔓5～6节出现第一雌花。瓜条直，瓜把稍长，瓜长35～40厘米，单瓜重400～500克，皮绿色，略有棱刺，胎座小，肉厚，口感香，品质好。较耐低温，能适应夜温12℃～16℃条件下生长，抗病性较强，每667米^2 产量可达6 000～7 000千克。适于华北等北方地区冬春季设施园艺的温室、塑料大棚栽培。

（三）农大14号

北京农业大学园艺系选育的杂交一代良种。根系生长旺盛，侧枝发生力强，主蔓4～5节着生第一雌花，瓜把稍长，瓜条直，单瓜重约500克，皮深绿色，无棱，无刺，肉厚质脆，味清香，品质好。耐低温性能好，适应夜温12℃～16℃条件下生长，可比长春密刺早熟5～10天，每667米^2 产量可达5 000千克以上。适于华北等地设施园艺和冬春季温室及塑料大棚栽培。

（四）中农5号

中国农业科学院蔬菜花卉研究所选育的早熟、丰产、抗病型的雌性型杂交一代良种。生长势强，以主蔓结瓜为主，侧蔓也能结瓜，中后期能收回头瓜，主蔓3～4节着生第一雌花，瓜码密，瓜条皮色深绿，长25～32厘米，横径约3厘米，瓜把短，刺瘤细密、白色，单瓜重150～400克。抗枯萎病、霜霉病和白粉病。前期产量、产值高，每667米^2 产量可达5 000千克。是当前设施园艺栽培中比较理想的专用杂交一代良种。

（五）碧 春

北京市农林科学院蔬菜研究中心选育的早熟、杂交一代良种。植株生长势强，茎粗、叶大。抗霜霉病、白粉病、枯萎病、病毒病，较抗角斑病、炭疽病。以主蔓结瓜为主，但腰瓜早摘后，在肥水充足条件下，侧枝分生速度快，结瓜的外形、颜色、大小都与主蔓瓜无异。雌花着生于2～3节位，雌花率高，隔1～2节有1个雌花，增产潜力大，一般每667米^2 产量5 000～6 000千克。瓜色绿，刺瘤白，棱刺适中，瓜把短，2～3厘米。瓜条长30～35厘米，心室小而肉厚，质脆，味清香。单瓜重250克左右，该杂种综合性状突出。

栽培时，以苗龄30～40天和4叶1心、高20厘米左右时定植。蹲苗时间要短，否则易引起早期化瓜而影响早期产量及总产量。要早浇催瓜水，保证有较高地温、气温。适于春季塑料大棚、改良阳畦、温室和冬季日光温室栽培，也可用于春播露地采取覆盖早熟栽培。

(六)秋棚1号、秋棚2号

北京农学院园艺系选育的杂交一代。专门用于秋季塑料大棚栽培的用种，具有抗热、抗病性强，结瓜性能好的特点，5～6节出现第一雌花的占30%以上。瓜条发育快，能多条瓜同时生长，腰瓜长30～35厘米，单瓜重约400克，瓜条顺直，皮色深绿，有刺，果肉厚，质地脆，品质良好。栽培上要求抓住前期高温的特点，要小水勤浇，不断追施速效化肥，以充分发挥结瓜多的特性。一般每667 $米^2$ 产量3 000～3 500千克。

秋棚2号与秋棚1号基本相似，但秋棚2号的瓜条比秋棚1号短，颜色稍浅，要求肥水条件更高一些。可作秋季塑料大棚栽培的专用杂交一代良种使用。

(七)津杂1号

天津市农业科学院黄瓜研究所选育的杂交一代良种。植株生长势健壮，叶片大小中等，呈深绿色。第一雌花节位在3～5节，雌花节率可达46%，主蔓先结瓜，留3～5个侧枝，侧蔓瓜产量有时可占总产的50%。瓜条棒形，色绿，白刺，棱、瘤明显，瓜条长37厘米左右，横径3.5厘米，单瓜重约250克，肉质脆嫩。抗枯萎病、白粉病和霜霉病为其特点，较早熟，高产。适于春季大棚、温室栽培，也可春播露地栽培。注意早春定植后适当增温，促苗生长。

(八)津杂2号

天津市农业科学院黄瓜研究所选育的杂交一代良种。生长势与津杂1号近似，3～4节着生第一雌花，雌花节率高达45%。主蔓先结瓜，但主侧蔓结瓜相当，瓜条较大，单瓜重约300克。抗病性与津杂1号相同，每667米^{2}产量可高达1万千克。适于北京、天津、上海和沈阳、山东等地设施园艺的温室及大、中、小型塑料棚早熟栽培，也有用于春播露地地膜覆盖栽培的。

（九）津研4号

天津市农业科学院黄瓜研究所选育的黄瓜系列品种之一。植株长势稍弱，叶片较小，深绿色。以主蔓结瓜为主，几乎无侧蔓瓜，第一雌花着生于5～7节，隔2～3节1个雌花，瓜条深绿色，并有光泽，无棱，无瘤，刺白色而稀疏，瓜把较短，瓜条长35～40厘米，单瓜重约250克，皮厚。抗霜霉病、白粉病，不抗枯萎病。耐瘠薄。多用于春播露地地膜覆盖栽培，但春秋季大棚也可应用。春栽每667米^{2}产量可达5 000千克以上，秋季栽培时每667米^{2}产量可达3 000千克左右。

（十）早丰1号

植株生长势强壮，叶色深绿，似圆心脏形。主蔓长约250厘米，分枝少而短，第一雌花平均着生于3节，雌花节率41%左右，短分枝第一节着生雌花。瓜形匀直，瓜条把短，与瓜身无明显界限，瓜长31厘米左右，瓜色深绿，瓜蒂部有11条黄绿色条纹，无棱，瘤中等大小且稀，黑刺。较抗霜霉病、白粉病和枯萎病。较耐低温，丰产性好。栽培中注意苗龄控制，早春露地栽培用28天左右的苗，小拱棚栽培用约35天的苗，大棚栽培用40～45天的苗。注意采取低夜温炼苗，不控水蹲苗，以防苗老化和花打顶。适于春季露地小拱棚覆盖栽培，也可春季塑料大棚栽培。

（十一）早丰2号(8702)

主蔓长223～291厘米，分枝少，茎较细，叶片较少，有利于通风透光。第一雌花节位在2～4节，瓜条长约34厘米，瓜把长约

4.3厘米，与瓜身无明显区别，横径3.8厘米左右。抗霜霉病，高抗枯萎病和疫病。丰产性好，经济效益高。适用于北方地区早春塑料大棚栽培。

(十二)夏丰1号

植株长势强壮，主蔓长220～250厘米，平均分枝1.3条，叶色深绿，五角心脏形。主蔓第一雌花节位在4～5节，雌花节率31.3%，侧枝上节节有雌花。瓜条长35～39厘米，瓜把短且细，皮深绿色，无棱，无瘤，白毛，刺密。对日照、低夜温要求不严格。较抗霜霉病、白粉病。苗期对低温严寒或高温的抗性稍弱，栽培适应地区广泛，均表现丰产、稳产。耐肥力强。要注意肥水供应，以防花打顶(丛生不长)。适用于晚春、夏秋季栽培，也用于大棚栽培。

五、菠 菜

(一)尖叶菠菜

北京地方品种。叶簇直立，株高30～40厘米，叶片箭头形，绿色，基部有1～2对深裂叶，叶面平滑，叶肉较厚。节间较短，最大叶长23～28厘米，叶宽6～6.8厘米。质地嫩，纤维少。主根肉质，粉红色，有甜味。种子菱形，有刺。该品种抗寒性强，喜冷凉，能在露地条件下越冬，春季抽薹较早，耐热性差。设施园艺栽培能早上市，效益高，或作为保护地的前茬栽培作物。一般每667米^{2}产量2 000～4 000千克。

(二)双城菠菜

黑龙江省双城市地方品种。叶丛半直立，株高35～40厘米，叶片大，先端尖，呈箭戟形，叶面平，绿色，叶肉厚。主根粉红色。种子有刺。单株重25～50克，有甜味，品质好。该品种适应性强，冬性强，属越冬型品种。喜肥水，春季返青速度快，一般每667米^{2}产量2 000～4 000千克。适于北方地区的露地越冬栽培，为了提高经济效益，不少地区作大棚前茬的越冬栽培。

六、芹 菜

（一）春丰芹菜

北京市农林科学院蔬菜研究中心从北京地方品种细皮白芹菜中，通过系统选育得到的抽薹迟的品种。植株细长，高70～80厘米，株型直立，实心，纤维少，质地脆嫩，芹菜香味稍淡，品质好。耐寒，抽薹极晚，但不耐热、不耐涝。适于华北广大地区保护地越冬根茬栽培和春季设施栽培。

（二）菊花大叶芹菜

天津市地方品种。叶丛直立，叶为奇数羽状复叶，叶缘有深锯齿，叶和叶柄深绿色，叶柄粗大、空心。株高70厘米左右，质地脆嫩，纤维少，品质好。耐寒，耐热，喜肥水。生育期120天左右，单株重150～250克，每667米^{2}产量5 000千克左右。适于北方地区春秋季提前或延后的设施园艺温室（不加温）、改良阳畦及大、中、小塑料棚栽培。

七、白菜类蔬菜

白菜类蔬菜，是十字花科芸薹属芸薹种中的亚种群，含芜菁亚种、白菜亚种和大白菜亚种。这里只介绍白菜亚种和芜菁亚种中的部分种植品种。

白菜亚种的蔬菜，别名普通白菜、小白菜、青菜、油菜等。

（一）小 白 菜

这里指的是用大白菜的种子，直接生产绿叶小白菜食用。栽培简单，经济效益好，生产周期短。在北京等地区，春季土地开始化冻时，进行顶凌播种，采用地膜近地面覆盖栽培，于4月上中下旬采收上市，每667米^{2}产量2 500～4 000千克，生长周期30～45

天。这样栽培是北方地区弥补 3～4 月份蔬菜市场缺市的“堵淡”的生产方式。只要肥水充足，注意掌握间苗和覆膜时间长短适当，生产就能获得成功。

(二)五月慢油菜

上海地方品种。长江流域大量栽培。近十几年，华北等广大北方地区栽培面积发展迅速，已成为春季的主要绿叶菜。植株高 25～30 厘米，叶片倒卵形，绿色，叶面平滑，全绿，叶柄绿白色、扁平、肥厚、质嫩、纤维少，品质佳。定植后 40～50 天可收获，每 667 米^2 产量 2 000 千克左右，高的可达 4 000 千克以上。耐寒性强，适于北方地区春秋季露地栽培，尤其采用塑料薄膜浮动覆盖和近地面覆盖栽培效果更佳。

(三)青帮油菜

北京地方品种。株高 35 厘米左右，叶片近圆形，叶面光滑，正面深绿色，背面绿色，叶柄浅绿色，叶肉肥厚，品质一般。整棵植株呈蜂腰状。该品种抗病，耐寒性强，耐贮藏。单株重 250～500 克，植株高 15 厘米以上可随时收获上市，每 667 米^2 产量高达 4 000 千克以上。适于春秋季保护地和农膜浮动覆盖及近地面覆盖栽培，也可作露地栽培。

(四)白帮油菜

北京地方品种。植株较高大，株高约 40 厘米，叶片呈椭圆形。正面绿色，背面灰绿色，叶面平滑，叶柄较宽呈白色，叶质柔嫩，纤维少，品质好。该品种抗寒、抗病。生育期 80～90 天。单株重 500～1 000 克。收获后假植贮藏，可软化成油菜心供应市场。

(五)春萌极早生白菜

引自日本。是叶重型白菜。植株半直立，球叶叠抱，结球紧实，叶片淡绿色，品质佳，味好，定植后 50 天球重可达 1.5 千克。耐寒、抗病。温度稳定在 10℃以上即可定植，抽薹极晚，春作时不易抽薹，适合于春播露地或塑料小拱棚栽培，是春季的稀有品种之一。

八、结球甘蓝

（一）中甘 11 号

中国农业科学院蔬菜花卉研究所选育成。属早熟，杂交一代优良品种。植株开展度 46～52 厘米，外叶 12～14 片，叶色深绿，叶面蜡粉中等。叶球坚实，近似圆形。单株叶球重 800～1 000 克，质地脆嫩，风味优良。抗寒，丰产。定植后 50 天左右收获，一般每 667 米^2 产量 3 000～3 500 千克，比同类品种报春增产 20%左右。已在华北、东北、西北、华中、华东广大地区大面积推广应用。适于春季露地栽培，地膜覆盖栽培，增产、增收效果良好。

（二）中甘 8 号

中国农业科学院蔬菜花卉研究所育成。属早熟、丰产、抗病的杂交一代秋栽甘蓝。植株开展度 60 厘米，外叶 16～18 片，叶色灰绿，蜡粉较多。叶球扁圆形，结球紧实，单株叶球重 1 500～2 000 克。一般每 667 米^2 产量 4 000 千克左右。可在华北、西北及长江中下游等广大地区栽培。华北地区在 6 月中下旬播种、育苗，7 月下旬定植，能在国庆节前后收获。适于秋季露地栽培，是秋季早熟品种，采用地膜覆盖栽培时，增产、增收效果明显。

九、花 椰 菜

花椰菜是甘蓝种中的一类变种，别名菜花、花菜。花椰菜分早熟、中熟、晚熟品种。

（一）雪峰菜花

天津市农业科学院蔬菜研究所选育。属早熟类型，株高约 45 厘米，开展度约 56 厘米，20 叶左右现蕾，花球白色，直径约 17.6

厘米，品质优良，单株花球重750克左右。适合于春季大、中、小塑料棚和日光温室栽培，春播露地茬口的沟畦栽种地膜覆盖栽培也表现良好。

(二)白峰菜花(花椰菜)

天津市农业科学院蔬菜研究所选育。属中熟类型的一代杂交种。定植后50～55天成熟。收获期集中，1周左右净地，单株花球重750克左右。京津地区播种期6月15～20日，2叶1心时分苗，于7月20日前后定植，行株距50厘米×40厘米，每667米^{2}栽3 500～4 000株为宜。要求肥水充足，定植后基本不蹲苗，团棵时如无雨，一般要2～4天浇1次水，团棵后进行1次浅中耕，5～7天后每隔4～6天浇1次水，现花母后可7天浇1次水，结合浇水追提苗肥1次，莲座期再追1次肥，现花母后连续追肥2次，以确保丰收。秋季保护地和露地均可栽培，保护地栽培，播种、定植期顺后延迟，可获高产高效益。

(三)米兰诺(荷兰春早)

中国农业科学院蔬菜花卉研究所从荷兰引进的春播、早熟花椰菜品种。株型矮小，株高约41厘米，开展度约50厘米，外叶15片左右，叶色灰绿。花球洁白，紧实，近球形，横径19厘米左右。前期单株球重约400克，后期可达600～700克，迟收不散球。定植后45～50天收获，耐寒性好，比一般春季花椰菜品种可早种7～10天。整齐度好，收获期集中。耐肥水，不易徒长，品质好。每667米^{2}产量一般在2 000千克以上。

定植后不蹲苗，肥水管理一促到底，种植密度3 600～4 000株/667米^2，结球后及时折叶覆盖花球，以确保花球洁白。适于北方广大地区，如东北各省和北京、天津、河北、陕西、山东、内蒙古等地作春季设施园艺或露地早熟栽培；长江以南等广大地区，如福建、云南、四川等地可作秋季设施园艺及露地栽培，元旦前后供应市场。

十、韭 菜

(一)汉中冬韭

陕西省汉中地区农家品种。株高30～35厘米,叶丛较直立,生长旺盛,分蘖力强,单株功能叶5～7片,叶长而宽且扁平,叶肉肥厚,叶尖钝圆,叶色深绿,叶面无蜡粉,质地柔嫩,品质好。抗寒力极强,耐霜冻,在－5℃条件下,嫩叶仍能缓慢生长。嫩芽萌发早,其耐热性也较好,不仅可作为设施园艺各种保护地栽培,也可作露地青韭种植,还可作为保护地软化栽培。产量高,每667米^{2}产青韭5 000千克左右。该品种在西北、东北、华北、华东等广大地区已广泛栽培,是我国著名的韭菜优良品种之一。

(二)大 青 苗

内蒙古地方品种。叶丛较直立,株高约48厘米,分蘖少,叶片绿色且较扁平,叶鞘绿色,叶肉较厚,纤维少,香味浓,品质佳。耐寒且耐热,抽薹晚。适于冬春季节的设施园艺各种形式的覆盖栽培,也可作露地栽培。

(三)天津大黄苗

天津市地方品种。叶片宽厚,叶尖较钝呈剑形,叶色淡绿,叶鞘横切面呈扁圆形,品质柔嫩,分蘖力强,产量高,但叶部含水量较高,若管理不当,易发生腐烂。适合于华北广大地区设施园艺的各种覆盖栽培,或作露地及越冬风障栽培。

(四)钩 头 韭

河南省洛阳地方品种。叶丛较直立,植株有6～7片叶,叶片绿色,叶宽大而肥厚,先端弯曲反卷成钩状,叶鞘绿色,叶片质嫩,纤维少,香味稍淡,品质好。分蘖力稍差。耐寒,耐热,抗倒伏,遇连阴雨天气时叶色不易变黄。适合于露地和各种设施栽培。

(五)791 韭菜

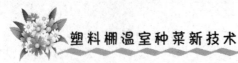

河北省韭菜优良品种。植株高 50 厘米以上,叶鞘浅绿色,长而且粗,叶片绿色,长且宽厚,粗纤维少,味稍淡。株丛直立,分蘖力和生长势均较强。品质好,产量高,抗寒性强。冬季保护地栽培容易管理,稍加覆盖即可冬季生产青韭,投资小,收益大。采取培土措施,可生产韭白长的青韭。春季发棵早,一般比钩头韭早上市 10~15 天,经济效益显著。每 667 米^2 能比一般韭菜增加收入 300~500 元,且对解决周年供应有良好的调节作用。因其生长力强,每年可收割 6~8 刀。该品种春季 4~6 月份叶片生长速度快,可割 3~4 刀。夏季高温多雨,叶片生长速度缓慢,植株出现抽薹、开花、结籽,产生新蘖一般不收割。8~9 月份叶片又开始旺盛生长,可割 2~3 刀,供应淡季。晚秋再收割 1 刀。应掌握早春及时锄地保墒,收割前浇水、追肥。夏、秋季天气高温、干旱,应浇水降温,雨水多时注意排除积涝,冬季土地封冻前浇足封冻水。

十一、大　蒜

我国南方及北方普遍栽培,因含有大蒜素,具特殊的辛辣味,可促进食欲,并有抑菌和杀菌作用,还可药用。大蒜一般指蒜瓣组成的蒜头,即是鳞芽组成的鳞茎。可以生吃、调味、腌渍。蒜苗是指由蒜瓣种植后未形成鳞茎和抽薹前的嫩幼苗,通常叫青蒜。一般作为炒食,或切碎作调味品食用。其花茎又叫蒜薹,在未开花前抽取,供炒食。蒜薹耐贮藏,可周年供应,经济效益很好。

大蒜按蒜瓣大小分为大瓣蒜和小瓣蒜;按皮色分为白皮蒜和紫皮蒜;还可按叶形分为宽叶蒜、狭叶蒜和硬叶蒜。

种植大蒜要选大瓣、无病虫害的蒜瓣作种。江南广大地区多作秋播,幼苗在露地条件下越冬,直至收获。华北地区以往多作春播,但随栽培技术改进,近十几年已大量发展秋播,幼苗加稻草、麦秸等覆盖后越冬,开春后分次清除稻草等覆盖物。这种栽培方法能促进蒜头、蒜薹增产，增加单位面积经济效益，所以很少春种了。东北各省及西北部分地区，由于气候寒冷，幼苗不能在露地简单覆盖越冬，须实行春播。

另外，如用大蒜在不见光条件下培植，利用蒜瓣本身的养分生产蒜黄即黄色蒜苗，则另有风味，特别是在春节前后上市，很受欢迎，经济效益甚好。

(一)北京紫皮蒜

北京地方品种。植株直立，成株 7～8 片叶，叶片披针形，绿色，表面有蜡粉。蒜头纵径约 4 厘米，横径 4～5 厘米，单株鲜重可达 50 克，有 4～6 个蒜瓣，外皮紫红色，辛辣味浓，品质好。耐寒性强，抗病性较好，耐贮藏，每 667 米^2 产鲜蒜头 2 000～3 000 千克，还可收 100～200 千克蒜薹。该品种适于春种，也可作越冬保护栽培和软化栽培生产蒜黄。

(二)蒲棵紫皮蒜

山东地方品种。特性与北京紫皮蒜差不多，但植株更高大，秋种越冬栽培，蒜头、蒜薹产量更高，每 667 米^2 产量可达 4 000 千克，蒜薹可达 300 千克。因而华北地区近些年来，多采用蒲棵紫皮蒜进行秋播越冬栽培。

(三)河北白皮蒜

由于蒜瓣小，且抗寒能力较差，只能作为春种，种植面积逐渐缩小。可作为腌渍加工，特别是腌渍糖蒜的选用品种，北方居民也往往自行腌渍，可长时间食用。

十二、韭 葱

韭葱别名扁葱、扁叶葱、洋蒜苗，是百合科葱属中能产生肥嫩假茎(葱白)的草本植物。食用其嫩苗、鳞茎、假茎和花薹。南方栽培较多，北方地区近几年有所发展，特别是河北、北京地区，市场上已常有销售。是饭店常需品种。

北京地区主要栽培从美国引进的巨型品种穆尔堡(花旗大蒜)。该品种生长势强,产量高,叶身扁平似蒜叶,叶片绿色,长披针形,被蜡粉,宽2～2.5厘米,长50厘米左右;假茎肉厚、色白如葱;茎短缩成鳞盘;单叶互生,圆状叶鞘套生成假茎,外皮膜质,白色。每667米^{2}产量3000千克左右,一般春季育苗,夏季定植,初冬收获假茎。生长期约150天。行株距60厘米×10～15厘米,每667米^{2}播种量1000克。还可在设施园艺内于春末至夏初播种栽培。

第二节　名特优稀蔬菜品种

一、绿菜花

绿菜花又名青菜花、西兰花、意大利芥蓝、木立花椰菜等,具有营养丰富、风味佳的特点。

(一)中青1号

中国农业科学院蔬菜花卉研究所选育的杂交一代。适于春、秋季种植和春季设施、早熟栽培,定植后约45天收获。单球重约300克,每667米^{2}产量1000千克左右。秋季栽培,定植后50～60天收获,单球重约500克,每667米^{2}产量1200千克以上。花球浓绿色,蕾细小,结球紧密,品质好。

(二)中青2号

中国农业科学院蔬菜花卉研究所选育的杂交一代。与中青1号近似,适于春、秋季设施及地膜覆盖栽培。春种定植后50天收获,单球重约350克,每667米^{2}产量1000千克左右。秋栽表现中熟,单球重可达600克,每667米^{2}产量1300千克左右。花球

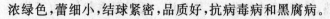

浓绿色，蕾细小，结球紧密，品质好，抗病毒病和黑腐病。

(三)绿 岭

由日本引进的杂交一代良种。生长势强，植株高大，叶色较深绿，蜡粉中等。侧枝生长中等。花球紧密，蕾细小，颜色绿，质量好，花球较大，单球重500克左右，大的可达750克，每667米^{2}产量1 500千克左右。栽培适应性广，耐寒，生育期100～120天，属中熟品种。适合春、秋季露地和设施保护栽培。采用不同覆盖方式栽培，可随时播种和上市，定植4叶1心苗，苗龄35～40天。株行距45厘米×60厘米。该品种抗霜霉病、黑腐病，且抗倒伏能力强。

(四)绿 里

由日本引进的杂交一代良种。植株较高，长势中等。生长速度快，叶展度较小，侧枝生长弱，适合密植。花蕾小，花球结构紧密，色深绿，质量好。单球重400～500克，直径15厘米左右，一般每667米^{2}产量500千克以上。早熟性较好，生育期90天左右。抗病性、抗热性较强。栽培适应性较广，春、夏、秋3季可随时播种、栽培和收获，尤其是利用其抗热性强的特点，作夏季栽培可保证产量。适于春、秋季及晚春早夏露地和设施栽培。是夏淡季供应市场的调剂品种之一。

(五)绿 球

由日本引进的杂交一代良种。是绿菜花极早熟类型。定植后45天即可收获，花球绿色，球大，直径19厘米左右，适于早春设施保护栽培和夏季栽培。

(六)绿 雄

由日本引进的中熟杂交一代良种。长势好，直立型，可适当密植，每667米^{2}栽2 500～2 600株。花球呈半月形状，单球重300～350克，除收获顶花球外，侧枝花球也可成商品。抗黑腐病、霜霉病，并抗热、抗涝，适应性强，容易栽培。适于夏季栽培，也可作春季设施栽培。

（七）玉冠绿菜花

由日本引进的杂交一代良种。抗寒、抗热、抗病性均较强。主枝和侧枝均可收获花球，花球色绿，品质好，商品性好，受市场欢迎。栽培适应性广，适于不同季节栽培。4～5 叶定植，行株距 50 厘米×50 厘米。单球重 600～700 克，每 667 $米^2$ 产量 800～1 200 千克。

（八）东 京 绿

由日本引进的杂交一代良种。早熟，生育期约 85 天。株型较小，适于密植，株高约 35 厘米。花球稍小，球径约 12 厘米，圆球形，单球重约 350 克，结构紧实，蓝绿色，品质好，花蕾不易开放，侧枝发花多。抗霜霉病、黑腐病。较易栽培，在广东种植多年，表现良好，适收期较长。但对温度稍敏感，温度低时花球较大。若过早播种，侧枝发生多且旺盛，顶球变小，产量低，品质变次。适于全国各地不同季节和不同方式栽培。

（九）哈 依 姿

由日本引进的中熟品种。适应性广，耐热及耐寒性强，适于全年各茬生产。定植后 65 天开始采收。植株生长势强，侧枝发生多，花蕾粒小。主花球半圆球形，结球紧凑，鲜绿略带黄绿色，商品质量不如绿岭好，主花球平均单球重 225 克左右，每 667 $米^2$ 产量 700 千克左右。主花球收获后可促侧花球生长，再收侧花球。

（十）黑　绿

由日本引进的早熟品种。生育期 90 天左右。抗病、抗热性强，适于晚春、早夏或初秋栽培，可作夏季主栽品种。定植后 45 天始收。其株型和开展度较小，生长势中等，而生长速度快，侧枝发生力弱，可适当密植。花蕾稍大，花球较紧密，颜色绿，花茎、花枝长大,单球重 300～400 克,每 667 米^2 产量 500～600 千克。

(十一)绿 族

由韩国引进的早熟品种。定植后 60 天可始收。抗病性及抗热性较强,适宜春、秋季和晚春、早夏栽培。植株稍高,生长势中等,侧枝发生弱,可相对密植。花球紧密,品质好,直径 15 厘米左右,单球重 400～500 克。

(十二)绿 秀

由韩国引进的中熟品种。适宜春秋两季设施园艺栽培。定植后 75 天始收。植株较高大,生长势强,叶色深绿,侧枝生长中等。花球紧密,色深绿,花球横径 12.5～15 厘米,单球重 300～350 克。较抗黑腐病。

(十三)上海一号花菜

由上海市农业科学院园艺研究所育成的绿菜花品种。早熟型,生育期 95 天。较耐寒,适于春秋和设施园艺栽培。生长势旺盛,生长一致,结球整齐,花球紧密,色深绿,质量好,花球重 500 克左右,每 667 米^2 产量 500 千克以上。

二、紫菜花

目前,北京、上海、广州、沈阳、大连等大城市郊区迅速发展紫菜花生产,主要代表品种如下:

紫剑紫菜花

从日本引进的杂交一代中早熟品种。生长势强,茎叶深绿色带紫色成分。耐热、耐寒性均较强。花球紧密,颜色深紫色,花蕾小,品质好,花球大且致密,无侧枝,单球重 300～500 克。

三、生 菜

生菜属绿叶菜类,品种很多,全国各地都有栽培。

(一)生菜的类型

生菜有3个类型的变种。

1. 结球生菜　叶全缘有锯齿或深裂，叶面平滑或皱缩，外叶开展，顶生叶形成叶球，呈圆球形，或扁圆球形、圆锥形等，颜色为绿色。根据叶的质地不同，又可分为绵叶型和脆叶型2种类型的结球生菜。

(1)绵叶型结球生菜　又称软叶型结球生菜。这类品种的叶片较薄，叶球较小，外叶和球叶的质地绵软，口感柔嫩，味道清淡微苦，品质不如脆叶型品种。生长期短，产量低，抽薹和采种容易。在欧洲仍然广泛栽培。北京地区20世纪80年代前后栽培较多，民间俗称的"团儿"生菜就是这种类型的品种，现在仍有部分栽培。

(2)脆叶型结球生菜　别名玻璃生菜。这类品种的叶片较肥厚，叶球大而紧实，质地脆嫩，味甘甜爽口，风味较佳。生长期较长，产量高。不易抽薹，采种较困难。在国外栽培极广泛，是国外种植最多的品种类型，也是我国北京、上海等大城市郊区引种的主要栽培品种。我国多数地区已能自行繁殖种子。

2. 皱叶生菜　又称散叶生菜。这种类型的生菜不结叶球，叶片大而肥厚，呈长卵圆形，叶柄较长，叶缘具深裂，疏松旋叠，叶面皱褶，心叶抱合，叶色有绿、黄绿、浅紫红、深紫红、紫红边等多种颜色，色泽光洁艳丽，是点缀盘菜的好材料，又好吃，是各地消费者喜爱的生菜。我国广州、长春、沈阳等大城市郊区栽培较多，北京、上海、天津也有部分栽培，但尚未形成百姓餐桌上的主菜，仍以供应宾馆、饭店为主。

3. 直立生菜　又称长叶生菜。这种类型的生菜外叶狭长，直立生长，叶全缘或有锯齿，叶片厚，不结球，或似半结球，即心叶卷成松散的圆筒状或圆锥形叶球，因此也称直筒莴苣。颜色也有深绿色、紫色等。这类品种栽培更少，分布地区也不广泛。中日合作设施园艺试验场的北京、上海、大连、沈阳各点，曾引种该类型生菜。如岗山沙拉生菜即属这种类型，现正在示范阶段，估计会有较好的发展前景。

(二)国内当前主要栽培的生菜品种

1. 结球生菜类型的品种

(1)大湖 659　由美国引进的中晚熟品种。生育期 90 多天，定植后 50～60 天始收。耐寒性强，但不耐热，适合冬季设施园艺和春、秋季露地栽培。外叶多，叶缘有皱褶，缺刻多，叶球大而紧实。单球重 500～600 克，平均每 667 米^2 产量 3 500 千克以上，品质好。

(2)皇帝　由美国引进的早熟品种。生育期 80 天左右，定植后 45 天始收。耐热、抗病、适应性强，适宜冬季和春、秋季设施园艺栽培，夏季遮阴越夏栽培，也可作春、秋季露地栽培。植株外叶较小而少，青绿色，叶片有皱褶，叶缘齿状缺刻。叶球中等大小，紧实，顶部较平，质地脆嫩爽口，品质优良。单球重 500 克左右，每 667 米^2 产量可达 3 000 千克以上。

(3)皇后　由美国引进的中熟品种。生育期 85 天，从定植至始收 50 天。略抗热，抽薹晚。较抗花叶病毒病和顶端灼焦病。适于春、秋季设施园艺和露地栽培。生长整齐，叶片中等大小，深绿色，叶缘有缺刻。叶球扁圆形，结球紧实，浅绿色，质地细嫩而脆，风味好。平均单球重 550 克，每 667 米^2 产量 3 000 千克以上。

(4)萨林娜斯　由美国引进的中熟品种。生育期 85 天，从定植到始收约 50 天。耐热性一般，抗霜霉病和顶端灼焦病。适合春、秋季设施园艺和露地栽培。植株生长势旺盛，株型整齐，外叶较少且内合，深绿色，叶缘缺刻小。叶球为圆球形，绿白色，结球紧实，外观好，品质优良。成熟期一致，较耐运输。平均单球重 500 克，每 667 米^2 产量 3 000 千克左右。

(5)玛来克　由荷兰引进的中早熟品种。生育期 80 天，从定植到始收 45 天。较耐热，抗病性好。适于春秋季设施园艺和露地栽培。叶片绿，叶面微皱，叶缘波状缺刻。叶球扁圆形，浅绿色，包球紧实，品质脆嫩。单球平均重500克，净菜率高，每667米^{2}产量3000千克左右。

(6)奥林匹亚　由日本引进的极早熟品种。生育期80天以内，从定植到始收40多天。耐热性好，抽薹晚，适宜夏季适当遮阴或山区栽培。植株外叶小而少，浅绿色，叶缘缺刻较多。叶球淡绿色稍带浅黄，结球紧实，品质佳，口感好。单球重400～500克，每667米^{2}产量3000千克左右。

(7)凯撒　由日本引进的极早熟品种。生育期80天以内，定植到始收40天左右。抗病性强，抽薹晚，高温下结球性较好。适于春、秋季设施园艺及夏季适当遮阴栽培。株型紧凑，生长整齐，叶球高圆形，浅黄绿色，品质脆嫩。单球重400～500克，每667米^{2}产量2500千克以上。

(8)北山三号　由日本引进的极早熟品种。生育期70～80天，定植到始收约40天。耐热性很强，比皇帝生菜还耐热，早熟，高产。高温下仍抽薹晚，抗病力强。适宜夏季和晚春、早秋栽培。植株外叶少，浅绿色，叶缘深齿状缺刻。叶球扁圆球形，浅黄绿色。平均单球重400克，每667米^{2}产量2500千克左右。

2. 散叶生菜(皱叶生菜)类型的品种

(1)香港玻璃生菜　又名软尾生菜。在香港特区和广州市郊区有广泛栽培。耐寒而不耐热。叶簇生而不结球。株高约25厘米。叶片近圆形，较薄，长约18厘米，宽约17厘米，黄绿色，有光泽，叶缘波状，叶面皱缩，心叶抱合，叶柄扁宽、白色，质软滑。单株重200～300克，每667米^{2}产量2000～2500千克。

(2)绿波生菜　辽宁省农业科学院选育。生育期80～90天。耐寒力强，耐热力弱，喜肥。适于北方地区春季设施园艺栽培。叶色浓绿，卵圆形，叶片肥大、肉厚，叶面皱缩，边缘波状，因而曾叫浓绿皱叶生菜。株高25～27厘米，开展度27～30厘米。心叶不抱合，叶簇半直立，质地柔嫩。单株重500～1 000克，每667米^{2}产量1 500～2 000千克。

(3)红帆紫叶生菜　由美国引进的紫叶生菜品种。较耐热，成熟期早，生育期约50天。植株较大，散叶，叶片皱曲，叶片及叶脉为紫色，色泽美观，随着收获期的临近，其红色逐渐加深。不易抽薹，喜光。每667米^{2}产量1 500～2 000千克。

3. 半直立型生菜品种

(1)岗山沙拉生菜　由日本引进的生菜品种之一。别名沙拉生菜、奶油生菜。该品种极早熟，耐热性强，抽薹晚，适应性强，可周年栽培。全缘叶，色浓绿，叶片肥大，在12～15片外叶时，心叶开始抱合成松散的圆筒状叶球，质地脆嫩，可作为沙拉原料。

(2)红花叶生菜　由日本引进的一个品种。半结球类型。生育期60～70天。适应性强，可周年栽培。外叶半直立，叶片近椭圆形，叶面多皱缩，叶缘缺刻呈波纹状，叶色浅绿，边缘方紫色，叶肉较厚，质地柔嫩，略有一点苦味，品质佳。平均单株重550克，每667米^{2}产量3 000千克以上。

四、紫甘蓝

紫甘蓝，又称红甘蓝、紫洋白菜等，是十字花科芸薹属甘蓝种的一个变种。因叶色为紫红色而得名。根系主要分布在30厘米以内的表土层。茎短缩，第一对真叶椭圆形，叶缘有锯齿，叶面有网状叶脉，莲座叶之后的叶片向内卷曲，抱合成叶球，叶片和叶脉均为紫红色，叶球呈圆球形。耐寒，耐热，适应性较强，营养生长适温20℃～25℃，莲座期以后的叶球形成期，需较冷凉的气候、充足的阳光、短日照和充足的肥水条件，利于结球。主要品种介绍如下。

(一)紫甘1号

中国农业科学院蔬菜花卉研究所从国外引进品种中筛选出的品种。株型较大，生长势强，开展度65～70厘米。外叶18～20

片，被覆蜡粉较多，叶色紫红，叶球为圆形。单球重2～3千克，每667米^{2}产量3 000～4 000千克。定植后80～90天收获。有较强的抗病性和耐贮性，叶球紧实，品质好。适于春秋季节栽培，因适应性强，露地或设施栽培均可。

（二）早　红

从荷兰引进的早熟品种。株型中等大小，生长势较强，外叶16～18片，开展度60厘米×60厘米。叶为紫红色，叶球为卵圆形，基部稍突出。栽植规格为行株距50厘米见方，每667米^{2}栽2 600株左右。定植后65～70天收获。单球重750～1 000克，每667米^{2}产量2 500～3 000千克。适于早春小棚或春播露地栽培。

（三）红土地（红亩）

由美国引进的中、早熟品种。植株较高大，生长势强，开展度60～70厘米，株高40厘米。外叶20片左右，叶片为深紫红色，叶球抱合紧实，近圆球形。定植后80天左右收获。单球重1.5～2千克，每667米^{2}产量3 000～3 500千克。适于早春小拱棚栽培或春播露地栽培。

（四）巨 石 红

由美国引进的中熟品种。植株高大，生长势强，开展度70厘米×70厘米，外叶20～22片，叶色为深紫红色，叶球圆形略扁，直径19～20厘米，叶球抱合紧实。单球重2～2.5千克，每667米^{2}产量3 500～4 000千克。定植后85～90天收获。适于早春塑料小棚或春播露地栽培。产品耐贮运性好。

（五）鞘斗马苦脱甘蓝

由日本引进的杂交一代良种。生育期100～110天，抗热，抗病，耐寒，栽培适应性强。叶为紫红色，叶肉厚。叶球较大，单球重1.5千克左右。适于早春塑料小拱棚种植，也可作春播露地和夏季栽培。

(六)特红1号

从荷兰引进的早熟品种。植株长势中等,开展度60～65厘米,外叶16～18片,叶紫色,有蜡粉。叶球为卵圆形,基部较小,叶球紧实。单球重750～1 000克,每667米^{2}产量2 500千克左右。以每667米^{2}栽2 600株左右为宜。定植后65～70天采收。以露地栽培为主,也可作春秋季设施园艺栽培。

(七)紫春紫甘蓝

从国外引进的中熟品种。株型大,生长势强,开展度70厘米左右。外叶18～20片,紫色或深紫红色,叶球圆球形,单球重2千克左右,每667米^{2}产量3 500千克左右。适宜于春秋季各种设施园艺栽培,也可作露地栽培。行株距为50～60厘米×50～60厘米,每667米^{2}栽2 200～2 500株。定植后85天左右收获。早春栽培时不宜过早播种,以防温度过低完成春化阶段而出现早期抽薹。

五、抱子甘蓝

抱子甘蓝按植株高矮分为:矮生种,株高66厘米以下;高生种,株高66厘米以上。按叶球大小又可分为:大抱子甘蓝,球径4厘米以上,产量高,品质稍差;小抱子甘蓝,球径2～3厘米,产量稍低,品质好。还可以根据定植至采收时间长短分为早熟、中熟和晚熟种。早熟种定植后90～110天采收;中晚熟种定植后110～115天采收。当前,我国栽培的品种均为由外国引进的,国内还未见有哪个单位进行选育此类蔬菜品种。引进的栽培品种有以下几个。

(一)吉斯暨卢

从美国引进的早熟品种。株高约85厘米,定植后90天左右开始收获。叶球抱合紧实而且整齐,球径3～3.5厘米。耐运输,可冷藏。栽培中注意浇水,保持土壤湿润,并注意防止倒伏。

（二）早生子持

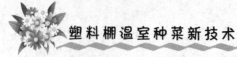

从日本引进的早熟品种。定植后 90 天左右采收。植株前期生长势旺盛，节间较短，株高 50～60 厘米。叶球较小，球径 2～2.5 厘米。较耐高温，在 25℃以下条件下形成叶球。采收时自下而上顺次采收。

（三）增田子持

从日本引进的中熟品种。定植后 120 天左右采收。植株生长势旺盛，节间稍长，株高 100 厘米左右。叶球中等大小，球径 3 厘米左右。不耐高温，宜于秋季栽培，在冷凉气候下结球。采收时可上下一起进行。

六、球茎茴香

（一）意大利球茎茴香

从日本引进。以肥大的根茎作菜用。有清香味，叶和种子也可利用。

（二）荷兰吉发非弄球茎茴香

从荷兰引进的品种。株高 70 厘米左右，开展度 50 厘米左右，叶长约 50 厘米，羽状复叶，小叶深裂成丝状，绿色，球茎为膨大的叶鞘，高球形，绿色，球茎着生在短缩茎上。单株重约 300 克。香味浓，食味甘。喜肥沃土壤且喜湿润、冷凉环境，栽培适应性广，可作春、秋季露地和设施园艺栽培。从播种至采收球茎需 75 天左右。先条播后定苗，行株距 40～50 厘米×40 厘米，每 667 米^2 播种量 2 千克，每 667 米^2 产量可达 2 000 千克。

有的地方还有种植意大利球茎茴香的，其品种特性与荷兰吉发非弄球茎茴香相似，没有特别的地方。

七、芦 笋

芦笋别名石刁柏、龙须菜等，属百合科天门冬属多年生蔬菜。世界各国普遍栽培，是国际市场上十分紧俏的一种蔬菜。由于其具有某种药用价值，甚至认为有防癌作用，因此芦笋已成为当今世界的珍贵、高档蔬菜之一，被誉为菜中骄子。食用部分为嫩茎，脆嫩多汁，风味清新，可炒食，也可做汤，还可加工成罐头贮运，外销。

(一)玛丽·华盛顿

是美国加利福尼亚大学育成的新品种。较早熟，植株高大，生长势旺盛，嫩茎形态优美，大小整齐，见光后由白变绿色。笋头圆净，鳞片紧密，遇高温时也不松散，抗逆性和适应性均强，特别是抗锈病能力强，但质地较粗。该品种在北京、广东、山东、安徽等地表现良好，产量高，在台湾省已成为栽培的当家品种。适合于加工成罐头。

(二)加利福尼亚 500 号

是美国加利福尼亚大学选育的新品种。是从玛丽·华盛顿品种中，经过选择而逐渐形成的新品种，所以又称玛丽·华盛顿 500 号，是中熟品种。植株高大，生长势旺盛，幼茎发生力强而多，且大小整齐一致，头部较圆，鳞片紧密，没有紫色，品质上等，产量较高。但嫩茎较玛丽·华盛顿稍细，抗锈病能力也较弱。该品种由于嫩茎品质优，适宜作鲜食，故目前世界上很多国家都推广种植此品种。只是在锈病多发地区种植较少。

(三)加州大学 309 号

是美国加州大学培育的新品种。植株高大，长势强壮，较为丰产。茎数发生较少，但幼茎比玛丽·华盛顿肥大，大小整齐，扁头较少，品质较优，外形美观，抗锈病能力甚强，嫩茎色泽浓绿，是绿芦笋品种中的佼佼者，很适宜于鲜食。主要缺点是抗茎枯病能力较弱。栽培中不耐潮湿和干旱,水多易出现烂根,土干则嫩茎易缩小成颈状而降低商品价值,故要求栽培管理中各种措施精细,切忌粗放管理。

(四)加州大学 711

加州大学培育的新品种。该品种植株生长势较加州大学 309 号为佳,丰产性更强。幼茎中等大小,头部与基部大小一致,形状端正,扁平的少,品质优良。抗锈病能力强,抗枯萎病能力中等,较耐湿,缺株少,是采收白笋的好品种。

(五)88-5(F_1)

由山东省潍坊市农业科学研究所采用有性杂交与组织培养相结合选育而成。是我国的第一个用于生产的芦笋杂交新品种。生长期 240 天左右,比玛丽·华盛顿 500 号多 10 天左右。植株生长旺盛,平均茎高 240 厘米左右,比玛丽·华盛顿 500 号高 15～20 厘米。白笋色泽洁白,笋条直,单支笋重 23～25 克。一级笋率 92.5%,比加利福尼亚 500 号高 9.6%;病情指数 15.3,比加利福尼亚 500 号下降 12.6,抗病性强;空心笋率比加利福尼亚 500 号减少 6.2%。据试验,前两年每 667 米^2 平均产量 478.4 千克,比加利福尼亚 500 号增产幅度为 15.6%～41.9%。该品种已在山东、山西、四川、辽宁、宁夏等地有种植。

八、薄　荷

薄荷,别名番荷菜,唇形科薄荷属。以嫩茎和叶为食用,也作清凉调料。其茎、叶中含有挥发性薄荷油。前苏联及英、法、美、日、朝鲜、德国、巴西等国均有栽培,我国各地也都有栽培。也有野生的,以江苏、浙江等省较多。薄荷有短花梗和长花梗 2 个类型。英、美等国栽培长花梗品种的绿薄荷、姬薄荷、西洋薄荷较多。日本栽培品种以日本薄荷为主。其他国家还有用皱叶薄荷作栽培品种的。我国则栽培短花梗品种较多。薄荷依其茎叶形状、颜色，又可分为青茎圆叶品种、紫茎紫脉品种、灰叶红边品种、紫茎白脉品种、青茎大叶尖齿品种、青茎尖叶品种及青茎小叶品种等类型。北京地区曾栽培过日本品种，叫胡椒薄荷，主要是供应旅游饭店、宾馆和日本人聚居点。

九、落　葵

落葵别名木耳菜、胭脂菜、藤菜、豆腐菜、软浆叶等，是落葵科落葵属中以嫩茎、叶为食用部分的栽培种。常做汤菜或炒食，口感滑利。蔓生，爬架，茎叶成群。一种是采摘其嫩茎、叶作食用；另一种是不让其爬蔓，在长到15～20厘米长时，取其嫩茎、叶食用，不断地分生新枝条，可周年供应。我国南方各地普遍栽培，北方也早有广泛种植。

落葵品种按其花色分为红花和白花2种类型。

(一)红花落葵

此类型品种茎淡紫色或绿色，叶片长、宽近乎相等，侧枝基部的几片叶较窄长，叶基部心脏形。品种介绍如下。

1. 赤色落葵　又名红梗、红叶落葵。茎淡紫色。叶片深绿色，叶脉及叶缘附近紫红色，叶片卵圆至近圆形，顶端钝或微凹缺，叶型较小，长宽均6厘米左右。花序的花梗长3～4.5厘米。

2. 青梗落葵　为赤色落葵的变种。除茎、叶为绿色外，其他性状与赤色落葵基本相同。

3. 广叶落葵　又叫大叶落葵。嫩茎绿色，老茎局部或全部淡紫色。叶色深绿，叶片心脏形，顶端急尖，有较明显的凹缺，基部急凹入，下延至叶柄，叶柄有深而明显的槽，叶型宽大，叶片长10～15厘米，宽8～12厘米。穗状花序，花梗长8～14厘米。原产亚洲热带和我国海南、广东等地。

(二)白花落葵

又叫细叶落葵。茎淡绿色。叶绿色,叶片卵圆至长卵圆披针形,基部圆或渐尖,顶端尖或微钝尖,边缘稍呈波状,其叶型小,长2.5～3厘米,宽1.5～2厘米。花梗长,花疏生。原产亚洲热带地区。

北京地区种植的主要是红花落葵。白花落葵为细小型的,北京地区很少种植。

十、樱桃番茄

樱桃番茄,因其果实大小像樱桃而得此名。品种来源不但从美国、欧洲各国、日本、韩国及我国台湾等地大量引进,而且国内也有不少单位进行选育,如中国农业科学院蔬菜花卉研究所、北京市农林科学院蔬菜研究中心,已选育成供生产上应用的樱桃番茄品种就有不少,其发展前景良好。

(一)京丹1号

北京市农林科学院蔬菜研究中心新育成的樱桃番茄一代杂种。具有抗病毒病特点,且适于设施园艺高架(留10穗果以上)栽培。植株为无限生长类型,叶色浓绿,生长势强,第一花序着生于7～9节,每穗花序可产果15个以上,多的可达60个以上。果实为高圆形,成熟时果色红。单果重8～12克。果味酸甜浓郁,食后口内留香,平均折光糖度7°,高者可达9°。果皮坚韧,不容易破裂,耐贮运,深受广大消费者欢迎。中早熟种。春季定植后50～60天始收,秋季从播种至始收为90天。在高温和低温下均坐果性良好。适于设施园艺高架栽培。

(二)京丹2号

北京市农林科学院蔬菜研究中心选育。极早熟樱桃番茄一代杂种。抗病毒病,植株为有限生长类型,适于设施园艺早熟密植栽培。第一花序着生于5～6节，2～4穗果后自封顶。春季定植后40～45天开始采收；秋季从播种至收获85天左右。每穗花序结果10个以上。下部果高圆形，上部果则多为高圆形带尖。成熟果红亮，美观诱人。单果重10～15克。果味酸甜适中、可口。在高温、低温条件下均坐果良好。

又如中国农业科学院蔬菜花卉研究所选育的樱桃番茄一代杂种，为适于冬、春季设施园艺栽培的无限生长类型良种。植株生长势强，主茎8～9节着生第一花序，往上每3片叶着生1穗花序，花序长可达15～25厘米，每花序有花20朵以上，多的达50余朵，坐果率高达90%以上。只要肥水充足，管理得当，极具丰产潜力。果实圆球形，果面光滑，果形美观，大小整齐一致。单果重20克左右。幼果有绿色果肩。红熟果为鲜红色，鲜艳有光泽，且不易裂果。味甜爽口，含可溶性固形物高达6%以上。冬季温室栽培，可于8月中旬播种育苗，25天苗龄即可定植；春季温室栽培，可于12月中旬播种育苗，苗龄40～45天即可定植。单秆整枝，每667米^{2}栽2 000～2 500株即可。

另外，从我国台湾省引进的一代杂种圣女，从日本引进的黄洋梨、红洋梨等一代杂种，都有抗病、高产等特点，在国内已被广泛种植。

(三)小铃番茄

日本品种。无限生长型。第一穗果长在7～10节上，每隔3片叶坐1穗果，每穗有20～30个果实，果为红色。单果重20克左右。北京地区采用温室春播延后一季栽培，后期将下部叶片打掉，秧棵往下坐，以降低植株和采收高度。

(四)吉爱鲁斯番茄

从日本引进的樱桃番茄品种。更适用于树式栽培。北京地区在温室或大棚内作春播延后栽培，对病毒病、凋萎病、半身凋萎病、叶霉病均有较好的抗性。果为红色,果脐小,单果重20～30克。

(五)匹克小番茄

日本品种。属早熟樱桃番茄品种,每穗坐果15～16个,单果重约20克,甜度高。

(六)普及小番茄

日本品种。果呈鲜红色,含维生素C多,抗病性强,单果重15克左右。

十一、菜 心

菜心又称菜薹,是十字花科芸薹属的蔬菜。近年来将白菜类作为芸薹种,菜心归为白菜亚种。北方地区种植面积逐渐扩大。

菜心品种按生长适应性分为耐热和耐寒2种类型,即有适于夏、秋高温季节栽培和适于晚秋、冬季和早春比较寒冷季节栽培的类型。按生长时间长短又可分为早、中、晚熟3种类型的品种。

(一)早 熟 种

这一类型的特点是耐热性强,植株较小,生长期短,抽薹早,菜薹较细小,侧枝萌发力较弱,以采收主薹为主。播后30～40天始收,可连续采收10～20天。产量较低,一般每667米^{2}产量1 000～1 500千克(标准不同采收量也不同)。适于6～7月份播种,7～8月份上市。主要品种介绍如下。

1. 四九菜心　株型紧凑。基生叶半直立生长,可以密植。适于春季设施园艺和夏、秋季露地栽培。叶片椭圆形,色淡绿。4～5片叶后开始出薹,主薹淡绿色,具光泽,基部节间较密,薹叶狭小呈长卵形。侧芽萌发力弱,以收主薹为主。菜薹的质地脆嫩,纤维少,品质优良。根系较发达,抗热,耐湿性强,对低温较敏感,苗期稍遇低温即易发生抽薹。播种至初收约30天,延续收获期约10天。每667米^{2}产菜薹1 250千克。

2. 四九菜心 19 号 广州市蔬菜科学研究所从四九菜心中经系统选育而成的品种。叶片青绿色，长卵形，长 22 厘米左右，宽 13 厘米左右，叶柄短。主薹节间疏，薹高 15 厘米左右，单薹重 35 克左右，淡绿色，品质好。早熟性好，生长发育快，从播种至始收 33 天左右。耐瘠力强，耐热又耐湿，遇大风暴雨袭击后恢复生长快。夏季高温多雨季节栽培，每 667 米^2 产量 1 000 千克左右；秋季栽培每 667 米^2 产量可达 1 500～2 000 千克。

此外，早熟种还有青早心、石牌油叶早心、全年心（四季仔）等品种。

（二）中 熟 种

生长发育速度比早熟种稍慢，生长期略长。耐寒、耐热性中等。较适于 4～5 月份和 8～10 月份种植，5～6 月份或 9 月份至翌年 1 月份上市。植株中等大小，腋芽有相当萌发力，主、侧薹可兼收，以收主薹为主。从播种至始收需 40～50 天，可延续收获 20～30 天。菜薹的产量高、质量好，主要品种介绍如下。

1. 60 天青梗菜心 中熟。植株中等大小。叶片深绿色。主薹色青绿，有光泽，质地脆嫩，纤维少，品质好。腋芽萌发力强，主侧薹兼收。从播种至始收 50～65 天，可延续采收 20～30 天。每 667 米^2 产量 1 500 千克左右。

2. 青梗柳叶中心菜心 中熟。不耐高温多雨气候，适宜于早春、秋、冬季设施园艺栽培。叶片长卵形，青绿色，叶柄长，浅绿色。植株 6～7 片叶开始抽薹，菜薹绿色，薹叶形状如柳叶。侧薹 3～4 根。产品质量优良。从播种至始收 50 天左右，可延续收获 35 天。每 667 米^2 产量一般可达 1 200 千克。

此类型的品种还有特青、黄叶中心、大花球中心等品种。

3. 青梗菜心 广东的中熟品种。植株中等大小，叶片深绿色，生长速度快，腋芽有一定的萌发力，可主薹、侧薹兼收，以主薹为主，菜薹质量佳，播种至收获期为 50～65 天，采收时间可长达

20～30 天，每 667 米^2 产量 1 500 千克以上，每 667 米^2 播种量 400～500 克，行株距 16 厘米×13 厘米。适宜春季、晚秋和冬季栽培。在北京地区栽培表现较好。

(三)晚熟种

此类品种耐寒而不耐热，生长期较长而抽薹晚，适于 10 月下旬至翌年 3 月份播种，11 月份至翌年 4 月间上市。腋芽萌发力强，主、侧薹兼收。播后 45～55 天始收，延续采收期达 30～40 天。菜薹产量高、质优。主要品种介绍如下。

1. 三月青菜心　较耐寒，遇低温不易提前抽薹。不耐热。可于冬季、早春作设施园艺栽培和春季露地栽培。植株较大。叶片长卵形，色深绿，有光泽，叶柄浅绿带白色。植株 6～7 片叶开始抽薹，腋芽萌发力强，主、侧薹兼收。迟熟类型的品种从播种至始收需 55 天左右，延续收获期 10～15 天。每 667 米^2 产量一般达 1 800～2 000 千克。

2. 迟菜心 2 号　从三月青菜心中选育出来的新品种。抗寒性稍弱，遇 10℃以下低温则提早抽薹。抗病力强，耐肥，适应性广。植株长势强。叶片深绿，柳叶形。基部抽生 5 片叶后开始抽薹，菜薹青绿色，有光泽，外观好看，风味浓郁。晚熟。从播种至始收约 60 天，延续收获期 40 天。产量高，质量好。每 667 米^2 产量 2 000 千克以上。

3. 迟心 29 号　广州市蔬菜科学研究所育成的新品种。属晚熟类型。生长期 75～85 天，特点是适应性强，根系发达，株型高大，株高 40～45 厘米，开展度 33 厘米左右，侧芽萌发力稍强。叶为柳叶形，基叶丛生，13～15 片叶开始抽薹，薹叶细小，叶呈剑形，薹色深绿带光泽，薹长达 32 厘米左右，横径 1.8～2 厘米，大花球，齐口花，菜心品质优良且较耐贮运。耐霜霉病和软腐病。一般每 667 米^2 产量 1 000～1 250 千克。该品种冬性强，适合于北方地区冬、春季及晚秋栽培。有利于发挥北方设施园艺栽培潜力和秋、冬、春季品种调剂。

4. 宝青60天菜心　广东省农业科学院经济作物研究所蔬菜室经多年系统选育而成的新品种。属早、中熟类型。叶片和菜薹深绿色，富有光泽，菜薹较粗，横径约1.8厘米，薹高30厘米左右，长短整齐，具清甜食味，优质高产。叶绿素和可溶性糖含量均高于进口的同类60天菜心。出口合格率较高，优于其他品种。适于秋、冬季播种栽培，适应性强。

晚熟品种还有青柳叶迟心、青圆叶迟心、青梗大花球等。

十二、芥　蓝

芥蓝是十字花科芸薹属中以肥嫩的花薹和嫩叶为主要食用部分的我国特产蔬菜。有白花芥蓝和黄花芥蓝2种类别，栽培中绝大多数为白花芥蓝，黄花芥蓝极少栽培。按熟性又可分为早、中、晚熟品种3个类型，分别介绍如下。

（一）早熟类型品种

此类型品种耐热性较强，在较高温度（27℃～28℃）下花芽也能迅速分化，降低温度对花芽分化也没有明显的促进作用。较适于春、夏、秋季栽培，从播种至采收约60天，可延续收获35～40天。

1. 细叶早芥蓝　又称柳叶芥蓝。早熟品种。原为广东省佛山市地方品种。经广州市蔬菜科学研究所改良为现在栽培品种。叶为卵圆形，灰绿色，叶面平滑，多蜡粉，叶长约28厘米，叶宽17厘米左右，叶柄长约7厘米。主薹长约26厘米，横径约2.3厘米，侧薹纤弱。花白色，花球横径5～6厘米，主薹单株重0.1～0.13千克，出薹整齐，分枝力弱，长势也较弱，质脆而嫩，品质优良。该品种耐热性好。广东7～9月份均可播种，播后60～65天收获，一般每667米^{2}产量1 250千克左右，适于夏秋季露地和设施园艺栽培。

2. 皱叶早芥蓝　广州市地方品种。早熟。叶片大而厚，叶形椭圆，色深绿，叶面皱褶，蜡粉多。花薹高30～40厘米，横径3～3.5厘米。花白色，初花期花蕾着生较松散。薹叶较大，花薹品质好，主薹重可达150～200克，侧薹萌发力强，利于夺取高产，耐热性好。适于夏秋季露地和设施园艺栽培。

3. 香港白花早芥蓝　香港白花早芥蓝，其叶片椭圆形，色深绿。叶面稍皱，蜡粉多。主花薹20～25厘米，横径2～3厘米。花白色，初花期花蕾着生紧密。薹叶较稀疏，花薹品质好，主薹100克左右。侧薹萌发力强。此品种株型紧凑，生长整齐。

4. 皱叶早芥蓝　植株较高。叶片大而厚，椭圆形，色浓绿，叶面皱褶，多蜡粉。主薹较高，可达30～40厘米，横径3～3.5厘米。花白色，初花期花薹着生较松散。茎粗叶大，品质好。主薹重可达150～200克。侧薹发枝力强，但长势中等，较主薹细弱。

（二）中熟类型品种

这一类品种的耐热性不如早熟类型，对低温的适应性又不如晚熟品种类型。植株的基生叶较密，侧芽萌发力中等。适宜秋冬季栽培。从播种至收获需70天左右，延续收获期40～50天。

1. 荷塘芥蓝　广东省新会市荷塘农家品种。中熟品种。株高48厘米左右，开展度约45厘米，叶为卵圆形，叶面平滑，蜡粉少，叶色绿，叶长约22厘米，叶宽约16厘米，叶柄长约7厘米。主薹高30～35厘米，横径约2.5厘米，节间疏，薹叶狭卵形。花白色，花球较大，横径约9厘米，主薹重约150克，侧薹萌发力中等。适宜秋、冬季设施园艺栽培。播种至收获60～70天。该品种纤维少，肉质脆嫩，皮薄，味甜，品质优良，每667米^{2}产量2 000千克左右。

2. 登峰中迟芥蓝　广州市郊区的农家品种，经提纯复壮后用于生产。中熟品种。株高约37厘米，开展度约35.6厘米。叶片阔卵形，长约19.5厘米，宽约16厘米，叶色灰绿，叶面光滑有微皱,叶柄长约6.2厘米。主薹长30～35厘米,横径2～3厘米,单株薹重约150克,抽薹整齐,叶片少,叶柄短,节间长。侧薹粗壮,全株灰绿色。在主薹刚抽出时,基部叶片的几个腋芽就随着长出,主薹采收后,很快就能采收侧薹。适宜秋冬季设施园艺栽培。从播种至收获始期60～70天,采收期15天左右。每667米^{2}产量可达2 000千克。此品种对黑斑病、菌核病较敏感,生长期如遇较多的阴雨天气则容易发病,栽培中要注意防治这2种病害。

3. 台湾花芥蓝　台湾省品种。广东地区种植面积较大,北方地区有少量种植。中熟品种。叶片卵圆形,蜡粉中等,叶基部有裂片。主薹长30～35厘米,横径2.5～3厘米,薹叶为长卵圆形。花白色,薹形整齐、美观,品质好。主薹重100～150克,侧薹萌发力中等。适宜秋季设施园艺栽培。

(三)晚熟类型品种

这类品种不耐热,而耐寒性较强,在较低温如延长低温时间仍然能正常进行花芽分化。花薹生长发育快,质量好。植株基生叶较密,叶片较大,花薹粗壮。侧芽萌发力较弱,适于冬春季栽培,播种至收获70～80天,延续收获期50～60天。

1. 迟花芥蓝　系广东省品种。叶片近椭圆形,浓绿色,叶面平滑,蜡粉少,基部有裂片。主薹长30～35厘米,横径3～3.5厘米。花白色,初花时花蕾较大,薹叶卵形,品质好,主薹重150～200克,侧薹萌发力中等。

2. 皱叶迟芥蓝　植株高大,叶片大而肥厚,近圆形,色浓绿,叶面皱缩,蜡粉较少,基部有裂叶。主薹高30～35厘米,横径3～4厘米,节较密,薹叶卵形,有皱。花白色,初花时花蕾大而紧密,品质好,主薹重200～300克,侧薹萌发力中等。该品种在广东种植面积较大。

3. 钢壳叶芥蓝　植株高大粗壮,生长旺盛。叶片近圆形,叶肉较薄,蜡粉少,叶面稍皱,叶缘略向内弯,形如壳状,叶基部深裂成耳状裂片。主薹重约100克,质地脆嫩,纤维少;侧薹萌发力中等。设施园艺栽培表现很好。一般每667米^{2}产量2 500千克。

十三、牛　蒡

牛蒡别名大力子、蝙蝠刺等,为菊科牛蒡属,是能形成肉质直根的草本植物。原产地亚洲,我国从东北至西南均有野生牛蒡分布。根可当菜食用,种子可入药,主治咳嗽、咽喉肿痛,根对牙痛有疗效。经过人们长期选育,品种较多。但栽培面积并不大。近几年来,随着旅游业的发展,为满足外宾需求,在大城市郊区逐渐发展了牛蒡作物生产,供应量逐年增加。

牛蒡的叶为心脏形,淡绿色,叶背面着生白色茸毛,叶缘具粗锯齿。叶柄长,有纵沟,基部为微红色,根为圆柱形,长60～100厘米,直径3～4厘米,皮粗糙,暗黑色。肉质灰白色,要适时收获,迟收易出现空心。

性喜温暖湿润气候,较耐寒,也较耐热,生长适温20℃～25℃,要求强光照,宜在疏松、中性沙壤土中栽培。

牛蒡栽培品种有2个类型:细长种和短根种。

(一)三芳早生

由日本引进。属春、秋播的早生牛蒡,收获早,不易抽薹。茎赤色。叶数7～8枚。肉质根优良,根长75～80厘米,根粗3厘米左右,圆柱形,皮粗糙,暗黑色,肉质灰白色。收获迟时易出现空心。

(二)柳川理想

日本品种,似三芳早生。

(三)阿　见

日本品种。似三芳早生。

以上3个品种,在北京地区引种成功,经多年栽培试验,均表现优良。

十四、萝　卜

萝卜类蔬菜的品种很多，在此仅分别介绍白萝卜、胡萝卜和樱桃萝卜中的稀有品种，普通的常规品种就不作介绍了。

（一）浙江大长白萝卜

产于我国浙江省。叶丛直立，叶片长约 45 厘米，羽状分裂成 14 对左右裂片，叶片及叶柄有刺毛，浅绿色。肉质根呈长圆形，长 45～60 厘米，横径 6～7 厘米。皮肉均为白色，表皮光滑，侧根少，水分多，质脆，味甜，品质优良。生长期 70～80 天，单根重 1.5～2 千克，每 667 $米^2$ 产量可达 4 000～5 000 千克。适于北方地区秋季高畦地膜覆盖栽培。

（二）天春大根白萝卜

引自日本。叶丛半直立，株高 50～60 厘米，开展度 60～70 厘米。叶绿色，叶脉淡绿色，叶缘深裂，叶柄密生刺毛。肉质根长圆柱形，长 35～45 厘米，横径 7～8 厘米，根尖直而细，侧根少，皮肉均白色。成熟早，无纤维，抽薹极晚，耐寒、抗热，且抗黄萎病，生长势强。单根重 1～2 千克，一般每 667 $米^2$ 产量 2 000～3 000 千克。

温室、塑料小拱棚种植，行株距 30 厘米×27 厘米，平畦栽培时每畦 3 行。早春、露地种植宜采用地膜覆盖栽培，行株距 60 厘米×30 厘米。此品种除盛夏的炎热季节外，露地、设施园艺栽培相结合，排开播种，可做到多茬次生产，可周年供应。

（三）李王大根

引自日本。叶数少，适合密植。肉质根长 25 厘米左右，白色，有部分青头，单根重 800～1 000 克，品质优，口感脆嫩，味甜，生食、熟食、腌制均可。行株距同天春大根。适合于各地春季设施园艺和露地栽培。

（四）玄德大根

引自日本。单根重1.5～2千克，皮肉均为白色，质脆嫩，含水分多，生食、熟食和腌制均可。适宜北方地区冬季温室和春季塑料大、小棚及露地栽培。设施栽培的行株距为30厘米×25厘米，露地栽培的行株距宜60厘米×25厘米。

（五）抗病大白萝卜

引自日本。皮肉白色，长势好，抗病毒病，不易老化，宜于夏、秋季栽培。

（六）热白萝卜

北京农业大学园艺系蔬菜教研组育成。抗病毒病，耐热性强。生长速度快，肉质根长筒形，皮、瓤均白色，表面光滑，长35～45厘米，横径4.6～6厘米，入土深度约23厘米，质地细嫩，品质佳，甜脆清香，可生食也可熟食。最适于北方地区炎热的夏季栽培，在北京地区夏季露地高垄栽培，行株距50厘米×26～27厘米，每667米^{2}播种量500克，6月下旬至7月上旬播种，8～9月份收获，单株重0.5千克左右，每667米^{2}产量可达2 500千克，要注意及时收获，否则易出现失水糠心。

（七）金港三寸胡萝卜

从日本引进。根长约10厘米，圆锥形，皮肉红色，耐病，抽薹晚，可进行周年栽培。北方地区最好采用设施园艺栽培。

（八）金港五寸胡萝卜

从日本引进。生长期短，长势强，耐病且耐热。叶丛直立，叶色浓绿，叶柄有茸毛。肉质根圆柱形，上部稍粗，尾部钝圆，表面光滑，皮肉橘红色，心柱较细，肉质根平均200克，大的可达300克。出苗至收获需90～110天。肉质紧密，味甜，水分适中，品质佳，生熟食均可。一般每667米^{2}产量3 000千克以上。春夏季均可栽培，特别是春季栽培不易抽薹。若3～7月份播种，可采取条播和撒播，每667米^{2}播种量1～1.5千克，定苗行株距18～15厘米见方。要求施足基肥，一般不追肥，病虫极少。

(九)红福四寸胡萝卜

从日本引进。叶小，根大，裂根少，不易抽薹，根色好，根长16～18厘米，平均单根重150～200克，每667米^{2}产量约2000千克，播种至收获约95天。适于春夏季栽培。

(十)樱桃萝卜

有二十日大根和四十日大根，均从日本引进。因为肉质根小似樱桃，故称樱桃萝卜。这2个品种生育期短，播种至收获只需25～45天，适应性较强，但喜温和气候条件，一年四季均可栽培。而高温、炎热的夏季，最好适当遮阴栽培，而在早春、晚秋、冬季的北方地区，需在设施园艺内栽培。小型肉质根表皮全红色，肉为清白色，肉质嫩脆，味清新，生食、熟食均可，供应宾馆、饭店，是极好的餐桌点缀佳品，很受欢迎。

十五、草　莓

草莓是蔷薇科草莓属多年生常绿草本植物。其浆果色泽鲜艳美观，柔软多汁，酸甜可口，具有独特的芳香，是一种营养价值很高的水果。草莓不仅适于鲜食，还可加工成草莓酱、草莓酒、草莓露、草莓膏、糖果糕点、糖水罐头等多种食品，又可速冻处理，既保持新鲜状态，又便于贮藏运输。

(一)宝交早生

从日本引进。属早中熟品种。植株长势旺盛，株丛开张，分枝力中等，繁殖容易。叶片呈椭圆形匙状，绿色，托叶淡绿色，稍带粉红色。花序平或略低于叶面。第一级序果平均单果重17.2克，最大单果重达24克，果实为圆锥形，有的尖部呈锥形，果基有颈，果面为鲜红色,种子红色或黄绿色,凹入或平嵌在果面。萼片平贴或反卷。果肉橙红色,髓心稍空,果汁红色,味香甜,品质优。不足之处是耐贮性差,不抗黄萎病,抗白粉病。

(二)春　香

从日本引进。属早、中熟品种,植株生长势很强,株大叶大,分枝力中等。叶片椭圆形,托叶绿色。花序低于叶面,第一级序果平均单果重 17.8 克,最大单果重 25.5 克,果实圆锥形,个别果基部有颈,果面红色,果肉红色,髓空心,果汁红色,味香甜,果皮结实。种子黄绿色,凹入果面。萼片反卷。植株休眠浅,匍匐茎发生力强,容易繁殖。果实光泽易消退,植株抗白粉病和凋萎病差。

(三)丽　红

从日本引进。是晚熟大果型品种。植株生长势强,休眠浅,株型稍直立。叶片浓绿色,大而肥厚,叶柄长。果实富有光泽,浓红,整齐,美观,产量高,第一级序果平均单果重 20 克,最大单果重 32 克,果肉硬,耐运输,商品性好。低温时,第一级序果的先端、基部和肩部成熟度稍显不齐,抗白粉病能力较弱。

(四)红　衣

中熟品种,植株分枝力强。叶片大而厚,近圆形,叶色深绿有光泽,托叶绿色。花序平于叶面,第一级序果平均单果重 22.6 克,最大单果重 34.6 克,果实短圆锥形,先端呈扁锥形,果面平整,色鲜红。种子多为黄绿色,分布均匀,平嵌果面。果肉红色,髓心较实,果汁红色,萼片平贴。抗病及抗逆性较强。

(五)因 都 卡

从荷兰引进的品种。成熟期较早,露地栽培在北京地区 5 月上旬开始采收,植株生长势健壮但较矮小,适于密植。叶片深绿色,椭圆形,中等大小。分生新茎的能力中等,匍匐茎发生时间较晚,6 月中旬开始发生,但发生力强。果实圆锥形,果面平整,深红色，平均单果重12克，最大的达29克，髓心小，果肉红色，味较酸。种子稍突出果面。果实较坚硬，采收期长，耐贮运，抗病力强。结果后期容易出现果实大小不均匀现象。

(六)布兰登堡

早中熟、丰产型品种。植株长势直立，分枝力强。叶片近菱形，绿色，托叶粉红色。花序等于或高于叶面，第一级序果平均单果重12.2克，最大单果重16.5克，圆锥形，尖端钝，果面有数条棱沟，鲜橙红色，果皮薄，果肉近白色。种子黄绿色，凹入果面，萼片平贴。质地细，髓心稍空，果汁白色，味香。抗逆性较强，抗病力较弱。

(七)盛岗-16

从日本引进。植株直立性强，匍匐茎发生数量少，繁殖时易发生子苗不足现象。叶色淡绿，叶柄粗而硬。花序少，花量也少，花序较短，花梗却粗壮。单果重较高，畸形果少且个大，单果重可达30～50克，果实圆锥形，色鲜红，硬度大，利于运输，适于生食。该品种抗寒能力强，休眠深，休眠期长，适宜我国北方寒冷地区作露地薄膜覆盖栽培。抗黑斑病能力弱。

近年来，我国又引进大批优良品种，都已做了适应性试验，从中筛选出各地宜栽、适销的类型，如美系1号、波兰1号、照果、红岗等品种，都表现出较强的适应性，综合性状较优，有的地区已开始推广使用。

十六、黄秋葵

黄秋葵别名羊角豆、咖啡黄葵。是锦葵科秋葵属中能形成嫩荚的栽培种。食用部分为嫩荚。炒食、煮食、酱渍、醋渍、罐藏等均可。其嫩叶、芽、花也可供食用，嫩荚肉质柔嫩、质地黏。黄秋葵在日本和欧美各国是热门蔬菜，畅销。我国各地早有种植，只是近几年发展较快，主要是满足外国宾朋的需要，我国人民食用的较少。在广州、上海、北京、台湾等地，已被公认为名优特蔬菜品种之一。蒴果形似羊角，下粗上尖，稍弯，一般长 20～25 厘米，故此称羊角豆。青嫩果炒食、做汤或凉拌，具有特殊的清香风味。

（一）新东京 5 号

是日本推广的品种，在欧美、东南亚等国种植较多，广州、深圳等地也已引种成功，北京也开始种植，表现尚可，种植面积逐年扩大。该品种株型直立，高为 1.5 米，茎木质化，叶互生，掌状有 3～5 裂，叶柄较长，中空有刚毛。植株下部叶片较宽大，上部叶片较细小。侧枝较多。花从枝间长出，当主干长至 4～5 节时即开始着花，每节 1 朵花，侧枝也能开花、结果。果色深绿有光泽，嫩果的质地柔嫩，纤维少，富有清香风味，比同类品种的食味好。一般每 667 米^2 产量 2 000 千克，高产的可达 3 000 千克。

（二）五龙 1 号

日本品种，广州种植较多，北京在 20 多年前开始引进试种。其特征特性与新东京 5 号近似，只是株型较矮小，高为 1 米左右。果实呈五角形，果色深绿，种小、较少，品质优良。全生育期 150～170 天，采收期有 100 天左右。一般每 667 米^2 产量可达1 500～2 000千克。

此外，还引进了日本品种绿星，在我国各地种植表现良好；还有美国的黄秋葵、印度的黄秋葵等。果荚除绿色品种外，也有果荚是紫红色的品种。

十七、豌　豆

豌豆别名荷兰豆、回回豆、麦豆，是豆科豌豆属草本植物。栽培豌豆有粮用、菜用、软荚 3 个变种；按茎的生长习性分为蔓生、半蔓生和矮生 3 种类型；按豆荚结构又可分为硬荚和软荚 2 类。硬荚型的内皮厚膜组织发达，荚不能食用，以青豆粒供食用，成熟的种子可加工成淀粉；软荚型的内皮厚膜组织发生迟，纤维少，可采收嫩荚当菜用，味鲜美，越来越受欢迎。还有专门供培养豌豆嫩苗当菜用的品种，也成为一种稀有蔬菜。在此仅介绍软荚豌豆（菜用）优良品种。

（一）中豌 2 号

中国农业科学院畜牧研究所选育成的杂交一代良种。属早熟高产新品种。株高 50～60 厘米，茎、叶绿色，花白色。单株果荚 6～8 个，有分枝，每株可收果荚 20 个以上。荚长 8～11 厘米，荚宽约 1.5 厘米。每荚有 6～8 粒豆种，多的有种子 11 粒。采食嫩荚，也可以籽粒为食用。北方地区以春播为主，生育期约 70 天；南方地区如广州等地，进行冬种，生育期约 81 天。该品种适应性强，耐肥，易栽培，每 667 米^2 产嫩豆荚 750 千克以上，产籽粒 200 千克以上。

（二）中豌 4 号

中国农业科学院畜牧研究所经杂交育成的矮生直立型早熟、高产新品种。株高约 55 厘米，茎、叶色浅绿，单株结荚一般为 6～8 个，多的有 10 个以上；每荚有籽 6～7 粒，荚长 7～8 厘米，荚宽约 1.2 厘米。北方地区春播，生育期约 65 天，南方冬播，生育期约 75 天，还可作为南北方秋播，不宜夏播。北方春、秋播时结合设施园艺保护栽培，以保证安全生产，在塑料大棚、温室内栽培，播后 50 天左右采收嫩荚。

（三）台中 11 号

由台湾省育成。蔓生，株高 1.5 米以上。嫩荚青绿色，扁形稍弯，纤维少，品质脆，有甜味，荚长 6～7 厘米，宽约 1.5 厘米，属小荚类型。台湾地区及外国喜用小荚种，宜鲜销与加工两用，速冻与制罐头后荚形不变，色泽鲜绿。每 667 米^2 可收豆荚 800 千克以上，每 667 米^2 可收干粒约 150 千克。该品种耐寒怕热，生长适温 10℃～20℃，适于北方地区冬季设施园艺栽培。从播种至始收需 70～80 天，温度低时生长时间增长。该品种分枝多，叶大柔软，可作豌豆苗（即豌豆尖龙须菜）栽培用，每 667 米^2 产豆苗 300～350 千克。

（四）饶平中花

广东省饶平县地方品种。晚熟。从播种至始收约 85 天。蔓生，株长 2～2.2 米，侧蔓 3～4 条，从 13～18 节开始开花结荚。花红色，荚长约 10 厘米，宽约 1.8 厘米。抗寒力强，品质中等，耐贮运。

（五）草原 21 号

中熟半蔓生品种。株高 80～100 厘米，最高可达 150～180 厘米。分枝性中等，结荚开始部位约 60 厘米高处，主蔓结荚 12～13 个，嫩荚浅绿色，荚长约 10 厘米，荚宽约 2.5 厘米，花为白色，嫩荚品质鲜、脆，适宜炒食，可以加工速冻。

（六）溶　糖

从美国引进的品种。中早熟，半蔓生。株高 70～80 厘米，插架栽培时株高可达 150 厘米，生长势旺盛，株高 50 厘米处开始结荚，嫩荚翠绿色，豆荚长 11～12 厘米，宽 2～2.5 厘米，荚大肉厚，果荚含糖量高，脆嫩，味甜，质佳，播后 75 天左右可收嫩荚。每株结荚 12 个以上，每 667 米^2 产量 800～1 000 千克。

（七）食用大菜豌 1 号

四川省农业科学院培育的早熟品种。适应性强，易于种植，适合消费者的口味。株高 60～70 厘米，株型紧凑，节间密，不需搭架。白花。出荚率高，每株可结荚 10～12 个，多的可达 20 多个，荚大肉厚，长约 12 厘米，宽 2.5～3 厘米，色翠绿，美观。从播种至始收 75 天左右。每 667 米^2 产量 750～1 000 千克。

（八）京引 8625

北京市蔬菜研究中心从欧洲引进的品种中，经过筛选培育成矮生类型的新品种。株高 60～70 厘米，适应性强，可作周年生产应用，有 1～3 个分枝。始花节位 7～8 节，豆荚圆柱形，肉厚，品味脆嫩，长 6 厘米左右，宽约 1.2 厘米。春播出苗后至始收荚果 70 天左右，延续收获期 20 天。夏天露地栽培，播后 45 天可始收；冬季设施园艺栽培 9 月上旬播种，11 月上旬始收，可延续收获至翌年 1 月下旬。此品种使用范围广，可排开播种，作周年生产与供应。

（九）二村赤花绢荚 2 号

从日本引进。初花节位低的极早熟品种。主枝生长旺盛，丰产性好，花为红花，荚长约 8 厘米，荚宽约 2.5 厘米，外形美观，色深绿。栽培适应性强，春、秋播种均可，设施园艺保护栽培，能做到排开播种。嫩荚炒食，味佳。北京地区生长良好。

（十）电光三十日绢荚

从日本引进的极早熟品种。花为白色，植株生长势旺盛，开花结荚早，荚果品质较嫩，质脆，味清甜，适宜于整荚炒食。适于春季露地或设施园艺保护栽培。北京地区表现良好。

此外，各地有很多适应当地气候环境条件的品种，可开发利用，以便尽快进入商品市场。

十八、豌豆苗

食荚豌豆和培养豌豆苗的品种是有区别的，培育豌豆苗的品种有以下几种。

（一）上海龙须菜

此品种是上海地区主要采用的品种，品质优良，有大面积栽培。此品种属硬荚种，蔓性，多分枝。种子粗硬，紫红色或白色。生长期较短，从播种至始收，春播 60～65 天，每 667 米^2 产量 750 千克左右；秋播 45～50 天，每 667 米^2 产量 1 500 千克左右。

(二)上农无须豌豆苗

上海市农业科学院植物保护研究所通过有性杂交得到卷须退化的一个新品种。生产的豆苗纤维少，叶片肥厚，羽状复叶，品质细嫩，香味清醇，嫩而无渣。生育期 60 天左右，中熟品种。春秋季栽培每 667 米^2 产量 1 000～1 500 千克。

(三)无须豆尖 1 号

四川省农业科学院作物研究所育成。属白色硬荚类型。蔓性，植株长可达 180 厘米，茎叶粗大。复叶无卷须。种子白色，扁圆形。早熟。四川、广东等地有大面积栽培。每 667 米^2 产量 800～1 000千克。

(四)美国豆苗

从美国引进的一个良种。植株蔓性，可长达近 2 米。复叶有卷须，叶片较小。花白色。品质佳，产量高。

(五)黑　目

我国台湾省主栽品种。植株蔓性，分枝力强。叶较肥大。白花，白籽。种脐黑色，硬荚类型。生育期 40～50 天。抗病性强，适宜高山冷凉气候栽培。每 667 米^2 产量为 1 500 千克左右。

十九、瓜　类

(一)网纹甜瓜

1. 阿姆斯网纹甜瓜　日本品种。适于春季温室、大棚内栽培，每棵留 2 个瓜，开花后约 50 多天成熟，果为灰白色及绿色相间，有网纹。

2. 萨哈拉网纹甜瓜　日本品种。适于春季温室、大棚内栽培，开花后约55天成熟，肉厚4～5厘米，单瓜重1.4千克左右，植株节间长7～8厘米，叶柄长约23厘米。

3. 春秋系阿露丝　日本品种。长势好，坐果稳定，单瓜重1.5～1.6千克，开花后50天左右收获。适于春秋季温室和大中棚保护栽培。

4. 亚纳的斯网纹甜瓜　美国品种。果皮金黄色，有网纹，皮较硬，耐贮运，风味佳，定植后95天左右收获。适于春季保护地栽培。

(二)无网纹甜瓜

1. 绝佳甜瓜　日本品种。果皮呈乳白色，单瓜重800～1 000克，肉厚约3厘米，糖度16°。植株长势好，抗白粉病，栽培适应性强。春季可在温室、大棚、中棚栽培。

2. 天夏甜瓜　日本品种。果皮呈乳白色，单瓜重1.8千克左右，坐果性好。适于春季温室和大、中、小棚栽培。

3. 黄金九号　日本品种。果色鲜黄，果肉厚，品质好。适于春季大棚和露地栽培。

(三)金 丝 瓜

从南美洲引进。广东省种植较多，北京、上海等地已推广种植。植株长势旺盛，分枝较多。瓜呈圆筒形，表皮光滑，有浅棱沟，成熟瓜呈浅柠檬黄色，肉质粉丝状，煮食爽脆，品质佳，果实耐贮运。是宾馆、饭店的高级菜肴。每667米^{2}产量可达3 000～4 000千克。

(四)西 葫 芦

别名美洲南瓜，是葫芦科南瓜属中的栽培种。嫩瓜炒食或作馅。地方品种很多，近几年又引进一些新品种。

1. 黑美丽　由荷兰引进的早熟品种。植株生长势强，开展度

70～80 厘米，主蔓 5～7 节结瓜，以后每节均可结瓜，每株可收获嫩瓜 15 个左右。嫩瓜平均重 150 克左右，瓜皮青绿，品质好，丰产性强，每 667 米^2 播种量 250 克，采用行株距 80 厘米×50 厘米栽培，每 667 米^2 产量可达 2 000～2 500 千克。也可留老瓜，每株 2 个。单瓜重能达 1.5～2 千克。适于春季露地、地膜覆盖栽培，冬季、早春采用保护地栽培，经济效益可明显提高。

2. 达一那(4)西葫芦　日本早熟小西葫芦品种。植株丛生，无蔓，定植后 50 天左右可采收嫩瓜，瓜长约 20 厘米，横径约 3 厘米。适于密植，有利于北方地区冬春季保护地栽培。

(五)节　瓜

别名毛瓜，是葫芦科冬瓜属的一个变种。以食用嫩瓜为主，成熟老瓜也可食用。春、夏、秋季露地和保护地均可栽培，各地都有种植。

1. 黑毛节瓜　又名黑皮青。植株长势强，侧蔓多，果实圆柱形，长 18～21 厘米，横径 6～7 厘米，肉厚，质地细密，味鲜，口感优良。平均单瓜重 0.5 千克(嫩瓜)。已能出口作为经贸物资之一。适于春季露地、设施园艺栽培。

2. 大藤　较耐热，适于夏季抗热栽培，植株长势强，果实为圆柱形，青绿色，品质佳，一般果重 0.5 千克左右。

3. 七里仔　适应性很强，春、夏、秋季均可栽培。植株生长势强，瓜条圆柱形，长约 21 厘米，横径约 6 厘米，单瓜重约 0.5 千克，色青绿，品质好。

二十、香芹菜

香芹菜别名洋芫荽、荷兰芹、旱芹等，是伞形花科欧芹属。以嫩叶、嫩茎作菜肴的辛香调料、做汤或做装饰品的一种蔬菜。外叶可以陆续采收，心叶不断生长，采收时间长，直至抽薹开花为止，有皱叶和平叶 2 个类型。

(一)一号芹菜

日本品种。长势强,植株高大,产量高,叶柄宽,叶肉厚,不易衰老,鲜绿色,外观好,抽薹晚,抗病性强,容易栽培。要注意经常保持土壤湿润,避免干旱。

(二)布 莱 哦

丹麦品种。北京地区引种成功,黑绿色卷曲叶,质量好,耐寒性强,播种后 90 天左右收获,可陆续采收。

(三)卡 芦 林

丹麦品种。短茎,叶卷曲,成熟后绿色保持较久,香精油和干物质含量高,适于鲜销和速冻,栽培简单。

(四)怕 伍 思

丹麦品种,属改良品种。叶黑绿色,卷叶密,茎坚实,产量高,适宜于炎热而潮湿的气候条件下栽培。

香芹比其他蔬菜品种栽培较少。因我国是改革开放以后才引进香芹栽培的,时间比较短,又因其具有特殊的、浓郁的气味,我国的中餐调味品中极少使用它,然而西餐的菜肴、拼盘花色却绝对少不了这种蔬菜。

二十一、四季大白菜

白菜是蔬菜中的一大类,品种极其丰富,在此介绍几个从日本引进的品种,供参考。

(一)春莳极早熟

由日本引进的品种。是在低温情况下结球性好、抽薹晚的极早熟品种。平均气温 7℃左右时定植,苗龄 30 天,定植后 50 天可长至 1.5 千克左右。春季可在塑料大棚和小棚中栽培;春播露地栽培时,要注意防止土壤过干或水分过大;秋季也可栽培,但要注意播种期不宜过早。

(二)五十日白菜

由日本引进的品种。适于春季保护地内栽培,极早熟品种,苗龄1个月定植,生长期50~55天,单球重1.5~2千克。叶球为纯白色,球长筒形,味好。也可作秋播种植。

(三)卿风白菜

由日本引进的品种。早熟,定植后55~60天收获。叶球重2.5~3千克,产量高,抗软腐病和黄化病。适于北方地区初夏播种和温暖地区春播和秋播。北方地区春季寒冷,早春播种要保温育苗、盖小棚定植,以防春季低温造成早抽薹。

(四)青海白菜

由日本引进的品种。在高温条件下生长、结球良好,对病毒病、软腐病、霜霉病有一定抗性。单球重1~1.5千克,品质好。适于初夏和早秋播种。是一种超时令的蔬菜。

(五)白螺白菜

由日本引进的品种。外叶生长势好,抗病性强,栽培方法简单,单球重2.5千克左右。春秋季均可栽培。春播时可温床育苗,温度15℃~20℃、8~10片叶时定植,60天左右收获;秋播时,播种期不宜过早,否则对软腐病、病毒病的抗性较差。

二十二、苋　菜

苋菜是苋科苋属中以嫩茎、叶为食用的1年生草本植物。野生性强,栽培简单,按叶的颜色可分为绿叶苋菜、红苋菜和彩色苋菜3类。

(一)绿叶苋菜

叶、叶柄和茎均为绿色。叶面平展,平均叶长10厘米,宽5~6

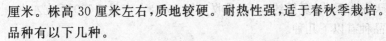

厘米。株高30厘米左右,质地较硬。耐热性强,适于春秋季栽培。品种有以下几种。

1. 白米苋 上海市农家品种。叶片卵圆形,长8厘米,宽7厘米,先端钝圆,叶面微皱,叶片和叶柄黄绿色。较耐热,较晚熟,可作春播,也可作秋播。

2. 柳叶苋 广州市农家品种。叶披针形,长12厘米,宽4厘米,先端锐尖,边缘向上卷曲,呈匙状,叶片绿色,叶柄青白色。耐寒和耐热力均较强。

3. 木耳苋 南京市农家品种。叶片较小,卵圆形,叶色深绿发乌,有皱缩。

(二)红苋菜

叶和叶柄及茎均为紫红色。平均叶片长约15厘米,宽约5厘米,卵圆形,叶面微皱,叶肉较厚。植株高30厘米以下。食用时口感较绿苋菜为嫩,品质柔软,可口。中等耐热。生长期30～40天,适于春季栽培,品种有以下几种。

1. 大红袍 重庆市农家品种。叶片卵圆形,长9～15厘米,宽4～6厘米,叶面微皱,蜡红色,背面紫红色,叶柄淡紫红色。早熟。耐旱力强。

2. 广州红苋菜 广州市农家品种。叶卵圆形,长约15厘米,宽约7厘米,先端锐尖,叶面微皱,叶片和叶柄红色。迟熟。耐热力较强。

3. 昆明红苋菜 昆明市农家品种。茎直立,紫红色,分枝多。叶片卵圆形,紫红色。每667米^{2}产量2000～3000千克。

(三)彩色苋(花红苋)菜

叶边缘绿色,叶脉附近紫红色,叶互生,全缘,叶片长10～12厘米,宽4～5厘米,卵圆形,叶面微皱。株高30厘米左右。抗热性强,不耐寒,生长适温23℃～27℃。品质柔嫩,产量高。春播50

天左右采收，夏播约30天采收。每667米^{2}产量2 000千克左右。品种有以下几种。

1. 尖叶花红苋　广州市农家品种。叶片长卵形，长约11厘米，宽约4厘米，先端锐尖，叶面微皱，叶边缘绿色，叶脉附近红色，叶柄红绿色。较早熟。耐热性较强。

2. 尖叶红米苋　又名镶边米苋。上海市农家品种。叶片长卵形，叶长约12厘米，宽约5厘米，先端锐尖，叶面微皱，叶边缘绿色，叶脉附近紫红色，叶柄红色带绿。较早熟。耐热性中等。

二十三、蕹　菜

蕹菜又称通心菜、空心菜、藤菜、竹叶菜。是旋花科牵牛属以嫩茎、叶为食的1年生或多年生草本植物。其嫩茎和叶可炒食、做汤、凉拌、做泡菜等，荤素均宜。蕹菜按其能否结籽可分为子蕹和藤蕹2个类型。

（一）子　蕹

可用种子繁殖（有性），也可用藤蔓扦插繁殖（无性），还可用分株繁殖，虽然其性喜湿，但耐旱力较强，一般旱地、水田栽培均可。子蕹适应性广，在南方一般于春季至日照变短时的时期栽培，8～9月份开始开花、结籽。子蕹又分为2种。

1. 白花子蕹　花白色。茎浅绿色。叶为长卵形，基部叶为心脏形。适应性广，质脆嫩，较耐旱，产量高，全国各地均有栽培。如杭州白花子蕹，广州的早熟大骨青、大鸡白、大鸡黄、白壳、剑叶等品种，还有浙江省温州市的空心菜、游龙空心菜，湖北、湖南的白花蕹菜，四川的旱蕹菜等。

2. 紫花子蕹　花、花萼、茎秆、叶背、叶脉、叶柄均呈紫色。广西、江西、湖北、湖南等地均有紫花子蕹栽培，但面积均较小。

（二）藤　蕹

为不结籽类型，一般很少开花，结籽更难。对短日照要求严格,在长江流域,甚至广州,虽可少量开花,但都不能结籽,只能用扦插、分株进行无性繁殖。这种类型的蕹菜质地柔嫩,品质较子蕹佳,生长期更长,产量更高,虽可栽于旱地,但更多是栽于水田和沼泽地,如广州的细通菜、丝蕹,湖南的藤蕹,四川的大藤粗蕹均属此种类型。

蕹菜按其对水的适应性,还可分为旱蕹和水蕹2类。旱蕹菜适于旱地栽培,其味较浓,质地致密,产量较低。水蕹菜品种适于浅水层或深水层栽培,其中有的品种也可用作旱地栽培。此类品种茎叶较粗大,味浓,质地脆嫩,产量较高,生长速度快。

北京地区栽培较多的是白花子蕹,以进行旱地栽培的品种为主,如泰国空心菜、我国的南昌空心菜、四川旱蕹菜及湖南、湖北的白花蕹菜等。因北方地区除了稻田、水生蔬菜田外,其余的大都为旱地,气候又比较寒冷,多习惯于旱地种植蕹菜。这是土地条件造成的,并非水蕹菜在北方地区不能种植。

(三)具体品种简介

1. 青叶白壳蕹菜　又叫大鸡白,广州品种。植株长势旺,分枝较多,茎粗大,青白色,微有槽纹,节细而较密。叶片长卵形,先端尖长,基部盾形,深绿色,叶脉明显,叶柄长而青白色。质地柔软,品质优良,产量高,一般每667米^{2}产量7000千克左右。栽培适应性强,适于旱地或浅水地栽培。

2. 白梗蕹菜　广州品种。茎粗大,黄白色,节间疏,叶片长卵形,绿色。生长旺盛,分枝较少。品质优良,产量高,栽种后50～70天收获,每667米^{2}产量5000千克以上。适于肥沃的水田栽培。

3. 丝蕹　广州品种,又叫细叶蕹菜。植株较矮小,茎细小,厚而硬,节密,紫红色。叶片较细,呈短披针形,叶色深绿,叶柄长。抗逆力强,耐寒,耐热,耐风雨,适于旱地栽培,也可在浅水田中栽培。丝蕹质脆,味浓,品质甚佳,但产量低。一般不开花结实,多采用分枝繁殖，从分枝定植至始收期 50～60 天，采收期 6～12 月份，共 180 天以上，每 667 米^2 产量 2 500 千克以上。

4. 泰国青梗蕹菜　从泰国引进的品种。我国已栽培 10 多年，广州地区已大面积普遍种植。梗绿色。叶片为竹叶形呈青绿色，质脆，味浓，品质优良。在广州市场很受欢迎，出口形势也很好。北京已有种植。春季 3～4 月份播种；秋季 7 月份播种。移栽后 20～30 天可收获。一般每 667 米^2 产量 2 000 千克以上。

5. 白花种蕹菜　江西南昌品种。叶为长心脏形，茎叶肥大，色淡绿，花白色，质地柔嫩，品质佳。

6. 紫花种蕹菜　江西南昌品种。叶为大心脏形，茎叶肥大，叶色淡绿，茎与花带淡紫色，纤维较多，品质稍差，但抗逆性强，极易栽培。

二十四、荠　菜

荠菜别名护生草、菱角菜，是十字花科荠菜属中以嫩叶为食的栽培种。原产于我国，现已遍布世界温带地区。此菜适应性强，可周年栽培。有如下品种。

（一）板 叶 种

又称大叶种。叶色浅绿，大而厚，叶缘缺刻浅，耐热，产量高，不宜春播，因低温下易抽薹。生长期 40 天左右，抗寒力和耐热力均较强。多用于秋季栽培，品质优良，味鲜美。每 667 米^2 产量 3 000千克左右。

（二）散 叶 种

又称百脚荠菜。叶深绿色，叶片短小而薄，叶缘缺刻深，抗寒力中等，耐热力强，较迟熟，抽薹较晚，生长期 40 天左右。香气浓，味鲜，产量较低。可作春播、夏播、早秋播、晚秋播，也可冬季覆盖保温生产，能周年生产供应市场。株型为基叶丛生，塌地，叶为羽状分裂，不整齐，顶片特大，叶片有毛，叶柄有翼。春播时每 667 米^2 产量 750～1000 千克，秋播时每 667 米^2 产量 2500 千克左右。

二十五、瓢儿菜

瓢儿菜是十字花科芸薹属乌塌菜半塌地型食叶蔬菜。品种有南京瓢儿菜。叶丛半直立，叶近圆形，全缘，墨绿色或浅绿色。叶柄白色，扁平，光滑，生长期 80～120 天，抗寒性强，纤维少，品质佳。适于南方和北方地区露地高畦盖地膜或平畦栽培。

二十六、乌塌菜

乌塌菜，是十字花科芸薹属白菜亚种的一个变种。品种有常州乌塌菜、小八叶、中八叶和大八叶等。植株塌地，开展度 20～30 厘米，中部叶片排列紧密或较稀，隆起或凹陷，叶片小，椭圆形或倒卵圆形，浓绿色，长 7～8 厘米，宽 7～8 厘米，叶面全缘，皱缩或平滑。叶柄浅绿色，长 7～9 厘米，宽 1～2 厘米。中熟种，生育期 70～80 天，抗寒力强，品质较好，纤维少；晚熟种生育期 110～130 天，耐寒力较强，品质较差，纤维较多。适于南方和北方地区露地高畦地膜覆盖或平畦栽培。

二十七、豆瓣菜

豆瓣菜别名西洋菜、水田芥、水蔊菜，是十字花科豆瓣菜属1～2 年生水生草本植物。以脆嫩的茎、叶为食用部分，除炒食外，最适宜做汤料用。

我国栽培的豆瓣菜分为开花结籽和不开花结籽 2 种类型，而两者在形态特征上没有明显的差异。代表品种介绍如下。

（一）广州种

广州西洋菜原是从澳门引进的品种。经多年栽培驯化为表现良好的华南地区当家品种。在北京等地也表现较良好。植株匍匐生长，茎节易产生不定根，青绿色，分枝多，叶为奇数羽状复叶，小叶1～4对，卵圆或近圆形，宽约2厘米，顶端小叶较大，浓绿色，气温低时变紫红色。茎粗似筷子，长30～40厘米，侧茎从基部叶腋间分生。每个茎节均可抽生须根。青嫩时柔脆易断，老化时则纤维增多。适应性强，水田、旱地均可栽培，但以水田生长为好。品质优，生长期短，从定植至始收仅需20～30天，每隔20天可收割1次。每667米^{2}产量可达4 000～5 000千克。一般不用种子繁殖，以分茎繁殖为主。

(二)百色种

百色西洋菜是广西壮族自治区百色市栽培品种。在广西及广东湛江地区普遍种植，原由欧洲引进，经多年种植，已驯化为适应华南地区种植的良种。其特性与广州西洋菜近似，但每年均能开花结籽，可用种子育苗移栽、直播。适应性强。茎叶脆嫩，纤维少，味道鲜美，易推广，但产量稍低。

北方地区多数引用百色种，这是因为可利用其能够开花结籽的特性，便于用种子繁殖发展生产。又因北方地区冬季严寒，不能越冬露地栽培，同时水田面积也少，因此北方多旱栽；而南方用无性繁殖很方便，多在水地栽培。

二十八、冬寒菜

冬寒菜别名冬葵、葵菜、滑肠菜。是锦葵科锦葵属，以嫩茎叶为食用部分。适合炒食、做汤，口感滑利。根系发达，分布较广，茎直立，采摘后分枝多。叶互生，圆形，叶面微皱褶，叶缘波状，柄长，茎叶被白色茸毛。品种有长沙圆叶冬寒菜、长沙红叶冬寒菜、重庆小棋盘、重庆大棋盘等。性喜冷凉湿润气候，不耐高温和严寒，霜期凋萎或枯死，生长适温为15℃～20℃，要求排水良好和疏松肥沃土壤栽培，不宜连作。生长期50～60天。只要温度条件合适，春播、秋播均可，南方还可越冬栽培。食用幼苗、嫩茎叶，或嫩梢均可。

二十九、紫 苏

紫苏别名荏、赤苏、白苏。为唇形科紫苏属,以嫩叶为食用部分。分布于华北、华中、华南、西南、台湾等地。有挥发油,具特异芳香味,有防腐作用,嫩叶生食或做汤用。栽培紫苏有 2 个变种,一为皱叶紫苏,又名回回苏、鸡冠紫苏;二为尖叶紫苏,又名野生紫苏。北京地区近年引种了日本品种,如青苏,叶片浓绿色,有皱,叶缘缺刻,香味浓;紫苏叶片暗紫色,有皱,叶缘锯齿状,有香味。

三十、菊 苣

菊苣别名欧洲菊苣、苞菜,是菊科菊苣属多年生草本,是野生菊苣的一个变种,食用的是嫩叶、叶球或根,适宜做凉拌菜,在软化栽培后,直根可作饲料。食用有苦味,有清肝利胆功效。品种介绍如下。

(一)罗 纳 特

由荷兰引进。紫色圆球形结球菊苣。在北京地区表现较好,适合春季或初夏栽培,如需软化栽培,可在秋季连根挖起,距根冠部 6～7 厘米处切去顶部,贮藏在冷凉处,晚秋至春季取出,在温室或地窖中软化。

(二)抓克努特

由荷兰引进。为绿色结球品种,球为长炮弹形。

三十一、苦 苣

苦苣是菊科菊苣属,以嫩叶为食用部分,适于生食、煮食或做汤用。有皱叶和平叶 2 个类型,春季、秋季均可栽培,但严寒地区越冬时需有防寒保温措施。为减轻苦味,可进行软化栽培。

三十二、根甜菜

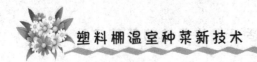

根甜菜又名紫菜头、红菜头。是藜科甜菜属甜菜种中的一个变种，能形成肥大的肉质根，含有丰富的糖分和无机盐，可生食、熟食和加工。它是欧洲、美洲国家的重要蔬菜之一。中国和日本等国有少量栽培。

根甜菜皮肉均为紫红色，色鲜艳，肉质根有球形和扁圆形等。扁圆形的品质好，茎短缩，叶卵圆形，有明显光泽，长叶柄，柄、叶均紫红色。春秋季均可栽培，土壤温度稳定在8℃以上即可播种，直播或育苗移栽均可，但以育苗移栽较好，生长适温为20℃～25℃，适于北方春、秋季小棚和地膜覆盖栽培。品种如下。

克鲁斯比(Crosbr)

早熟品种，生长期60天，表皮光滑，红色，根肉红色，切片可生食、凉拌。较耐寒，适应性强。最好选富含有机质、疏松、湿润、排水良好的壤土、沙壤土或黏壤土栽培。

三十三、佛手瓜

我国栽培佛手瓜的面积越来越大，市场上甚至一年四季都能买到佛手瓜，已成为我国人民餐桌上普遍食用的蔬菜之一。在我国栽培的佛手瓜，有2个栽培品种。

(一)绿皮佛手瓜

绿皮佛手瓜(饭性)，生长势强，蔓粗壮而长，结瓜多，丰产性好。瓜个体长且大，有刚刺，皮绿色，品质饭性。云南、四川等地栽培较普遍，河北、山东、北京等地也已引种多年。

(二)白皮佛手瓜

生长势较弱。蔓细而短，结瓜少，瓜型也较小，产量相对较低。瓜皮白色，光滑无刺，组织细密，糯性品质，味道较好。云南、广东、浙江等地栽培较多，北方各地栽培较少。

三十四、羽衣甘蓝

羽衣甘蓝是十字花科芸薹属甘蓝的另一个变种。采收其羽状嫩叶供食用。其叶片较厚，叶柄长，柄长约占全叶的 1/3。叶为长椭圆形，边缘羽状分裂，裂片互相覆盖而似皱褶。

羽衣甘蓝的品种很多，有叶色艳丽、姹紫嫣红的，可作观赏或西餐拼盘、配菜用，也是城市美化环境的很好的观赏植物，当然也可用作庭院养花、美化居室等。品种还有红莲花、红牡丹、黄牡丹、白牡丹、紫凤尾、白凤尾等。这里重点介绍一些食用栽培品种。

（一）沃　特　斯

从美国引进。可用于市场鲜销以及加工备用。植株高度中等，生长旺盛。叶色深绿，无蜡粉，嫩叶边缘卷曲成皱褶，密集成小花球状，绿色。耐贮性强，耐寒力很强，耐热性良好，耐肥，抽薹晚，采收期长。除在设施内栽培外，也可在春、夏、秋季露地栽培。播种至收获约 55 天，如果管理得好，春种后能一直延续采收到初冬，产量很高。

（二）阿　培　达

从荷兰引进的一代杂交良种。植株高度中等。叶片蓝绿色，卷曲度大，外观丰满整齐，品质细嫩，风味好。其抗逆性很强，适于设施园艺和露地栽培。产品经加工后能保持鲜绿的颜色和独特的风味。

（三）科　伦　内

从荷兰引进的杂交一代早熟种。植株高度中等，生长迅速而整齐。耐寒力强，高耐热性，又耐肥水，极易栽培。南方一年四季均可种植；北方地区如加强管理，可从 3 月中旬一直延续采收到 10 月上中旬，产量高，品质优。

（四）温 特 博

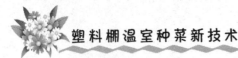

从荷兰引进的优良杂交一代。植株高度中等。叶色绿，叶缘卷曲皱褶。生长茂盛，耐霜冻力强。我国南方地区可秋、冬季节实行露地栽培，供应市场；黄河以北地区冬季也可用不加温温室、改良阳畦等设施园艺栽培。

（五）穆 斯 博

从荷兰引进的杂交一代良种。植株高度中等，生长茂盛。叶缘卷曲度大且美观，绿色。耐寒力和耐热力均较强。适于南方全年栽培及北方春、秋露地栽培和设施栽培。和其他品种比较，出现黄叶的现象比较少。

三十五、西　芹

西芹是西洋芹菜的简称。原产于地中海沿岸及瑞典等国，是西方国家培育和普遍栽培的蔬菜品种之一。之所以叫西洋芹菜，是与我国原产的本地芹菜有所区别之意。西芹是芹菜的一个品种类型，是大型芹菜，质脆嫩，纤维少，略具芳香味，其芹菜的特殊香味比中国芹菜淡。特别是它具有降血压之功效，所以更受众多高血压人群的欢迎，加之产量高，种植面积越来越大。

（一）高优它 52-70

从美国引进。植株较高大，高达 70 厘米。叶片大，色深绿，叶柄肥大宽厚，基部宽 3～5 厘米，第一节长度 27～30 厘米。叶柄呈圆柱形，抱合紧凑，纤维少，质地脆嫩，品质好。抗病性强，如对病毒病、叶斑病、缺硼症等抗性较强。从定植到收获 80～90 天。产量较高，平均单株重 1.5 千克，一般每 667 米^2 产量可达 7 000 千克；设施园艺栽培因适温时间较长，每 667 米^2 产量可达 10 000 千克。

(二)文 图 拉

又称加州王。从美国引进。生长势旺盛,植株高大,达 80 厘米以上。叶片大,色绿,叶柄绿白色,有光泽,基部宽 4 厘米左右。第一节长 30 厘米以上,叶柄表面光滑,有光泽,纤维少,品质脆嫩。对枯萎病、缺硼症抗性较强。生长期 100～115 天,从定植至收获 80 多天。单株重 2 千克以上,每 667 米^2 产量 7 500 千克以上,高产的可达 10 000 千克。

(三)嫩脆芹菜

从美国引进。植株高度 75 厘米以上,生长紧凑。叶片绿色,较小,叶柄宽厚,呈黄绿色,基部宽 3 厘米以上。叶柄第一节长度 30 厘米以上,叶柄抱合紧凑,有光泽,纤维少,品质脆嫩。抗病性中等。生长期 110～115 天,从定植到收获 90 天。平均单株重 2 千克以上,一般每 667 米^2 产量 7 500 千克,高产的可达 10 000 千克。

(四)美国白芹

从美国引进。黄色品种。株型直立,生长紧凑,植株高约 60 厘米。叶柄第一节长 20 厘米。叶片黄绿色,叶柄黄白色,基部宽 2.5 厘米,纤维少,品质嫩。适应性较强,设施园艺栽培时容易自然形成软化栽培。收获时植株下部的叶柄全部形成象牙白色,商品性好。一般定植后 85 天收获。单株重 0.25～1 千克,每 667 米^2 产量 5 000～7 500 千克。

(五)荷兰西芹

又称京芹 1 号,是经过改良的品种。植株粗壮直立,株高 70 厘米左右。叶片和叶柄均为绿色,叶柄组织充实、宽厚,生长挺直,质地脆嫩,单株重 1 千克以上。栽培适应性广,耐寒性强,不太抗热。适宜于设施园艺栽培,春季露地栽培不易产生抽薹现象。

(六)意大利冬芹

从意大利引进的高产、优质芹菜新品种。植株生长势强，株高约85厘米，单株重250克左右，叶柄粗大，实心，叶柄基部宽约1.2厘米，厚约0.95厘米，质地脆嫩，纤维少，药香味浓。既能耐-10℃的短期低温，也能耐35℃的短期高温。适用于我国南方和北方广大地区栽培，特别适于我国北方地区设施园艺的中小塑料棚和改良阳畦、不加温温室栽培。

(七)意大利夏芹

20世纪70年代中国农业科学院从意大利引进的品种。植株生长势强，叶柄直立向上，株高90厘米左右。叶片肥大，绿色，叶柄基部宽约1.6厘米，厚约2.2厘米，质地致密、脆嫩，纤维少，品质优，药香味浓。生育期100～120天。单株重650克以上，每667米^{2}产量6500千克以上。抗病，抗热，不易抽薹。适于春秋季设施栽培。

(八)佛罗里达683芹菜

从美国引进的品种。植株高55～60厘米，株型紧凑，呈圆筒形，叶色深绿，叶柄绿色，肥厚、光滑，长30厘米左右，基部宽3厘米以上，叶柄第一节长25～29厘米。品质优良，纤维少，质嫩脆，味甜美，容易软化，净菜率可达70%以上。抗茎裂病和缺硼症。缺点是，栽培时易早期抽薹和不易抗黑心病，耐寒性也差。一般生长期110～115天。在欧美各国已大量推广栽培，我国在广州、北京等地区表现良好，产量较高，每667米^{2}产量7000千克左右，单株重1.5千克以上。

(九)康乃尔619芹菜

从美国引进的黄色类型的品种。植株较直立，株高60厘米以上，叶色淡绿，叶柄黄色，较宽厚，第一节长24厘米左右，纤维少，质地嫩脆。抗茎裂病、缺硼症，易感软腐病。容易软化栽培，软化后呈象牙白色，十分诱人。一般生长期为100～110天，单株重1千克以上，每667米^{2}产量6 000千克以上。

（十）美 芹

1981年从美国引进，经中国农业科学院蔬菜花卉研究所试种、筛选而成。现已在福建、广东、江苏、北京等省（市）推广栽培。该品种的植株粗大，株高90厘米左右，开展度为42厘米×34厘米。叶色深绿，叶柄绿色，长达44厘米左右，宽2.38厘米左右，厚1.65厘米左右，叶鞘基部宽3.92厘米左右，实心，质地嫩脆，纤维极少。在栽培行株距25厘米×25厘米条件下，平均单株重1千克左右，适于生食和熟食。晚熟，生长期100～120天，耐寒又耐热，且耐贮。轻微感染黑心病，不易抽薹。行株距25厘米×25厘米，每667米^{2}栽8 000～9 000株。营养生长期需保证肥水充足，才能充分发挥单株高产的优势和产品的脆嫩品质。要适时收获，迟收会造成老化，出现空心。

三十六、香 椿

香椿是我国独有的木本特菜，主要是食用越冬休眠后春天抽发的嫩芽。但是随技术水平的提高和市场需求量的增加，生产者除了在春天收取自然条件下生长的香椿嫩芽外，现在一年四季均可培育，周年供应香椿芽菜。如秋冬季利用温室、日光温室采取囤栽香椿的方法生产香椿嫩芽，采用种子在人工控制温湿度条件下生产香椿嫩芽等，可随时生产和供应市场。

（一）品种分类

香椿的品种据香椿初出的芽苞和幼叶的颜色可分为紫香椿和绿香椿2类。一是紫香椿。树冠比较开阔，树皮灰褐色。春天芽苞呈紫褐色，初生幼芽为褐红色，油亮，光泽好，香味浓郁，纤维少，含油脂多，品质佳。主要代表品种有红油椿、黑油椿。二是绿香椿。树冠直立，树皮青色或绿褐色。芽的香味比较淡，色泽不如紫香椿，含油脂较少，品质稍差。但抗寒性能较好，北方栽培面积较大，绿香椿产量占我国香椿总产量的一半。主要代表品种为青油椿。

（二）品种选择

长江流域以南低海拔地区，如福建、江西等地的品种，抗寒能力差，不宜引种到北方种植；云南高海拔地区的品种，抗寒力较强，可试种后再引种；黄河流域及北方地区形成的品种，抗寒、抗旱能力强，北方可直接引种，尤其是山东、安徽、河北等地的品种，在长期栽培驯化过程中已选育出抗寒、抗旱能力很强的品种性。

（三）适于北方地区栽培的优良品种

1．红香椿　初生芽为棕红色，鲜亮。基部及复叶下部的小叶带绿色，芽脆嫩，多汁少渣，香气浓郁，味甜，无苦涩味，品质上等。代表品种有：山东省沂水县的红香椿，河南省焦作市的红香椿，云南省的红油椿。这些都是栽培集中、历史悠久的品种。

2．黑油椿　初生的芽苞及嫩叶呈紫红色，油亮，光泽好。复叶下部的小叶表面黑绿色，背面黑红色，芽苞向阴面紫红色，向阳面带有绿色，生食无苦涩味，品质上等。此品种在安徽省太和县、颍河两岸栽植较多，历史悠久，为当地主栽品种。

3．青油椿　初生芽苞及嫩叶呈紫红色，6～7天变为绿色。仅芽苞尖端和复叶前的数对小叶为淡褐色，油亮，芽脆嫩，多汁少渣，味甜，香味淡，品质中上。发芽率高，抗寒性较强。也是安徽省太和县的农家品种。与青油椿相近的有红芽绿香椿，但品质次于青油椿。

南方各省有许多地方品种，栽培历史悠久，形成了对当地自然条件的适应性，若要引种到北方种植，应注意试种，避免盲目地大面积引种，以免遭受损失。

第三章 育 苗

在蔬菜栽培过程中，除直播以外，育苗是一个重要环节。能否育出壮苗，是能否获得高产、优质、高效益的首要条件。

育苗是把优良的种子播种在经过人工整理或附设有保温、防寒、防雨或遮阴条件的育苗床中，经人工调控温、光、水、肥、气及防治病虫害后培育成有一定大小的幼苗，按作物最适宜的栽培密度，定植到露地或设施园艺中的基础工作。育苗的优点是：便于合理地使用土地，减少土地浪费；便于人工控制育苗环境条件，培育出壮苗；还可充分利用生产季节，做到缩短苗龄，延长生育期，提早或延后收获，以便提高产量、产值；也有利于调节劳动力，不误农时等。

育苗的目的是培育出壮苗。壮苗标准虽因各类蔬菜而不同，但总体形态特征应达到：茎秆粗壮，节间较短，高度适当；叶片肥大而厚，叶色正常偏浓；根系发达，色白且粗；植株生长齐整，干物质含量高；有子叶的蔬菜子叶完好；无病虫害等。这样的苗定植后缓苗快，生长旺盛，抗逆性强，是丰产、优质的基础。自古有："有钱买籽，没钱买苗，壮苗一半收"之说。说明在蔬菜生产中培育出壮苗的重要性。

具体壮苗指标：一般可据幼苗茎的粗细、叶色、根系发达程度来判断；也可以用秧苗的叶面积、干物重、地上部和地下部的重量比值、茎叶重和茎高的比值等加以权衡。可用下列公式计算：

壮苗指标＝(茎粗/茎高＋地下部重/地上部重)×全株干物重

第一节　育苗方式

一、露地育苗

指育苗场地建在露地条件下进行育苗的方法。但因各地气候条件不同，为了安全育苗，其苗床虽然建在露地条件下，但往往要加附属设备。

(一)露地风障育苗

一些较耐寒的蔬菜种类，如洋葱、小葱、莴笋、甘蓝等，在秋、冬季节育苗，苗床设在露地条件下，北方地区为了减少大风伤苗或过低温度冻伤苗，往往要设风障防风、防冻害，增温保苗。若在夏季育苗，由于阳光曝晒、土温过高，有些喜冷凉的蔬菜，也会造成出苗不好，或出苗后造成死苗多、长不好，如芹菜育苗等，则采取倒设风障，即风障设在南侧，或搭凉棚遮挡住一部分阳光，造成阴凉环境，防止太阳曝晒、土温过高造成伤苗。

(二)露地遮阴、防雨育苗

在高温、干旱、烈日或雨水多的季节育苗，小苗常因烈日曝晒、高温烤苗或雨水冲砸秧苗等原因的影响，很难出齐苗、出壮苗。如能在苗床上搭设凉棚，避免烈日曝晒、高温腾烤和雨水直接冲砸秧苗，也能更有把握地育出壮苗。即在苗床播种后，在苗床四周用粗细合适的竹竿或木桩搭设高 1 米以上的支架，上面盖塑料薄膜，形成四面通风的凉棚，如用芦苇、竹竿作覆盖物，凉棚架要搭成北高南低稍有倾斜，以便雨水向南边流入沟渠，而且凉棚覆盖面要大于床面 15～20 厘米，确保四周苗遮阴、防雨。另外，覆盖物要疏散，不宜过多，能形成花阴凉即可，如果遮阴太多，虽防了雨水、曝晒，但缺少阳光，幼苗反而会长得不壮或出现徒长。所以，遮阴要适度。

(三)露地平畦与高畦育苗

平畦与高畦指育苗床高低。在北方和干旱地区,雨水少,育苗过程中要常浇水,苗床做成平畦,即苗床在畦埂内,浇水、追肥时在畦头开一进水口,即可方便漫灌。相反,南方地区或雨水多的季节育苗,为防雨水危害,则苗床多做成高畦,便于排水、防涝,有利于育出壮苗。

露地育苗,苗床在自然条件下,因此,不管育苗采取哪一种方式,都必须选好育苗场地,精细整地,做到床土平整细碎,施足腐熟农家肥,适当增施氮、磷、钾肥,做到防高温、曝晒和雨水冲砸苗床,注意及时防治病虫,种子细小出苗较困难的品种,播种后的覆土要用过筛细土或细河沙,还要因天、因地、因苗,随时注意调整管理措施,做到精细管理,才能培育出壮苗。

二、设施园艺育苗

指习惯说的保护地育苗,实质就是在各种设施条件下的育苗。

(一)阳畦育苗

这种育苗方式,是我国南北方冬、春寒冷季节普遍采用的传统育苗方式。但在经济较发达的地区使用这一育苗方式的面积越来越少,因为这种方式,仍然在半自然状态下作业,劳动强度大,费时、费力,而且受自然气候因素影响大,较难做到按计划、按时育出足够的壮苗。只有经验丰富的育苗把式和责任心很强的管理者,才能管好这种方式的育苗。

阳畦育苗为冷床育苗,对于喜温的蔬菜,如茄子、甜椒、番茄、黄瓜等品种,易受土温、气温偏低的影响,难于培育成壮苗。常采用 2 种办法提高地温。一是在土地未进入冻结期以前,先打好阳畦,夹好风障,把畦内的土挖深 20～30 厘米,并把土堆放在阳畦内靠北帮部位,让它熟化、烤土,在育苗前半个月左右,再把畦土重新分次、分层放落畦内，最后施足农家基肥，拌匀肥土，整平，浇水，播种。另一种方法是采用酿热物来提高地温，即采用马粪、垃圾、稻草等作肥，靠发酵过程放热增加土温。但酿热物要先堆沤一段时间后再施入苗床内。如新鲜马粪等土杂肥直接用在苗床内，又在施用后很快播种的话，易出现温度偏高造成烧籽、烧根，引起缺苗。做法是：把床土挖深至 30～50 厘米，加入酿热物，上面铺施 15～20 厘米厚的肥沃床土，然后按常规育苗程序播种、育苗。

（二）塑料棚育苗

利用半拱圆形塑料小拱棚（又称改良阳畦）、塑料中棚（又称塑料温室）、塑料大棚进行育苗和分苗。塑料大棚因保温较差，空间大，在北方地区的冬、春季育苗时，需用炉火加温，并多作为耐寒蔬菜的分苗场地培育成苗使用，若苗床温度偏低，还可使用电热线加温温床育苗。不论北方、南方，在温度达不到育苗温度要求时，都可以加盖塑料小拱棚或在小拱棚上加盖草苫，提高保温效果。夏秋季育苗，不论南方还是北方，都可利用大、中、小塑料棚来育苗，比露地育苗方式，技术应用又进了一步，既有利于做到科学管理，也减少了自然因素造成的危害，这是育苗手段、条件的改善。

（三）温室育苗

加温温室育苗，是北方寒冷地区冬、春季育苗的重要方式，冬季生产用苗和早春中棚、大棚栽培的喜温蔬菜，均得用加温温室育苗。温室建造虽投资大、生产成本高，但安全性、保温性较好，除了用于高产值蔬菜的生产外，主要用于设施园艺早熟栽培，产值高的茄果类、瓜类、豆类蔬菜育苗，或者用于春播育子苗，而分苗于日光温室、中棚等场地培育成苗，因子苗与分苗用的面积比为 1∶5～8，用加温温室分苗，势必造成浪费。夜间不太冷的地区，采用日光温室育苗，夜间加扣塑料小棚、草苫加强保温。只要根据天气、苗情和设备，灵活调控光、温、水、气等条件，就能保证培育出壮苗，育苗成本相对较低。

第二节 育苗方法

一、常规育苗方法

常规育苗也称普通育苗，也就是育地苗。其技术要点介绍如下。

（一）精选种子

育苗播种前，种子必须晾晒，精选，剔除腐烂、破损、瘪粒、小粒、畸形粒、虫蛀的种子，以达出苗率高、出苗整齐、长势强的种子条件。

（二）种子消毒

1. *干热法消毒* 对温度耐受力强的种子，可用干热法进行消毒，如番茄种子精选后，经充分晾晒，使其含水量降至7%以下，再放入烘箱内慢慢升温到70℃～73℃，保持干热消毒4天后播种，可防治番茄溃疡病、病毒病等。

2. *热水浸种消毒法* 表皮比较坚硬的种子，如菠菜、茄子、青椒、黄瓜等种子，能耐较高的温度。把种子徐徐倒入70℃热水中，边倒边搅拌，水温降至30℃时停止搅拌，然后按不同种子所需浸种时间（见下面浸种催芽部分）浸种，然后捞出稍晾，即可催芽、播种。此法能杀死部分种子表面携带的病菌。

3. *药液消毒法* 能杀死种子表面携带的病菌。一是防治番茄病毒病。先把种子放在清水中浸泡3～4小时后捞出稍晾干，用10%磷酸三钠的0.5%溶液，或用2%氢氧化钠溶液浸种，均浸20分钟；也可用40%甲醛溶液或高锰酸钾200倍液浸种20～30分钟，捞出后用清水反复冲洗干净即可催芽。二是防治甜椒炭疽病、细菌性斑点病。将甜椒种子清水浸种4～6小时后，放入1%硫酸铜溶液内浸5分钟，然后捞出用清水冲洗干净，即可催芽。三是防治黄瓜炭疽病、枯萎病。将黄瓜种子清水浸种3～4小时后，放在40%甲醛100倍液中浸种20分钟，捞在湿布包、盆、钵中，密闭闷种2～3小时，然后用清水冲洗干净，即可催芽。

4. 药粉拌种消毒　用福美双、克菌丹、多·福、百菌清等农药的可湿性粉剂，用种子重量的0.3%农药拌种，可防治猝倒病。即浸泡后（如茄子浸种8小时）的种子，捞出晾至能散开时，用药粉拌种，使种子表面均匀粘上药剂，即可播种。药粉拌种的种子，通常采用直播，不进行催芽。

（三）浸种催芽

一般用50℃～55℃的温水浸种，即边倒种子边搅拌，水温降至30℃左右时停止搅拌，再继续浸泡。浸种时间的长短，因种子大小、种皮厚薄、吸水难易而不同，具体品种的浸种时间见表3-1。除小白菜、小油菜、茼蒿、菠菜等在浸种后直播，或用干籽直播的蔬菜外，其他蔬菜种子多采用催芽。将已浸泡好的种子捞出冲洗干净后，用湿纱布、麻袋片、毛巾等包裹好，放在洁净的泥瓦盆、木箱、竹篮等容器中，放置在适温处催芽。热源有温室火道、农村热土炕、炉火附近或电热催芽室。要经常翻动催芽种子包，避免受热不均匀，并要保持催芽种子包的湿润，避免将种子烤干或烤焦。待种子60%露白时（有的可待胚芽达籽粒长度）便可播种。如能将催芽后的种子放在10℃～12℃的低温下放置一段时间，可提高出芽整齐度和生活力，更利于培育壮苗。

表3-1　主要蔬菜品种的浸种时间、催芽温度及催芽天数

蔬菜种类	浸种时间（小时）	催芽温度（℃）	催芽天数（天）
黄　瓜	4～6	25～30	1.5～2
冬　瓜	24	28～30	6～8
南　瓜	4～6	25～30	2～3

续表 3-1

蔬菜种类	浸种时间(小时)	催芽温度(℃)	催芽天数(天)
西葫芦	4～6	25～30	2～3
丝瓜	12～24	25～30	4～5
瓠瓜	24	25～30	4～5
苦瓜	24	30左右	6～8
蛇瓜	24	30左右	6～8
番茄	6～8	25～27	2～4
甜椒	4～6	25～36	5～6
茄子	24	30左右	5～7
甘蓝	2～4	18～20	1.5
花椰菜	3～4	18～20	1.5
苤蓝	3～4	18～20	1.5
茼蒿	8～12	20～25	2～3
芹菜	36～48	20～22	5～7
菠菜	10～12	15～20	2～3
莴笋	3～4	20～22	—
矮生菜豆	2～4	20～25	2～3

(四)播　种

在施足腐熟农家肥、掺匀肥土、搂平床面、平整土壤、浇足底水的苗床上，撒一层过筛细土，即可播种。籽粒小的蔬菜如茄果类、甘蓝类等采用撒播，大粒的种子，如瓜类、豆类蔬菜，宜按行株距要求点播。播后覆土，小粒种子覆过筛细土 0.5～1 厘米厚；点播的大粒种子可覆过筛细土 2～3 厘米厚。也可一边点种，一边用“抓土堆”形式覆土，待全畦点种完毕后再均匀撒上一些土，覆土厚薄要均匀。

(五)温度管理

播种时应选晴暖天进行,播种后立即盖好薄膜保持苗畦尽可能高的温度,改良阳畦育苗,白天可充分利用阳光,使苗床温度提高到25℃~30℃,夜间盖双层草苫保温。如果是温室育地苗,地温不够高时,播种前先加温烤地,以满足育苗温度要求。播种后根据各种蔬菜对温度的要求,用调节通风口大小和时间长短及盖蒲苫厚薄等来控制温度。几种蔬菜育苗温度管理指标见表3-2。不同幼苗阶段除昼夜温差尽量扩大外,还要实行变温管理,以利培育壮苗,如播种后为了尽快出苗或者分苗后未缓苗之前,温度要高些;出苗后(80%种子出土)或缓苗后,为使幼苗慢长,提高幼苗素质,则温度要逐步降低,以防徒长或出现瘦弱苗。到定植前应进一步降低温度,实行低温炼苗,使幼苗在定植后能适应自然气候环境而正常生长。育苗期间和炼苗期内,只要不冻苗,温度尽可能低些,白天有太阳时尽可能多晒太阳;阴、雨天应在防止冻苗的前提下,注意通风换气进行低温管理,以减少养分消耗。

(六)覆土保墒

冬、春季育苗由于气温、土温较低,蒸发量少,不宜多浇水,在播种前浇透底水的基础上,主要靠保持表土疏松、减少毛细管水分蒸发,来保持土壤水分以满足幼苗需要,只有十分缺水时,才适当浇水补充。可用多次覆细土的方法来维持表土疏松,一般育苗期要覆土3~4次,第一次在幼苗开始"弯弓"拱土时进行,除保墒外还能减少种子带帽出土;第二次在幼苗出齐后进行;第三次在间苗后进行。此外,当苗床出现裂缝时也要进行覆土,每次覆土厚3~5毫米。

表 3-2 黄瓜、番茄、结球甘蓝育苗不同阶段的温度管理

蔬菜种类	育苗阶段	适宜温度(℃)	
		白 天	夜 间
黄 瓜	播种后	30	15～16
	子叶展平至 1 叶 1 心	25	14～15
	1 叶 1 心至 3 叶 1 心	25～30	10 左右
番 茄	播种至齐苗	25～30	>10
	齐苗至分苗前	20～25	>10
	分苗前 1 周	15～20	3～5
	分苗至缓苗	20～25	10 左右
	缓苗后	15～20	3～5
	定植前 1 周	15	2～5
结球甘蓝	播种至出苗	20～25	>10
	前 期	14～16	3～5
	后 期	10～12	>0

注:1. 此表所列 3 种蔬菜基本上能代表瓜类、茄果类和较耐寒类蔬菜;
2. 育苗方式指冬春季阳畦育苗。

(七)间苗和定苗

为保证用苗数量,在播种时往往加大播种量,出苗密度大,因此,在齐苗后要进行 1～2 次间苗,拔掉过密、弱小、叶色不正和病、虫苗。一般茄果类、甘蓝类幼苗长至 2～3 片真叶、瓜类幼苗长至 1 片真叶时进行分苗。间苗、分苗淘汰大量劣质苗,扩大了秧苗的营养面积,并改善了光照、通风条件,也利于促进幼苗的花芽分化(茄果类蔬菜),便于培育出早熟、高产、优质的壮苗。分苗时苗距需保持 8～10 厘米见方的营养面积,其中瓜类蔬菜要偏大些,茄果类、叶菜类可偏小些。分苗时或分苗后必须及时浇水定根,以利缓苗。冬春季节分苗时天气较冷,多采用浇暗水,即一边分苗一边用

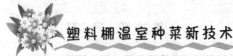

勺、瓢浇苗根，然后覆土，而不是栽后开畦口漫灌。

（八）中耕和追肥

分苗浇水后，为提高地温促进缓苗，须中耕破除表土板结，深度以不松动根为宜。一般蔬菜育苗基肥充足，不再追肥，但为了促进壮苗或早熟，可适当进行根外追肥，如喷施0.1%～0.2%尿素液肥，或0.3%磷酸二氢钾液肥。若能喷施真正优质的叶面肥，每7～10天喷施1次，效果甚好。

（九）幼苗锻炼

为提高幼苗抗逆力，栽植后能适应自然气候环境条件，应人工控温炼苗。距定植7～10天为炼苗期，白天可充分利用阳光使气温达到30℃左右，晚上保持低温条件，逐渐降至自然气温（以不冻坏苗为限），逐渐减少薄膜、玻璃、草苫的覆盖，直到不覆盖。瓜类苗最低可降到5℃～7℃，一般要求8℃～12℃；茄果类苗低到2℃～5℃，叶菜类只要不冻坏即可。幼苗白天可锻炼到10～16时出现萎蔫状态，叶色黑绿，叶肉加厚，番茄苗叶尖和茎呈紫红色。使植株干物质含量高，抗逆力增强。但炼苗期间要注意天气预报，防止出现冻苗，防止出现过度干旱，以免出现小老苗和“花打顶”现象。在设施园艺内定植的幼苗，因温度能控制，不易出现低温危害等。只要短期控水、炼苗，无须大炼苗。

（十）病虫害防治

常规育苗的多发病有猝倒病、立枯病、枯萎病、沤根、烧根等，有些发生霜霉病。除了播种前做好种子处理和选用相关农药进行苗床土壤消毒外，可根据发病情况，有针对性地进行药剂防治。常发生的虫害有蚜虫、蛴螬、蝼蛄、白粉虱等虫害及鼠害等，也要有针对性地防治或诱捕杀灭。

二、营养土方育苗

取肥沃的菜园土、腐熟的农家肥和化肥等，按一定比例混合均匀，加水制成土方或装入钵内，用于蔬菜育苗，叫营养土方育苗。

(一)营养土的配制

育苗营养土配制完毕后要求达到坚而不硬、松而不散，并富含各种营养。氢离子浓度100～316.3纳摩/升(pH值6.5～7)之间。一般用过筛的腐熟农家肥料，如马粪、堆肥等和肥沃的菜园土按4∶6或3∶7体积混合成，再加0.1%过磷酸钙、麻酱渣、硫酸铵或磷酸二铵、草木灰等。各地土质不同，配比可以调整，只要能达到要求便可。

(二)营养土方的种类

有圆柱形和方柱形2种。土方大小要根据蔬菜种类、是否分苗和育苗场地多少而定。一般瓜类苗用8～10厘米见方，茄果类等用6～8厘米见方的营养土方，土方高8～10厘米；按土方的制作可分为人工切土方和机械制土方2种。人工土方又可分为和大泥法和干踩法2种，营养土混合均匀后加水，铺10厘米厚，再将表面摊平，切成需要大小的方块，如用作直播种子的土方，中间打眼可浅些，如用分苗，扎眼要深些。干踩法制土方，是将配好的营养土，铺厚8～10厘米踩实，再浇水、切方。机制土方，用制方机械压制成圆形或方形块，可以现做现使用，也可在农闲时制出，晾干，贮存到育苗时使用。

(三)营养土方育苗技术要点

第一，营养土方可用作播种，也可用作分苗。用作播种时盖土要深浅一致；用作分苗时要选好苗，栽得深浅一致。

第二，适时搬坨。黄瓜幼苗长至2片真叶、番茄幼苗长至2～3片真叶时，或在分苗后3～5天内，为了提高地温，促进发根和缓苗，要及时搬动苗坨，以免根系长进土方下的土层中。随着幼苗生长，应逐渐加大苗坨距离，并把大苗移到较凉的部位(温室靠南边部位)。小苗移到较暖的部位，使同批苗长得整齐一致。

第三，营养土方的营养比较充足，一般不再追肥，但浇水量与次数比地苗要多得多，管理上有“控温不控水”的说法。土方育苗主要通过控温达到防止幼苗徒长，只在土方干燥或苗显出需水时才可喷水，浇(喷)水量以洇透土方且不散坨为宜，使用自来水或室内贮水最好，自然河水水温低，要防止浇河水闪苗，最好在晴天上午，天气暖和时浇水。

第四，用土填充苗坨缝隙。随着幼苗生长，苗坨要逐渐加大距离，以利通风透光等，但苗坨移动后单摆浮放，苗坨容易失水、散热，所以移动苗坨后，苗坨间空隙要撒土填充，以利保墒、护根、保温。

三、无土育苗

无土育苗，是各地都在研究、探讨的一种新的育苗技术。是不用土壤育苗，而是用基质育苗护根，使用的基质有炉渣、草炭、沙子、锯末、炭化稻壳、蛭石、珍珠岩等，可单用，也可 2～3 种混用；场地可据不同季节选用温室、大棚和临时架设的遮阳棚(图 3-1)。

(一)无土育苗的特点

第一，基质来源广，能就地取材，材质重量轻，成本低，透气性良好。

第二，育出的苗根系发达，菜苗茁壮。比土壤育出的苗，茎粗大，叶片肥厚，干物质多，幼苗素质好。

第三，无土育苗由于基质经过消毒，又可避免土传病害，所以病害少。

第四，无土育苗省成本。土育苗需用大量农家肥，需整地、带土坨定植，劳动、运输量大，每个苗坨重达 0.5 千克，无土育苗不带

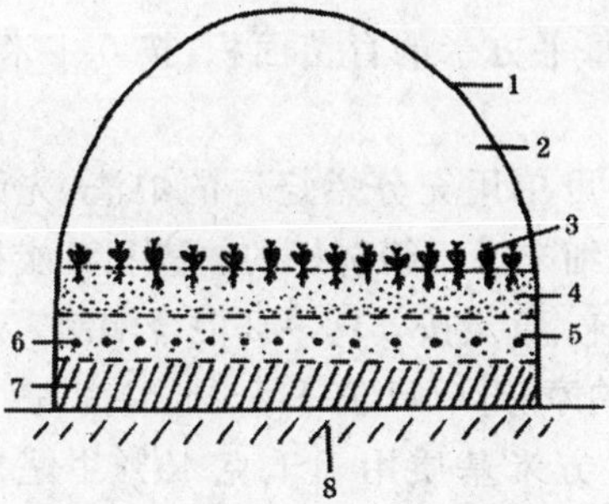

图 3-1 基质育苗横切面示意图

1. 塑料棚架、膜 2. 棚室空间 3. 基质苗 4. 合适基质层 5. 粗基质层 6. 电热线 7. 酿热物层 8. 生土层

土定植，1 个人能轻松携带 1 万株苗到田间。追肥用配制好的营养液，不流失，用肥量少；出苗率、成苗率、分苗及定植的成活率均高于有土育苗，可大大节省种子，均有利节省育苗用工、肥、种、劳力及运力，综合成本大大下降。

第五，由于无土育苗使秧苗根系发达，定植后缓苗快，幼苗素质好，生长发育快，只要定植后管理及时，均表现出早熟（5～7 天）和增产增收 15%～20%。

但无土育苗要注意基质不能连续使用，营养液配方要选配好，否则也容易传染病害或出现烧苗和营养不良问题。

（二）无土育苗的技术要点

1. 建育苗畦　在育苗场所，按 1.5～1.67 米宽、长度按地形和面积需要而定。挖 6～12 厘米深，用酿热物的挖 12～24 厘米深，然后整平，四周用土或砖块做成畦埂。

2. 铺垫农膜和酿热物　在畦内铺上农膜（可用旧膜），按 15～20 厘米见方打 6～8 毫米粗的孔，以便透气、渗水；除膜下的土中掺入酿热物外，有条件的单位，在膜上还可垫一层 5～10 厘米的酿热物，铺平踩实后，再在上面铺基质 2～3 厘米厚。

3. 铺设电热线　有酿热物的在其上面铺设电热线，没有酿热物的先在薄膜上垫 1～2 厘米厚的基质（如炉渣），再在其上面按每平方米面积 80～100 瓦的功率标准，铺设电热线（注意布线要均匀），通电检查线路无问题时，便可在电热线上铺 8～10 厘米厚的基质,以备播种。

4. 基质的配制与消毒　每平方米的育苗面积,按 0.1 米^3 准备基质。

(1)基质材料及其配制　可单用充分燃烧后的炉渣,先筛出 0.2～0.3 厘米的粗粒,冲洗掉细末。用筛选好的炉渣和草炭按体积 2∶1 混合,也可用炉渣、锯末、草炭按 5∶3∶2 混合配制。基质氢离子浓度以 316.3～3 163 纳摩/升(pH 值 5.5～6.5)为宜。

(2)基质消毒方法　每立方米基质用 1 千克 40%甲醛加水 40～100 升拌匀,密闭堆沤 2 天,然后摊开 2～3 周,待药味散失后使用,或用多菌灵 800 倍液喷洒基质表面,或每立方米基质拌入 7～8 克多菌灵,均能起到良好的消毒作用。

5. 基质掺入肥料　为解决基质养分问题,除使用不同配方的营养液用于不同的作物外,可在基质中加肥。基质＋1/200 三元复合肥,或基质＋1/200 膨化鸡粪,或基质＋2/3 的腐熟肥均可,但要掺和均匀。育成苗时,可加喷 0.3%磷酸二氢钾溶液 1～2 次,这样可以减少每天喷施营养液的工序。

(三)播种期与苗龄

无土育苗的苗龄比常规育苗的苗龄短,如番茄只需 50～60 天,甜椒和茄子只需 70～80 天,黄瓜要 36～40 天。可据不同作物的适宜定植期往前推算所需苗龄天数,以确定不同作物的播种日期。

无土育苗时的温度、水分、通风、炼苗、防治病虫等管理措施及调控方法,参照常规育苗法视作用不同而灵活运用,只要达到培育壮苗的目的,不必拘泥于某一统一做法。

四、营养盘、钵育苗

最近几年,全国各地采用营养盘、钵(图 3-2)育苗的单位日益增多,甚至不少地区代替了地苗。

(一)设备规格

我国还没有统一规格的配套产品,大体有如下几类。

1. 硬质塑料育苗盘　采用硬质塑料压模成型,多为黑色或浅灰色,是一种长方体硬塑料盘,一般长×宽×高为60厘米×30厘米×4~6厘米,盘底部布满小眼,供育苗时漏水、透气。装上营养土,抹平或切方,用于育苗和分苗均可。

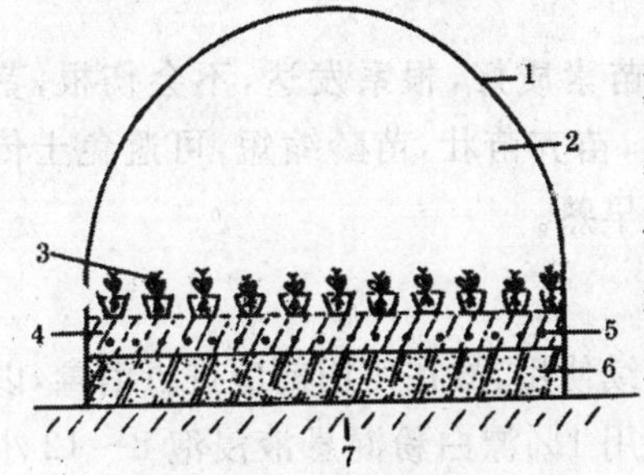

图3-2　营养钵育苗横切面示意图

1. 塑料棚架、膜　2. 棚室空间
3. 钵(盘)苗　4. 床土层　5. 电热线
6. 隔热层　7. 生土层

2. 软塑料营养钵　是用塑料压模的方法做成的,颜色多为黑色半透明和蓝色的,形状似圆锥体。用于蔬菜育苗的规格,一般是上口直径8~10厘米,底径6~8厘米,钵高8~10厘米,底部中间有一个1厘米左右小洞,便于育苗时透水、透气。一般来说,茄果类和叶类蔬菜育苗,选上口直径8厘米即可;瓜类育苗选用上口直径10厘米的为宜;花卉、林木育苗可选用大些的。营养钵育苗可用于直播或分苗。

3. 育苗纸钵　是用纸制成的一种营养钵。做成蜂窝状或方格状无底连格纸钵,可放在硬塑料盘中或地上的方木框内配合使用,以把单棵苗分隔开来,除育菜苗外,还可用于水稻的育秧。省成本,一次性用后可不回收,不产生污染环境,纸料还有肥料的功效。北京等地农民有时还用废报纸糊成10厘米左右直径的圆筒做育苗钵(无底),装入干营养土用于分苗。

4. 连格式的分苗盘　近年来,国内有些单位仿制国外产品,生产出多种连格式的分苗盘。有透明塑料、白色泡沫塑料分苗盘,每格5厘米×5厘米,可制成多种规格,用于各种蔬菜分苗用。

（二）营养盘、钵育苗的优点

第一，设备简单，可工厂化生产，可做到一次投资多年使用（除纸质的外）。

第二，可以实行营养土育苗，又可采用基质、浇营养液育苗。

第三，能在任何场地上设苗床使用，在温室、大中小塑料棚都可当育苗场地，操作管理方便。育苗盘、钵可随时移动，便于搬运，特别是成苗搬动方便。

第四，容易培育壮苗。幼苗素质好，根系发达，不会伤根，茎粗，叶大而肥厚，植株开展度大，苗齐苗壮，苗龄缩短，可避免土传病害，定植后缓苗快，利于争取早熟。

（三）使用注意事项

第一，营养盘、钵可多年连续使用，故在使用前应进行消毒，以免传染各种病害。消毒药剂可用1%漂白粉混悬液浸泡8～12小时。

第二，装营养土或基质，不宜装得太满，上口面应留1～2厘米深的容量，以便浇水时能承受一些水，否则不易浇透。

第三，营养盘、钵育苗，要特别注意及时浇水，除炼苗时控水外，其余时间几乎天天都要浇水，只要幼苗在白天出现萎蔫就及时浇，尤其是高温、干燥季节育苗，有时要早晚都浇水。

第四，营养钵分苗，最好边装土边栽苗。栽后把苗钵码放整齐，然后浇水，水要浇透且速度要慢，以免冲倒幼苗。

第五，使用营养盘、钵育苗，在定植时要浇透水，用右手拿钵，左手伸开巴掌，苗茎基部伸在中指食指间，翻转苗钵把苗坨倒在左手掌上，然后栽植。盘育苗可用铲起苗。如用基质不用土育苗时，可揪住苗把基质抖掉即可。育苗盘、钵用水冲洗干净，晒干，保存起来，一般可使用3～5年。

五、电热温床育苗

它是用一种特制电热线埋入土层10厘米深处，通电后使床土增温的方法培育幼苗，也可把电热线放在营养土方、塑料营养盘和钵、基质下面，直接给苗土加温。由于用电热加温，能创造出适宜的温度条件，再配合一定的良好设施和管理技术，能快速培育出壮苗。故又称为快速育苗法。这种育苗方式的规模，可根据育苗量、条件而定。

(一)电热温床育苗有关设备

1. 控温仪　用专用农用自动控温仪，控制所需的地温。

2. 电热线　能使电能转变成热能的电线，有专门生产厂家生产各种型号、规格的电热线可供选用。

3. 交流接触器　用于增大电负荷的一种电器设备。因控温仪的最大电负荷为10安培，只能负载2根5安培的电热线，超过2根电热线时就必须通过交流接触器来扩大电容量，使设备能正常工作。

4. 控制台或控制板　为了用电安全，需把电器、仪器安装在控制台上或安装在板上挂在墙上，包括开关、保险盒、信号灯等附属设备。

5. 其他附属材料　如电缆、插座、插头、电线、绝缘胶布等，以便随时保证安全用电和操作。

(二)做畦及铺设电热线

1. 育苗场地　利用原有塑料大棚、中棚、日光温室等作育苗场地，要认真整修，将土地翻耕、耙平，捣碎坷垃，接通水、电等设施。

2. 做畦　据播种和分苗的需要，按每平方米80～120瓦功率计算，做好苗床。

3. 营养土方、盘、钵、育苗畦　采用营养土方和塑料盘、钵育苗时，在做畦后铺好地热线，再撒细土、稻壳等物，把电热线掩埋住，然后摆上营养土方、盘、钵。如用无土基质育苗，则先做畦、铺酿热物和粗基质，后铺设地热线，再铺育苗用基质。常规育苗，在做好畦后，铺施腐熟、过筛农家肥。粪土比例 3∶7 或 4∶6 掺和均匀，再把畦土取出 10 厘米厚放在畦边，将畦底整平，铺上电热线，再回土、整平，以备播种或分苗。

4. 铺设电热线步骤　先用万能表检查每根电热线是否有折断、接头开焊等情况，不通电的不能用；在畦两头按 8～12 厘米距离均匀插牢一些木桩，3 人一组作业，两头各 1 个人拉线，中间 1 人在畦内来回放线，注意不要把电热线拉得太紧，两个线头要在同一侧以便接通电源。畦边热量散失快，线距可稍密些，中间保温好，线距可稀些，以便保持全畦温度均匀。摆完电热线后每隔 2～3 米横压一些土，固定位置。再检查电线，确认通电时，即可铺放营养土 2 厘米厚，注意不要移动地热线位置，留线头在畦外。埋完后把畦土整平、踩实，撒一层草木灰、白灰、稻壳等物作标记，以免起苗时把电热线弄坏、切断。然后再铺营养土至所需厚度 8～10 厘米，整平后待育苗。如育子苗，土肥厚 5 厘米便可。

（三）接电热线

一般是从变压器引出 3 根火线、1 根地线，把 3 根火线接到空气开关或三相闸刀的上触点，3 个下触点与交流接触器的 3 个上触点接好，其 3 个下触点分别与电热线任何一组相接。接时不管电热线有多少根，必须把全部电热线的 1 个引线头平均分成 3 组，每组分别与交流接触器的 1 个下触点连接，全部电热线的另一引线（尾线）都接在地线上。此接法称多线接法，也称星形接线法。控温仪接在交流接触器的副接触点上，一般用 220 伏单相电路相接。

如使用电热线的数量少，不超过控温仪的负载量 10 安培，可省去交流接触器，也不必引出 3 根火线，只引出 1 根火线、1 根地线接到育苗场即可。一般是将引进的2根线先接在单相闸刀的上接触点，其下接触点1根火线接到控温仪的输入接线柱上，输出接线柱则连接电热线一头引线，电热线的另一头引线与单相闸刀上的零线相接，这叫单线接法。2根电热线与1根电热线的接法相同。只要是电工，看这些电器的使用说明和图，都可以操作安装(图3-3)。

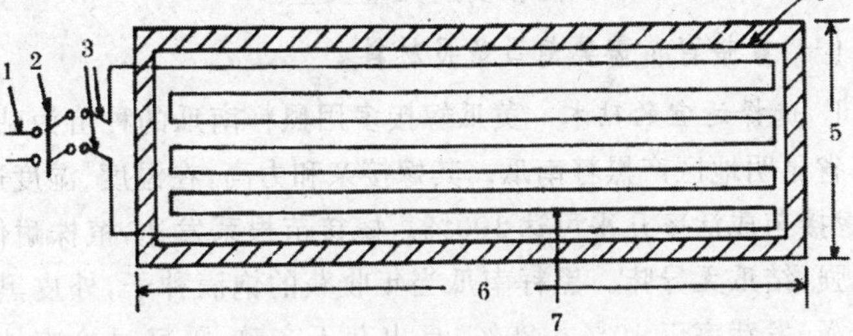

图3-3 电热温床示意图

1. 电源 2. 电流开关 3. 电热线引线 4. 育苗床畦埂 5. 育苗畦宽 6. 育苗畦长 7. 电热线在畦内设置形式

(四)电热温床育苗的特点

第一，电热温床育苗完全可以根据各种作物的需温要求控制地温，播种后出苗速度快，可采用干籽播种，不需浸种催芽。

第二，苗床可以预热，播后能根据需要很快升温。

第三，电热温床育苗，是高地温、低气温的育苗环境，有利于菜苗生长发育，提高幼苗素质。为减少电耗，以适温低限作为控温指标为宜。如黄瓜20℃左右，番茄15℃～18℃，茄子、甜椒18℃～22℃。播种、分苗后温度偏高一些；齐苗后、缓苗后温度偏低些；遇阴、雪天温度偏低些；幼苗进行锻炼时，温度由高到低，至停止加温。

第四，电热温床育苗，地温高，蒸发量大，所以浇水次数要多些，浇水量大些。一般要控温不控水和先促后控。

第五，用营养土地热线育苗，要起苗、囤苗。由于起苗伤根，所以起苗后囤苗的头 2 天可通电加温促伤口愈合，再撤温炼苗，这样可防止幼苗传染病害，变得更健壮。

六、嫁接育苗

利用嫁接技术培育蔬菜幼苗叫嫁接育苗。目前，嫁接育苗主要用于黄瓜、西瓜，以预防枯萎病大量发生。

（一）嫁接育苗需要的设备及材料

1. 选择适宜的砧木　黄瓜嫁接多用黑籽南瓜的种苗为砧木。云南省昆明地区产黑籽南瓜。其嫁接亲和力高，在温度、湿度适宜时，嫁接苗成活率几乎可达 100%。嫁接苗根系发达，植株耐低温能力强，结瓜无异味。黑籽南瓜当年收获的饱满种子，外皮黑色、有光泽，发芽率仅 10%～20%，且出芽不齐整，需经过冷冻处理，打破休眠期才能提高利用率。隔年种子，外形稍瘪些、褐色、无光泽，但发芽率高。千粒重 200～250 克，一般每栽 667 米^2 地要用 1～1.25 千克的黑籽南瓜种子。也有采用辽宁的南砧一号、佳木斯南瓜作砧木的。西瓜常用瓠瓜作砧木材料。

2. 接穗　可据各地情况就地使用优良品种作接穗。播种量要考虑嫁接成活率，一般比不嫁接播种量多些。

3. 嫁接用具　剃须刀片，供切削砧木和接穗用；固定砧木和接穗的专用胶带、胶片或小夹子；准备几个双楔面的小竹签，粗细与黄瓜下胚轴相同，切面要扁圆形，先端要锋利，可用来削去南瓜生长点和采用顶接法时使用。

4. 设备器材　嫁接后喷水用的喷雾器；培养砧木和接穗用的营养盘、钵、营养土；搭设棚架用的竹竿、铅丝；覆盖拱棚用的农膜。

（二）嫁接育苗的技术要点

以嫁接黄瓜为例。

1. *浸种催芽* 黑籽南瓜种子出芽慢而不整齐，可用55℃热水浸15分钟后再用30℃温水浸8～12小时，捞出沥干，用湿布包好放于30℃～31℃处催芽，36小时后每天检查出芽情况，把芽长0.5厘米的挑出，在10℃处或2℃～4℃的冰箱中暂存2～3天，以便集中播种。

黄瓜种子在50℃热水中浸15分钟后，放在30℃以下的温水中浸4～6小时，在25℃～28℃条件下催芽，20个小时能出齐芽。

2. *播种方法* 最好用塑料盘、钵播种，便于管理和嫁接操作。采用顶接法时，接穗要小，比黑籽南瓜晚播3～4天；采用靠接、劈接法时，接穗要稍大些，可比黑籽南瓜早播2～3天。黑籽南瓜先播种于塑料育苗盘中，再分苗于塑料钵中，以便于嫁接，或黄瓜播于盘中、南瓜直播于钵中。若用靠接，则黄瓜、南瓜可播种于同一钵中。

3. *提高嫁接成活率的做法* 要选晴天上午8时至下午4时进行嫁接。嫁接前1天浇足水，喷50%多菌灵可湿性粉剂500倍液杀菌。操作员把手洗净，用75%酒精消毒。操作时要手轻心细，切口整齐、大小合适，使砧木、接穗完全密合。熟练工每人每天可嫁接800～1 000株。

靠接法成活率高，但工序多，需用夹子或胶带固定，愈合后要切断黄瓜茎基部。当接穗苗的子叶展开、真叶吐出，下胚轴约5厘米长时，而砧木苗第一片真叶开展、下胚轴6～7厘米长时为嫁接适期。先取出南瓜苗钵，切去真叶，用竹签剔净生长点，离子叶节1厘米胚轴处向下斜切成约40°角的口，削入胚茎的1/3，切口长约0.6～1厘米，然后将黄瓜苗取出，离子叶节1.5～2厘米处向下斜削一刀，削入胚轴1/3～2/3深，长0.6～1厘米，使黄瓜的舌形楔切口与南瓜切口相吻合，两者子叶呈“十”字形，用小夹子从接穗一侧往吻合口夹好，注意避免夹压力量过大，将接穗挤出来，或用胶带条固定吻合口。然后把黄瓜苗的根埋上细土，再把苗钵放入拱棚内,浇水、盖农膜保温、保湿和防强光照射,靠接苗10天左右,在接口以下1厘米处剪断黄瓜的胚轴(即断根)。在断根前1天,先用手捏一下黄瓜苗的断根部位,破坏维管束,造成靠砧木供水,断根后可不经缓苗而成活。

劈接法,当黄瓜苗真叶吐出,南瓜苗第一片真叶已开展时为嫁接适期,取砧木苗去掉真叶及生长点,在子叶下1厘米处斜切一刀,切口长0.5~1厘米,深到胚轴的1/3;将黄瓜苗取出,在子叶下方削0.6~1厘米长的楔形口,去掉多余胚轴及根系,迅速插入砧木切口中,两者切口对准、对齐,子叶位置要呈“十”字形,然后用小夹子或胶带条固定住,再放在拱棚内浇好水,盖膜保温、保湿。

插接法,技术性更强,不用夹子、胶带条固定,但往往成活率较低。黄瓜苗子叶开展但未出真叶,而南瓜苗第一片真叶长1.5~2厘米时为适宜嫁接指标。将砧木苗去掉真叶和生长点,用竹签从右边子叶基部的叶腋处与子叶呈45°~60°角向左侧子叶下方、沿胚轴内表皮穿刺,至不穿破左侧子叶下部的胚轴外表皮为准,动作要求慢、准,可用左手食指轻轻顶住刺的方向至隐约感觉到要刺透表皮时,即恰到好处。取出黄瓜苗,用左手食指顶住2片子叶,在子叶以下1~1.5厘米处向下切一刀,切成斜面状,切面长0.6厘米左右;取出砧木中的竹签,随即将接穗插入砧木孔中,接穗斜切口朝下插,以砧木与接穗两者子叶平行又不穿透砧木胚轴外表皮为适度。用喷雾器给嫁接好的苗喷水,摆在拱棚内,盖严薄膜以保温、保湿,苗床也要浇水造墒。

4. 嫁接苗的管理　嫁接苗伤口愈合前,保持棚内相对湿度95%以上,3天内不揭膜通风,温度要求白天保持25℃~28℃,夜间保持20℃左右,白天阳光过强、温度过高时要遮阴降温,保持散射光即可。5~6天后逐渐加大通风、增加光照,温度白天保持24℃~25℃,夜间18℃左右,相对湿度降到90%左右。10天后即可撤除薄膜覆盖。定植前去掉固定嫁接用的夹子或胶带条。定植前 7～9 天进行低温炼苗，白天 19℃～20℃，夜间 12℃～13℃。随时剔除砧木腋芽萌发的侧芽。

注意检查，要看苗浇水，防止过干而影响幼苗生长；嫁接苗长势强，应逐渐扩大苗钵间距离，同时淘汰假活苗，因接穗插入时有可能接穗露在砧木表皮外，而容易长出新根扎入土内成自根苗，失去嫁接的意义，或接穗插得过低，也有可能长出新根成为自根苗，这些苗由于自己生根能自养，不形成黄瓜接穗南瓜砧木的嫁接，叫假活苗，均要切断黄瓜根或淘汰掉。

七、三室配套快速育苗

三室配套，是催芽室、绿化室和培苗室（分苗与成苗室）配套，组成小车间流水线作业，进行室内集中育苗。催芽室、绿化室、分苗室和成苗室面积按 1∶6∶36∶360 的比例配备。种子催芽出芽以后放在温室或日光温室内完成绿化阶段，然后在日光温室或拱棚、大棚内分苗，再培育成苗。

育苗的流程：

良种准备→精选→消毒→浸种→装盘→催芽→绿化→第一次分苗（小苗）→第二次分苗（栽钵）→培育成苗→炼苗

三室配套育苗流程的优点：采用车间式流水线作业，室内集中育苗，环境条件易于人为控制，以满足不同苗龄的条件要求，有利大批量培育出质量高、成本低、素质好的幼苗；可连续地、有计划地供应生产用苗；有利于建立专业化育苗企业，经营销售商品苗；育苗集中，统一管理，免受自然灾害的影响，种子发芽、出苗快，且苗齐、苗全，省种省工又省时，幼苗生长发育快，日历苗龄时间短。

八、机械化育苗

机械化育苗，是近十几年来为适应我国农业现代化、专业化、商品化生产的需要，特别是提出“菜篮子工程”之后，有些单位从国外引进机械化设备进行蔬菜育苗。如从美国、保加利亚、荷兰、以色列等国引进设备，完全采用无土（草炭、蛭石为基质）育苗新技术，从种子粒选、包衣丸粒化、基质混合、装料、播种、覆土，培苗的喷水、施肥等作业全部过程是自动化、流水线作业，只是从播种车间把育苗盘搬运至培苗场所、摆开和控制机械需用人工。

优点：由于蔬菜育苗实现了机械化、自动化，生产效率高，一般每 667 米^2 大棚只需 1 人管理，一批育成苗 20 万～30 万株；比一般育苗省工、省力、省种（但质量要求高）；基质疏松、无病菌，成苗根系发达，根群集中紧绕基质；苗坨小而轻，不散坨，便于长途运输和定植；定植后缓苗快。在经济较发达、劳动力比较紧张、菜田面积大且较集中的地方，发展此项育苗技术是大有前途的。

第四章 整地与施肥技术

第一节 整 地

现代化设施园艺栽培，对土壤条件要求较高，栽培地块在种植前要进行犁翻、耕耘、平整和做畦，也就是整地。

一、整地的作用

(一)调整土壤环境

土壤是作物赖以生存的基础，特别是耕作层土壤环境，直接影响作物的生长发育，通过整地可使板结的土地变得疏松，提高其透气性、透水性、水容量、气容量、热容量等，创造出更适于蔬菜种子萌发、生根和根系生长发育的土壤环境。

(二)恢复土壤的团粒结构

作物生长发育过程中，土壤经过灌溉、雨水冲砸、人为践踏以及土壤好气细菌的分解作用等因素的影响，会使土壤团粒结构情况变劣，而不利于作物根系生长发育。通过整地可使团粒结构重新得到调整和恢复。

(三)增加肥效

整地通常包括施用农家肥料，就是整地时将人、畜粪便和绿肥、杂草、秸秆等堆积腐熟后的农家肥料，施入土壤耕作层中，形成肥土相融的环境，除改进土壤团粒结构外，又能增加土壤养分，达到种地、养地的目的，实现增加肥效的效果。

(四)清洁园田

蔬菜园田,一般是一茬接一茬地种植,并没有多长休闲时间,前茬作物的根茬、枯枝、烂叶、杂草,往往是病、虫害的载体。通过整地、清洁园田,能把病、虫载体带出园田外掩埋、烧毁或堆沤,以减少下茬作物的病虫初侵染源,减轻发病概率。

二、整地的要求

耕耙原则是:熟土在上,生土在下,不乱土层。北方寒冷地区应在秋季土壤冻结以前进行耕耙,以利保墒,防止春旱和减少土壤中病虫传染源。翌年春耕主要是对已秋耕的土地施农家肥及旋耕、平整、做畦等,以便春季栽种蔬菜,争取早栽、早发、促早熟。有的早春耐寒蔬菜地,在冬前就完成了施肥、平整、做畦等作业,翌年土地刚化冻时,就顶凌播种或移栽。我国南方冬季气候较温暖,土地不冻结,全年均能进行露地栽培蔬菜,一般前茬蔬菜收获净地后,随即耕翻、平地、施肥、做畦,接着栽种下茬蔬菜,土地不休闲。不过,秋耕土地,进行一段时间休闲,经过晒垡、冻垡后再栽种,对提高土壤肥力、减少病虫危害和提高产量均有好处。

三、做 畦

按各地的耕作习惯,蔬菜栽培的畦式一般可分为 3 种方式。

(一)平 畦

一种是畦面与路面相平,畦旁有小排水沟便于排水,适于南方地下水位高、不需经常灌溉的地区使用;另一种是畦面比路面低,筑畦埂,便于蓄水和灌溉。北方地区雨水少,需常浇灌的地块大多采用这种畦式。

(二)高 畦

在地下水位高、排水不良、常年雨水较多的地区或种植不耐涝的作物品种，多采用高畦栽培。北方地区虽然雨水少，但栽培蔬菜的地块，往往排灌水有保证，因此在冬季和春季或雨季，也多采用高畦栽培蔬菜，特别是配合地膜覆盖栽培的小高畦，有很好的效果。南方高畦高度多数为15～30厘米，北方多数为10～20厘米，宽度一般不超过100厘米，南方也很少超过150厘米。

（三）垄

是一种畦面较窄的高畦，一般垄距为60～80厘米，垄行宽30～40厘米、高15～20厘米，多为种植1行作物。是人少、地多、耕作管理较粗放的地区采用的畦式。因为用机械或畜力做垄、中耕除草、排灌都较方便。北方地区的瓦垄畦，形如房上的瓦块，中间高、两边矮，可栽单行或双行作物。在中间开沟或靠两边开沟栽种。特点是中间隆起，呈拱圆形畦面，不单设排、灌水沟，浇水或排水均由垄间沟排、灌。

高畦、垄都有利于春季低温时使用，因比平畦升温快，能促进缓苗，雨季有利于防涝。

第二节 施 肥

一、蔬菜的无机营养

蔬菜植物体内有40多种元素，其中碳、氢、氧、氮、磷、钾、钙、镁、硫、铁、氯、硼、锰、锌、铜、钼等16种元素，是蔬菜正常生长发育不可缺少的元素。

蔬菜植物体的干物质中90%以上是由碳、氢、氧构成的有机物，这3种元素来自叶片吸收的二氧化碳和根系吸收的水；其余13种元素，在蔬菜植物体中只占10%以下，来源主要靠根系从土壤或人工合成的水溶液中吸收而来。氮、磷、钾、钙、镁、硫的吸收量较大。其他7种元素的吸收量很少，称为微量元素。大量元素中的氮、磷、钾 3 种元素，被蔬菜吸收得多，而土壤中又较缺乏，所以菜田必须经常施用，以补充土壤中含量之不足，否则会影响蔬菜的正常生长与发育。

(一)各种营养元素的作用

各种营养元素在蔬菜生长发育过程中，各具不同的生理作用(表 4-1)。

表 4-1　各种营养元素在蔬菜中的生理作用

元素名称	生理作用	缺素表现	被吸收的形态
碳(C)	植物体内碳水化合物的主要成分	茎叶细小，叶色淡黄	CO_2
氢(H)	植物体内碳水化合物和水的主要成分，是蔬菜生长发育和生命活动的必需条件	缺水时叶片萎蔫，生理活动受阻	H_2O
氧(O)	植物体内碳水化合物及水的主要成分，氧气是呼吸作用的必需条件	缺氧时呼吸受阻，甚至窒息死亡	CO_2、H_2O、O_2
氮(N)	植物体内蛋白质、核酸、酶、激素及叶绿素的主要成分，影响细胞分裂与生长	生育衰弱，茎叶细小，色泽黄淡，老叶开始脱落	NO_3—N、NH_4—N
磷(P)	植物体内核酸、核蛋白、磷脂等构成原生质的主要成分，在能量代谢中起关键作用，子实发育也不能缺少	生长衰弱，茎叶细小，呈直立状，无光泽而浓绿，叶脉、茎显紫色	$H_2PO_4^-$、HPO_4^{2-}、PO_4^{3-}
钾(K)	以无机态存在体内，维持细胞膨压、调节水分吸收、提高酶的活性及有机物合成等生理功能	从老叶开始由绿变黄至褐色，叶片如烧焦状，进而叶脉肉呈斑状，以至枯死	K^+
钙(Ca)	维持细胞膜及细胞壁的正常结构、中和酸性、调节氢离子浓度(pH 值)及渗透压	茎、根先端及幼叶褐变腐烂，或果脐腐烂	Ca^{2+}

续表 4-1

元素名称	生理作用	缺素表现	被吸收的形态
镁(Mg)	构成叶绿素的成分,缺镁影响磷的吸收及脂肪的形成	从老叶开始叶脉变黄,直至枯死	Mg^{2+}
硫(S)	是蛋氨酸、胱氨酸及半胱氨酸的组成成分	先是幼叶失绿,严重时全部叶片失绿	SO_4^{2-}
铁(Fc)	是组成叶绿体的元素。在光合、呼吸作用中具有携带电子的作用	先是新叶及侧芽失绿,后叶脉黄化	Fe^{2+}
锰(Mn)	影响多种酶的活性,与光合作用及蛋白质的形成有关	叫片黄化,并多枯死	Mn^{2+}
硼(B)	促进细胞的正常分裂及生长	苗端及根冠坏死,生长停止,茎髓变色,多空洞	B
锌(Zn)	促进多种酶的活性,影响碳水化合物的代谢及氮的利用。也是某些生长素的成分	叶片变细小,畸形及枝节缩短。呈簇状	Zn^{2+}
铜(Cu)	是某些酶的组成成分,具有传递电子的作用,与光合作用及氮的固定有关	叶片细小、畸形、变软	Cu^{2+}
钼(Mo)	是某些酶的组成成分,影响催化作用与蛋白质的合成,也与固氮有关	—	Mo
氯(CI)	促进淀粉酶的活性,调节细胞液的氢离子浓度(pH 值)	叶萎蔫、失绿、坏死,变褐色	CI^-

(二)营养元素的吸收

植物吸收的无机营养元素,先以离子状态被吸附在植物根的吸收区的表面,经过皮层及中柱鞘细胞间的渗透作用,移动到植物的木质部,并以近于分泌作用的方式进入木质部导管,再由蒸腾作用,经茎部导管向上移动到叶部,参与各种生理活动。

(三)营养元素的吸收量

各种蔬菜吸收营养元素量，受温度、光照、氢离子浓度(pH值)、根际供氧、营养元素浓度及各离子间相互作用影响，同时还因蔬菜的种类、品种、栽培季节、生长发育阶段、生育强弱及产量水平高低等有所不同。一般每生产1吨新鲜蔬菜约吸收：氮2～4千克，磷0.8～1.2千克，钾3～5千克，钙1.5～2.5千克，镁0.3～0.6千克。氮∶磷∶钾∶钙∶镁的吸收比为6∶2∶8∶4∶1，而各种蔬菜在不同生育阶段吸收比例也不同。苗期吸收氮素量超过钾素，此后吸收钾的量将迅速增加；生育后期吸收钙素量增加较快；磷和镁的吸收量在生育中是均匀增加的。

二、蔬菜的施肥方式

蔬菜施肥应在满足作物营养需要的前提下，考虑施基肥、追肥、喷肥。应有养地的长期行为，不应只考虑短期效果，搞掠夺式的施肥方式。

(一)基　肥

一般使用肥效长的农家肥。结合深翻或整地做畦时施入。基肥中的主要元素全面、肥效又长，所以要尽量多施，如农家堆肥、厩肥、豆饼、河塘泥等。

施用农家肥能增加土壤有机质，是改善土壤结构的有效措施之一。良好的菜田都富含有机质，但土壤有机质也不断地矿质化，被作物吸收，所以需要不断补充，才能使土壤保持良好的结构。农家肥的施用方法，要看农家肥的量和腐熟程度而定。量大又不腐熟的农家肥，不宜集中沟施，需撒施于地表结合耕地翻入土层中；若腐熟良好，量较少，则需集中沟施，如量多，也可一半用于撒施，一半用于沟施，既满足作物养分需要，又达到养地的作用。穴施时，必须用熟透的农家肥，而且不能集中太多，以免引起烧根，穴施还要把肥与土混合均匀。为了使作物在定植后加速生长，还经常使用化肥作基肥，每 667 米^2 施用量为过磷酸钙 40～50 千克，磷酸二铵和复合肥 15～20 千克，均采用沟施，其中过磷酸钙最好与农家肥一块堆沤混合均匀施用，其效果更好。北方土多为碱性，过磷酸钙容易被固定而失去作用，故要防止与土壤直接接触。在酸性土壤中施用过磷酸钙则不会出现上述问题。

（二）追　肥

在作物播种后或定植后再施用的肥料，都称追肥。追肥量一般约占作物全生育期需肥总量的 1/3，并以氮肥为主，钾肥次之，有时也追施磷肥、复合肥和农家肥。近年来有些城市郊区农户养牲畜、养猪的逐渐减少，因而厩肥、圈肥也相应减少，农家肥的使用量也就减少，并有完全使用化肥的趋势。从种地、养地、保持土壤的良好团粒结构的角度看，是十分不利的，所以菜田应千方百计多使用农家肥。追肥数量，因蔬菜种类、计划产量、土壤质地有所不同，最好的办法是测土配方施肥。这是最科学的方法，即根据计划所种蔬菜每 667 米^2 的产量，计算吸收氮、磷、钾等元素多少，追肥品种含养分多少，加上流失、吸收率为保险系数，做到缺什么肥分，补什么肥分，缺多少补多少，以提高肥效，减少浪费。但是，我国大多数地区乡以下的生产单位还很难做到测土配方施肥，绝大多数还是凭经验、习惯追肥，当然经验也有其一定的可靠性。下面就常规经验对不同土质、不同肥料种类的一次性施入数量列于表 4-2，供菜农参考。

表 4-2　不同土壤一次性追施化肥量的最高限量表

（千克/667 米^2）

化肥名称	沙性土	沙壤土	壤　土	黏性土
硫酸铵	20	45	60	60
尿　素	12	22	30	30

续表 4-2

化肥名称	沙性土	沙壤土	壤　土	黏性土
过磷酸钙	30	40	50	55
硫酸钾	10	13	20	20

追肥还要根据蔬菜不同生育期分次施用，要以少施、勤施为原则。一次施用过多，不仅作物吸收不了，甚至出现烧苗，造成浪费，而且造成土壤盐分浓度过高，妨碍作物根系生长，这种错误做法在生产上经常出现。另外，在温室、大棚、中棚、小棚的密闭情况下，如一次施用氮素化肥过多，产生大量的氨气等有害气体，也会使作物地上部枝、叶、花、果受害，出现落花、落果、化瓜，甚至全株枯死；有时不得不采取大量浇水、不该通风时进行大通风的措施，以缓解氨气造成的危害，真可谓得不偿失。一般来说，每 667 米^2 每次施用量为：尿素 10～15 千克，碳酸氢铵 15～20 千克，硫酸铵 20 千克，是能保证安全和良好效果的，又不浪费，如果数量不足，可通过施肥次数来解决。

（三）追肥方法

1. *冲施*　作物浇水时，把定量化肥撒在水沟内溶化，随浇水渗入作物根系周围的土壤内。这种方法浪费肥料多，在渠道内渗漏流失，作物根系达不到的地方也渗入部分肥分，但用法简单，省工省时，劳动量不大。

2. *撒施*　作物浇完水后趁畦土还潮湿，但能下地操作时，将定量化肥撒于作物畦面或作物的行株间。这种方法也比较简单，但仍有一部分肥分会挥发损失，特别是碳酸氢铵挥发性很强，最好不撒施；硫酸铵、尿素和硫酸钾还可以撒施。

3. *埋施*　在作物行间和株间开沟、挖坑，把定量化肥施入沟内、坑内，再埋上土。这种方法肥分浪费少，最经济。但劳动量大，费工，操作不方便；而且要注意安全用肥，埋肥沟、坑要离作物茎基部 10 厘米以上，由于肥料集中，肥料浓度大，需从周围吸水溶解化肥，离根太近时容易把根系的水分吸出而造成烧根。挖沟、坑离根系太近也易伤根系。

4. 科学施肥　近年来，由于发展了地膜覆盖、配套滴灌，使施肥方法走上自动化的道路。在采取地膜覆盖配套使用滴灌的栽培方式中，在水源进入滴灌主管部位安装文丘理施肥器，用一个容器把化肥溶解，插入文丘理施肥器的吸入管过滤嘴，肥料即可随着浇水自动带入作物根系的土壤中，由于地膜覆盖，几乎不挥发、不损失，肥力又集中，浓度小，既安全，又省工、省力，效果好。这是目前最好、最科学的施肥方法，只是要搞地膜覆盖、配套滴灌和有自来水设备才能使用。

（四）根外追肥

根外追肥就是叶面喷肥。设施园艺栽培蔬菜，由于人为创造的环境更便于满足作物对环境条件的要求，蔬菜能表现出生长快、产量高、结果多的特点。然而，如不注意管理，生育中、后期易发生脱肥、早衰、多病的问题。管理中除了注意及时追肥外，可结合喷药防治病虫害，进行多次根外追肥，以补充作物的养分不足。这种方法用肥量少、肥效快，又可避免肥分被土壤固定，也是一种经济、有效的施肥方法。

叶面喷肥所使用的肥料，除了尿素、磷酸二氢钾、硫酸钾、硝酸钾、复合肥等常用的大量元素肥料外，近几年来，各地有很多厂家研制出适于用作叶面喷施的大量元素加微量元素或含有多种氨基酸成分的肥料，都有一定的效果。现介绍几种常用的叶面喷肥使用方法（表 4-3 至表 4-5），以供应用时参考。

表 4-3 常用叶面喷施化肥浓度和用量

肥料种类		蔬菜使用范围	喷施浓度（%）	每 667 米² 用液量（千克）
大量元素	尿素	黄瓜	1～1.5	15～45
		萝卜、白菜、甘蓝、菠菜	1	20～45
		茄子、马铃薯、西瓜	0.4～0.8	15～50
		草莓，温室黄瓜、番茄	0.2～0.3	70
		温床育苗	0.1～0.3	15～20
	硫酸钾	一般蔬菜均可使用	2～3	50
	磷酸二氢钾	一般蔬菜均可使用	0.2～0.3	50
微量元素	硫酸亚铁		0.20～1.0	50
	硼酸		0.03～0.4	50
	硼砂		0.03～0.4	50
	硫酸锰	一般蔬菜均可使用	0.06～0.1	50
	硫酸铜		0.02～0.05	50
	硫酸锌		0.10～0.5	50
	钼酸铵		0.01～0.05	50

表 4-4 几种新型蔬菜叶面肥料

肥料	种类	蔬菜使用范围	使用方法或稀释浓度
大量元素	液体复合肥	蔬菜通用	原液稀释 100～300 倍
	蔬菜增	蔬菜通用	每 667 米² 500 克
	茄果素	蔬菜通用	原液稀释 200～300 倍
	叶肥 1 号	蔬菜生长前期	浓度 0.2%～0.5%
	叶肥 2 号	蔬菜旺盛生长期	浓度 0.2%～0.3%
	尿素铁	蔬菜通用，尤其矫正失绿症有明显效果	浓度 1%
	氮、磷、钾植株营养素	蔬菜通用	每 667 米² 100 毫升原液加水 20～25 升，共喷 2～3 次，间隔 20 天喷 1 次

续表 4-4

肥料	种类	蔬菜使用范围	使用方法或稀释浓度
微量元素	农乐（稀土微肥）	蔬菜通用	拌种用1500毫升水溶1～2克固体，喷洒种子后拌匀；叶面喷施0.03%～0.1%溶液，每667米^{2}喷液20～40千克

表 4-5 复合型植物营养剂

肥料名称	主要成分	使用方法
丰产素	含30多种常量和微量元素	用25℃～30℃温水稀释4 000～6 000倍液（0.75～0.5毫克/千克）喷洒、浸种、蘸根、浇灌
金邦健生素	含氮、磷、钾、锌、锰、钼和多种氨基酸的螯合物	用1号液剂30毫升稀释500倍，喷施667米^{2}地；用31号液剂15毫升稀释1 000倍液喷施667米^{2}地或拌种、蘸根、浸种
喷施宝	含有机质氮、磷、钾、硼等多功能营养型调节剂	每667米^{2}5毫升对水55升喷洒，花期宜喷施
植保素	含多种微量元素，是营养型生长素	用6 000～9 000倍液喷施
抗枯灵	含多种微量元素、植物生长素和杀菌剂	按说明书使用

叶面喷施磷、钾肥，宜在茄果类及瓜类蔬菜的幼果期使用，以促进果实膨大；豆类蔬菜、十字花科蔬菜除生长期施用磷、钾肥外，在繁种、育种时现蕾至开花初期施用硼砂，能提高种子的产量。

叶面喷施肥料要求在无风的晴天进行，最好在白天下午4时后使用，棚内、温室内可在露水落干后及时使用，露地栽培作物喷施后24小时遇雨天，则需重新喷施。喷施后保持3～4天晴天，效果更好。

叶面肥喷施次数，一般为2～3次，也可根据作物缺素情况及元素在作物体内运转的快慢而定，如氮、钾元素运转快，喷施次数可少些，一般在生长期间或关键时期喷施1～2次即可；磷的转移速度慢，可喷2～3次；微量元素在植物体内运转极弱，可喷3～4次。

（五）二氧化碳施肥

二氧化碳是植物进行光合作用不可缺少的原料之一。在设施园艺栽培中，气体交换受到限制，当白天日出后植物光合作用逐渐加强，二氧化碳浓度逐渐降低，在晴天的早晨，即使是光照、温度条件都很好，但因缺少二氧化碳，也不能制造更多的光合产物，即作物处于二氧化碳的饥饿状态。如能给密闭的棚室内输送一定量的二氧化碳，则可大大改善作物的二氧化碳营养，制造更多的光合产物促使根系发达，枝叶茂盛，果实更多，一般能增产10%～50%。二氧化碳施肥，用于蔬菜育苗，可促进幼苗生长，缩短青苗期，增加茎叶重，幼苗壮实，定植后缓苗快，结果早。有记载：增施二氧化碳有抑制和减轻番茄蕨叶病毒病发病率68%、辣椒花叶病毒病发病率53%，还可提高棚室内温度1℃～2.5℃。这些良性作用对早春棚室栽培是至关重要的条件，是一项简单实用、行之有效的技术。

1. 二氧化碳施肥的时间　据日本森氏试验报道，栽培茄子的塑料温室，从下午6时密闭到第二天早晨7时半换气。结果是：密闭温室后二氧化碳浓度急剧上升，晚10时达到1 000毫克/千克，一直维持到翌日早晨5时左右，随着日出而二氧化碳的浓度逐渐降低，到7时半左右约降至标准浓度，上午10时前后，群体层内的二氧化碳浓度降至240毫克/千克。以黄瓜为例，生长适宜温度

17℃～29℃，光照强度4万～6万勒，上午同化量占一天的60%～70%。因此，管理上应大力改善早晨的光合作用条件，才能得到更多的光合产物。在一天之中从日出后30分钟，设施园艺内二氧化碳浓度逐渐下降，棚室内温度达到15℃时，开始施入二氧化碳2～3小时最为合适。做法是：在施放二氧化碳前，密闭的棚室可以先揭开通风口小通风，以便降低棚室内湿度，日出后关闭通风口让棚室升温，过半小时再施用二氧化碳2～3小时。

从作物生育时期看，苗期施用二氧化碳，对培育壮苗、缩短苗龄、提高定植成活率及增加前期产量均有好处。但瓜果类蔬菜为了促进花芽分化，抑制营养生长，苗期一般不采用二氧化碳施肥，而在定植缓苗后立即施放二氧化碳。为促进果实膨大，在番茄、甜瓜等作物开花后10～20天，黄瓜开花后7～15天，施放二氧化碳，效果良好，因为此时期的光合产物在植物体内的分配是优先供给果实。

2. 二氧化碳的来源　二氧化碳的来源有多种途径。

其一，通过农家肥发酵来增加二氧化碳的浓度。这种方法成本低、简便易行，但二氧化碳发生量不易掌握，它与温度、堆肥数量及质量、发酵好坏及时间等有关，而且供二氧化碳的时间较集中，故不理想。

其二，通过高压贮气罐施放二氧化碳。施放量可控制，用法很省事，只是一次性投资成本较大。

其三，利用液态二氧化碳、固体二氧化碳、丙烷及其他燃料燃烧产生二氧化碳。这些方法也都不好控制施放量或成本高等，因而缺少推广意义。

其四，利用化学反应法产生二氧化碳。目前看，这种方法最有效、最简便、最经济，也是大面积推广使用的方法。即可根据种植作物的棚室容积按1 000毫克/千克二氧化碳浓度计算，得出需要施放二氧化碳的量；再据化学反应生成这些二氧化碳所需的原料数量，然后在棚室内设好分布均匀的反应点。用农用碳酸氢铵和工业硫酸起化学反应生成硫酸铵和二氧化碳的方法最好，既施放了二氧化碳，产生的硫酸铵水溶液又可作化肥用。其投入产出比，在冬春季黄瓜生产上可达1∶6。

3. 二氧化碳施用量　一般作物在二氧化碳浓度为300毫克/千克，温度25℃～30℃时，光合成量为10～20毫克二氧化碳/分米^2·小时。日本内海修一认为，黄瓜的二氧化碳施肥浓度为1 500毫克/千克最好；林木在“保护地蔬菜栽培与二氧化碳的施用”一文中指出，瓜类使用二氧化碳施肥的浓度为1 000～1 300毫克/千克；徐师华、王志刚在“二氧化碳施肥中”认为，种植黄瓜、番茄的温室中，二氧化碳的浓度维持在1 000～1 500毫克/千克比较合适。目前，日本和西欧各国，在光照强的春、秋季节，多以1 000毫克/千克为二氧化碳施肥使用浓度。我国各地二氧化碳施肥，都以1 000毫克/千克的浓度作为施用的标准。

4. 碳酸氢铵和硫酸产生二氧化碳的操作方法

第一，在每667米^{2}的塑料大棚、温室内，均匀地设置35～40个容器。容器可用塑料盆、瓷盆、坛子、瓦罐、花盆内铺垫上塑料薄膜等均可；也可在棚室内的地面上挖出长、宽、高均为0.3米的坑，坑内铺垫塑料薄膜，但不能使用金属器皿。由于二氧化碳比空气的比重大，二氧化碳气体下沉，最好用塑料桶作容器，悬挂在不影响作物生长的棚室内的空间，悬挂高度随植物高度而变化，使二氧化碳发生后，直接下沉、扩散到作物的功能叶上，以利吸收。

第二，将98%浓度工业用硫酸按酸与水1∶3的比例稀释，如用5千克的98%硫酸缓缓倒入15升水中，并搅拌均匀(切忌将水倒入酸中，以免溅出造成烧伤)，再将稀释好的硫酸水溶液均匀分配在各个容器中，即每个容器盛0.5千克或0.75千克溶液。

第三，每个盛硫酸溶液的容器内，每天加入碳酸氢铵90克(40个容器)或103克(35个容器)，即可在每667米^{2}棚室内供给相当于1 000毫克/千克浓度的二氧化碳气肥。一般加1次酸可供3天加碳酸氢铵之用。为防止称量不准或硫酸质量不同而反应不完全,所以只要加入碳酸氢铵不再冒泡或白烟时,即表明硫酸已反应完毕,应将生成物——硫酸铵水溶液(可作根际施用肥料)清除,重新装硫酸水溶液。棚室每天施放二氧化碳后要密闭2～3小时,再通风换气。

因塑料棚、温室体积大小不同,需用原料数量可通过计算来确定硫酸、碳酸氢铵使用量。

每日所需碳酸氢铵使用量(克)=设施园艺空间体积(米^3)×计划二氧化碳浓度(毫克/千克)×0.003 6

每日所需硫酸用量(克)=每日所需碳酸氢铵量(克)×0.62

说明:式中设施园艺空间体积(米^3)=面积(米^2)×平均高(米);0.003 6是每立方米发生1毫克/千克二氧化碳所需的碳酸氢铵克数;0.62是1克碳酸氢铵需与比重1.84的0.62克硫酸完全反应。

施用二氧化碳的天数,应根据不同作物、不同生长状况和施放目的而定。例如,春大棚黄瓜为增加前期产量,可在定植5天后开始施放,并持续进行30～40天,如遇阴雨天,则要停止施放。据北京地区试验,在春季温室、大棚黄瓜生产中,连续施用二氧化碳气体肥料35天,增产增收效益可观,是值得大力推广的一项应用技术。

(六)配方施肥

配方施肥是综合运用现代农业科学技术成果进行科学施肥的方法。根据作物需肥规律,土壤供肥性能及肥料效应,在以农家肥为基础的条件下,提出氮、磷、钾和微量元素肥料的适宜用量和比例,以及相应的施肥技术。

配方是依据土壤、作物状况,产前认定用肥的种类和数量。在目标产量确定后,按产量要求,查算出作物需吸收氮、磷、钾等养分。再根据土壤养分测定值计算土壤供肥能力。以需肥量减去土壤供肥量，即为应施肥量。肥料配方必须包括一定数量的农家肥，以达到保持用地养地的良性循环，保证不出现掠夺地力式的耕作方法。根据配方的肥料品种、用量和作物及土壤特性，合理安排使用基肥和追肥比例，追肥次数、时期、用量和施肥技术。在施肥时应按照化肥的特性，采取最有效的施肥方法，如氮肥深施、磷肥集中早施、钾肥在生育前中期施、微肥作叶面喷施等，以发挥肥料的最大增产作用。

当前各地应用的配方施肥技术，可归纳为下述 3 种配方法。

1. 地力等级配方法　是把土壤肥力的高低分成若干等级或把肥力均匀的田块划分为若干片，作为不同的配方区，利用土壤普查资料和过去的田间试验成果，结合群众的实践经验，估算出各配方区内较为适宜的肥料种类及其施肥量。

2. 目标产量配方法　是依据作物产量的构成由土壤供肥和施入肥料两方面供给的养分来计算肥料的施用量。有下述 2 种方法：

一是养分平衡法：是以土壤养分测定值来计算土壤供肥量。施肥的需要量按下列公式计算（氮、磷、钾等的用量计算方法相同）：

$$\text{施肥量}=\frac{\text{(计划每 667 米}^2\text{产量吸肥量)}-\text{(土壤养分}\times 0.15)-\text{(有机肥量}\times\text{养分含量}\times\text{利用率)}}{\text{计划用肥的养分含量}\times\text{该肥料当季养分利用率}}$$

例如：秋甘蓝计划每 667 米^2 产量 5 000 千克，需吸收氮 15 千克；设土壤中含氮量为 50 毫克/千克，即可供应 7.5 千克；再施 5 000千克农家肥，其含氮为 0.3%，利用率为 20%。问需施用利用率为 50%的硫酸铵多少千克？

$$\text{硫酸铵用量(千克)}=\frac{15-(50\times 0.15)-(5\,000\times 0.3\%\times 20\%)}{20\%\times 50\%}$$

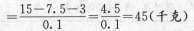

$$=\frac{15-7.5-3}{0.1}=\frac{4.5}{0.1}=45(千克)$$

式中,0.15是土壤养分测定值毫克/千克换算成千克/667米^{2}的系数;硫酸铵当季利用率按50%计算;农家肥利用率按20%～25%计算;钾肥利用率按50%计算;磷肥利用率最低按20%～25%计算;氮肥利用率差异较大为30%～50%,其中碳酸氢铵利用率低,硫酸铵、尿素利用率高。

二是地力差减法:是用目标产量减去作物在不施肥情况下所得产量,当作施肥所得产量。计算公式:

$$肥料用量(千克)=\frac{单位产量养分吸收量\times(目标产量-不施肥的产量)}{所用化肥养分含量\times肥料利用率}$$

例如:秋甘蓝目标产量为每667米^{2}5 000千克,在不施肥情况下的每667米^{2}产量为4 000千克。问每667米^{2}施硫酸铵多少千克?

$$硫酸铵施用量(千克)=\frac{0.3\%\times(5\,000-4\,000)}{20\%\times50\%}=\frac{0.03\%\times1\,000}{0.2\times0.5}$$

$$=\frac{3}{0.1}=30(千克)$$

说明:式中0.3%是每生产100千克甘蓝需吸收纯氮0.3千克。

3. 肥料效应函数法　通过简单的对比或应用正交回归等试验设计,进行多点田间试验,从而选出最优处理来确定肥料用量。

以上介绍的3类方法可以单独使用,更应互相补充,它们不互相排斥。因此,在具体设计施肥方案时,应以一种方法为主,参考其他方法配合应用,所确定的方案会更接近实际情况。

有关蔬菜吸肥量、常用化肥种类及用量以及化肥施用量换算表如下(表4-6至表4-9)。

表 4-6 主要蔬菜对氮、磷、钾的吸收量 （单位：千克/667 米²）

蔬菜种类	计划 667 米² 产量(千克)	氮(N)	磷(P_2O_5)	钾(K_2O)	合 计
小萝卜	1000	5.0	1.8	5.1	11.9
菜 豆	1200	10.8	2.7	8.2	21.7
菠 菜	2000	7.3	4.6	10.5	22.4
黄 瓜	3000	5.1	4.1	7.8	17.0
大萝卜	2000	12.0	6.2	9.9	28.1
马铃薯	2000	10.0	3.0	14.0	27.0
大 葱	3000	9.0	4.7	12.0	25.7
番 茄	4000	10.3	1.6	14.4	26.3
胡萝卜	3000	9.5	3.0	15.0	27.5
秋甘蓝	5000	15.0	5.0	22.5	42.5
茄 子	3000	10.5	2.2	16.8	29.5
南 瓜	1200	4.7	2.5	9.8	17.0
豌 豆	500	8.3	3.0	6.0	17.3
蚕 豆	500	12.0	4.0	8.8	24.8
叶用莴苣	1500	3.8	1.8	6.7	12.3
芹 菜	2300	8.0	3.8	12.3	24.1
洋 葱	3000	4.5	2.6	6.5	13.6
芜 菁	2500	10.5	5.0	25.0	40.5
花椰菜	3000	18.0	8.0	16.8	42.8
大白菜	3600	8.3	3.8	10.8	22.9
石刁柏	360	8.2	12.0	9.5	29.7

表 4-7 常用化肥种类、每 667 米^2 用量及施用方法

肥料种类	化学名称	有效成分含量(%)	每 667 米^{2}用量(千克)	施用方法	备注
氮肥类	氨水	15～17	15～25	作基肥、追肥	防止挥发,不能与种子、根、茎、叶直接接触
	碳酸氢铵	17～17.5	15～25	作基肥深施作追肥埋施	防止吸湿变质,条施、穴施后用土盖严
	硫酸铵	20～21	15～20	作基肥、追肥、种肥	埋施效果好
	尿素	44～48	10～15	作基肥、追肥、种肥	埋施效果好
磷肥类	过磷酸钙	12～20	25～50	作基肥、种肥、叶面喷施	开沟深施
	磷矿粉	10～25	50	作基肥	与农家肥一起堆沤后施用
	重过磷酸钙	36～52	10～25	作基肥、追肥	开沟深施
钾肥类	硫酸钾	50	5～15	作基肥、追肥	施于根系周围,勿与根系直接接触
	氯化钾	50～60	5～10	作基肥、追肥	吸湿易结块,作基肥,早施,盐碱地勿用
	硝酸钾	13.5(N) 46.0(K_2O)	5～10	作基肥、追肥	用于需钾多的作物,如薯类
复合肥类	磷酸一铵	11～12(N) 50(P_2O_5)	10～25	作基肥、追肥、种肥	注意与氮、钾肥配合施用,但不要与碱性肥混合施用
	磷酸二铵	16～18(N) 46～48(P_2O_5)	10～25	作基肥、追肥、种肥	注意与氮、钾肥配合施用,但不要与碱性肥混合施用
	磷酸二氢钾	50(P_2O_5) 30(K_2O)	0.1	根外追肥(叶面喷施)	抓住关键时期喷施,连续喷 2～3 次

表 4-8　商品化肥施用量换算表（单位:千克/667 米^2）

肥分含量	纯养分施用量								
（%）	0.5	1.0	1.5	2.0	2.5	3.0	3.5	4.0	4.5
10	5.0	10.0	15.0	20.0	25.0	30.0	35.0	40.0	45.0
12	4.15	8.4	12.5	16.7	20.8	25.0	29.2	33.4	37.5
14	3.6	7.6	10.7	14.3	19.9	21.4	25.0	28.6	32.2
16	3.1	6.3	9.4	12.5	15.7	18.8	21.9	25.0	28.2
18	2.8	5.5	8.4	11.1	13.9	16.7	19.5	22.2	25.0
20	2.5	5.0	7.5	10.0	12.5	15.0	17.5	20.0	22.5
22	2.8	4.5	6.8	9.1	11.3	14.6	15.9	18.2	20.5
24	2.1	4.2	6.2	8.4	10.4	12.5	14.6	16.7	18.8
26	1.9	3.9	5.7	7.7	9.6	11.6	13.5	15.4	17.3
28	1.8	3.6	5.3	7.1	8.95	10.7	12.5	14.3	16.1
30	1.7	3.4	5.0	6.6	8.4	10.0	12.7	13.3	15.0
32	1.5	3.2	4.7	6.2	7.8	9.4	11.9	12.5	14.1
34	1.5	2.9	4.4	5.9	7.4	8.8	10.3	11.7	13.2
36	1.4	2.8	4.2	5.5	6.9	8.4	9.7	11.1	12.5
38	1.3	2.7	3.9	5.8	6.6	7.9	9.2	10.5	11.9
40	1.3	2.5	3.8	5.0	6.3	7.5	8.8	10.0	11.2
42	1.2	2.4	3.5	4.7	5.9	7.6	8.4	9.5	10.7
44	1.2	2.2	3.4	4.5	5.4	6.8	7.9	9.1	10.4
46	1.1	2.2	3.3	4.4	5.2	6.5	7.6	8.7	9.8
48	1.1	2.1	3.1	4.2	5.2	6.2	7.3	8.4	9.4
50	1.0	2.0	3.0	4.0	5.0	6.0	7.0	8.0	9.0

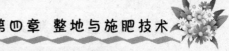

表 4-9 各种肥料合理混合使用查对表

肥料种类	人粪尿	厩肥	硫酸铵	尿素	氯化铵	碳酸氢铵	硝酸铵	硝酸铵钙	氨水	钙镁磷肥	过磷酸钙	磷矿粉	骨粉	草木灰	氯化钾	硫酸钾
硫酸钾	+	+	+	+	+	+	+	O	+	+	+	+	+	+	+	
氯化钾	+	+	+	+	+	+	+	O	+	+	+	+	+	+		
草木灰	×	×	×	×	×	×	×	×	×	O	×	×	×			
骨粉	+	+	+	+	+	+	+	O	O	+	+	+				
磷矿粉	+	+	+	+	+	×	+	O	×	+	+					
过磷酸钙	+	+	+	+	+	O	+	×	O	O						
钙镁磷肥	×	+	O	O	O	×	×	O	×							
氨水	O	+	O	+	O	+	+	×								
硝酸铵钙	×	O	O	O	O	×	O									
硝酸铵	O	O	+	+	+	+										
碳酸氢铵	O	×	O	+	O											
氯化铵	O	O	+	+												
尿素	+	O	+													
硫酸铵	O	O														
厩肥	+															
人粪尿																

注：+表示两种肥可以混合使用；×表示不可以混合使用；O 表示混合后不宜久存，需立即使用。

例如，施用硫酸铵 7.5 千克，折合多少纯氮？若已知硫酸铵含氮量为 20%。查表在肥分含量一栏找到 20，向右查到 7.5，再向上找到纯养分栏是 1.5，即 7.5 千克硫酸铵含纯氮 1.5 千克。若计划施纯氮 1.5 千克，折算硫酸铵多少千克时，可按上述方法反方向查找，即可查得。

第五章 设施栽培多层覆盖保温及控温技术

设施园艺蔬菜栽培中，采用多层覆盖进行保温、节能及控温，也是一项综合应用技术。在自然温度和简单设施内温度不能满足作物正常生长发育时，可通过增加覆盖等措施，保证作物适宜温度的要求。

第一节 保温应用技术

设施园艺中，温室、小拱棚和改良阳畦等设施除了使用塑料薄膜外，还可夹设风障、筑土墙和覆盖草苫、草苫等增加保温节能效果；塑料大棚、日光温室等设施，除了夹设围障，覆盖草苫、草苫、薄膜外，由于空间较大，可以采用多层覆盖增加防寒保温和节能效果。例如，日光温室在正常的设计采光角度合适的前提下，要采用覆盖薄膜、4～7 层的纸被、草苫和加周围防寒沟、加厚后背土墙和覆盖物等措施，以实现保温、节能来维持正常的冬春季的生产；又如，塑料大棚春季早熟栽培，往往在正常单层薄膜覆盖定植适期(北京为 3 月下旬)前，要提早定植，如栽植黄瓜，北京地区有提前到 3 月上中旬，甚至提早到 2 月下旬定植。提早定植如果不加强保温措施，势必造成冻死苗。塑料大棚单层薄膜覆盖适时定植期为 3 月下旬；若加上 2 层薄膜覆盖，在夜间四周围上草苫或草苫，这样定植期能提早到 3 月中旬；若再加小拱棚和地膜，变成 4 层覆盖，必要时设炉火加温，则可提前到 2 月下旬定植。所以，多层覆盖保温、节能栽培，是一种超时令的生产措施。近年来，这一生产方式全国各地均得到迅速发展，技术也不断趋向成熟。

一、温室、大棚多层覆盖设备及装置

(一)围 膜

在大棚四周内侧、温室前沿内侧距边缘0.5米左右的地方,架设一道约1米高的塑料薄膜屏幕。目的是使棚室边缘的幼苗不受低温冻害。在揭开边缘膜底通风时,避免外界冷空气直接侵袭幼苗。冷空气比重大,有一道屏幕时,冷空气进入棚室要经过屏膜上方再下沉,使进入棚室的冷空气有一个缓冲过程,避免形成"扫地风",从而降低危害程度。在棚室内固定围膜的步骤如下。

1. 围膜套绳　把围膜一边摺回一部分,套入1根麻绳,烙(热)合固定。

2. 固定围膜　先将围膜的绳头绑在棚内一端的立柱上,高度1米左右,然后在棚另一端用力拉紧绑在立柱上,中间用几根铁丝穿过围边上的套绳,吊在棚架上固定,最后把靠地面一边的围膜埋入土中,压实即可。

3. 注意问题　围膜与边膜要保持0.5米以上距离,以便冷空气进入棚室内时有一个缓冲区;围膜不能太高或太矮,以高0.8～1米为宜;围膜中间下沉时要及时提起来。

(二)围 帘

塑料大棚两头在不开门时围上一层蒲草苫,四周在夜间围上一层草苫,帘高为1.5米,可使棚内气温提高1℃左右。

(三)地膜覆盖

在塑料大棚、温室内采用地膜覆盖小高畦栽培,能提高栽培床土的温度。据试验测定,耕作层地温比不盖膜的,晴天日平均增温2℃～4℃,中午最高时能增高6℃～8℃,阴天时也能增高1.6℃～1.9℃。春季大棚内覆盖地膜能较早地稳定通过10℃～12℃,以达到茄果类蔬菜定植的最低土温要求。盖地膜还能防止土壤水分蒸发，有利保墒，减少浇水次数，从而减少浇水引起地温下降，且能降低棚室内空气湿度，减轻病害的发生与发展。同时，膜下根系不裸露地表，就是浅根系的作物也不会裸露出地面，受自然干、湿、风影响小，实际上起到了护根、促根的良好作用。所以，有人称地膜覆盖栽培为护根栽培。

(四)大棚、小拱棚结合应用

在大棚、温室内除了外层薄膜外，如能在作物畦上架设0.8～1米高的小拱棚架，白天不盖膜，太阳快下山时盖上薄膜，至第二天太阳升起时再揭开。这一层覆盖能在春季茄果类和瓜类蔬菜定植期前后，使苗畦内气温提高2℃～3℃，有利于蔬菜定植后提早缓苗及发棵，促进早熟。拱棚架可用小号竹竿；引进日本的一种小棚用特种材料，叫塑料尼龙棒，长2米左右，弹性极好，用起来弯曲自如，是作拱棚架的极理想材料。覆盖材料，可用普通塑料薄膜、长寿膜、保温膜、无纺布等。如用镀锌钢管当拱棚架，覆盖银灰色保温膜，保温效果更明显。

(五)设二层覆盖

即大棚、温室内离外层膜20～30厘米处加设一层二道膜覆盖，白天卷起来，傍晚覆盖上，有很好保温效果。据北京地区测定，塑料大棚只盖一层普通薄膜，3月下旬棚内气温比棚外高3℃左右，若加盖一道有保温性能的保温膜，能使棚室内气温提高6℃～8℃，使用二道幕必须密封性好，越密闭保温性越好。所以，二道幕适于无立柱或少立柱的大棚、温室内使用。设二道幕还必须有一定的倾斜度，以便土壤蒸发的水汽在二道幕上形成的冷凝水顺膜下流；大棚内使用二道幕只在温度偏低时使用，时间20～30天。

多层覆盖保温，是达到提前、延后的高产栽培技术，在日本已普及使用，其二道幕有一配套装置，使用起来灵活、轻便。上海市嘉定区长征乡温室管架棚工厂，已制成适合我国大棚配套应用的二道幕装置，其装置包括：拉链葫芦盘、钢管长连杆、托架、滑轮、细钢绳、膜夹等。安装时将托架、钢管长连杆顺棚长方向安在棚中间离棚顶1米处，拉链葫芦盘、滑轮、细钢绳吊装在大棚南端靠门的上方，将覆盖材料如薄膜、无纺布等，用夹子固定在缠绕托架钢管长拉杆的绳子上，长拉杆与葫芦盘上的滑轮连接起来，通过拉链左右拉动，带动葫芦盘转动，又带动长拉杆绕绳转动，使覆盖材料开闭。

北京地区多使用农膜、无滴保温膜或无纺布作二道膜的覆盖材料。目前从我国条件看，最多采用四层覆盖即可达到目的，即棚膜、二道膜、小拱棚加地膜的四层覆盖，就能大大提前、延后生产季节，增加市场超时令产品的供应。

二、日光温室的覆盖保温技术

日光温室栽培，除考虑各地区太阳入射角在最寒冷时期延长光照外，还有以下几方面措施，能起到保温的作用。

（一）二层覆盖

即在日光温室采光面的内侧拱架下面挂一层二道膜（有保温性能的薄膜更好），成为双层薄膜覆盖。二道膜白天拉开日落前盖上，相当于一层草苫的保温效果，能增温4℃左右。两层薄膜间的距离为15厘米左右。

（二）纸被覆盖

天气严寒时，除在外层覆盖5厘米厚草苫外，在草苫与外膜间加盖4～6层旧水泥袋纸的纸被，能提高保温效果，草苫加纸被能保温7℃～8℃，还可防草苫划破薄膜。当然要覆盖严密，保证无漏气处。纸被易受雨、雪水浸透，极易损坏，如果在缝制纸被时表面加一层薄膜（草苫）或一些芦苇，则保温效果同样，又不易被损坏。

(三)棉被毯覆盖

严冬时,再加盖或换成棉被(毯)覆盖,保温效果更好。棉被每平方米用棉花 2 000 克,厚 3～4 厘米,宽约 4 米,长则要比日光温室的薄膜前屋面的长度余 0.5 米,有利于盖严。

(四)设防寒沟

在日光温室东、南、西三面挨墙挖深 40～60 厘米、宽 40 厘米的沟,内填麦秸、稻草、玉米秸、稻谷壳等,踩实,至地平面后封好沟口。因这些植物性秸秆、杂物和中间空隙的空气的导热性比土差,可减少热传导,既减少室内热能传到室外,也减少了室外低温向室内传导,达到保温目的。防寒沟内填充物,也可防止塌方。

(五)床土增温

日光温室的栽培床,如下层能铺垫 15～30 厘米厚的酿热物,再铺上营养土,能有效地提高床温,有利作物和幼苗生长。酿热物有马粪、牛粪、猪粪、羊粪、有机垃圾肥、麦秸或稻草等,其中发热量多的为马粪,发酵后 7 天温度可达 70℃,然后缓慢下降到 50℃左右,可维持 1 个月之久;若用牛粪、猪粪,掺入 1/3 的锯末、稻壳、碎杂草等物,就能较长时间保持 30℃左右的温度。

(六)加厚日光温室后坡覆盖

日光往往照射不到日光温室的后墙上,后墙有将温度传导到室外的机会,所以要减少热的外传,只能采取加厚土墙和多覆盖一些稻草、杂物之类,这样也可减少低温向室内传导,是有效的保温措施。

(七)吊反光幕

在靠近日光温室后墙的立柱上,挂一排反光幕,使太阳光尽量反射到栽培畦内,使畦内多积聚温度,也是保温的一种方式。反光幕上部固定位置,下部不必固定,而是可以随时前后移动,即可使入射到反光幕上的阳光和反射到棚室内畦的阳光角度能随时调整，尽量使作物多照射到阳光，从而增加作物的产量和室内气温和地温。

(八)后墙贴泡沫塑料板

北方地区在温室内的北墙上贴一层3～5厘米厚的泡沫塑料板，其保温性能是所有保温材料中最佳的一种，目前正大力发展使用，面积越来越大。这种材料具有重量轻及安装、拆卸、搬运方便的优点。

上述几种保温方法，可综合应用，或应用其中几种，依当时天气和作物需求温度而定。

第二节　加温技术

北方地区冬、春季气温低，不仅露地无法进行生产；就是简单设施园艺在不加温的情况下，也只能生产耐寒性强的蔬菜。茄果类、瓜类、豆类等较喜温的蔬菜，必须在设施园艺内加温才能进行超时令生产。如温室、塑料大棚的加温方式，有炉火加温、热风加温、热水加温、蒸汽加温、电热线加温，还有地下热交换等加温系统。

一、炉火加温

炉火加温是历史悠久、最常用的传统加温方式。可采取固定炉灶，也可使用临时炉具加温。炉火加温主要用于温室，后来随着塑料大棚的发展，也逐渐应用到早春大棚的生产中。炉火加温设备较简单，投资较小，操作方便，效益高，但劳动量大、灰尘多，易污染蔬菜。且易产生煤气中毒事故。

二、热风加温

目前，我国使用还不普遍。国外多是采用热风加温，其使用的燃料有煤、煤油、重油、天然气、液化气等。热风加温的优点是:比暖气加温价格低廉;短时期即能达到要求的温度;热气发生器安装、移动容易;操作简单;热效率高达70%～90%。缺点是:阵发性施放热气,室内温度不均匀,上部温度高,靠地面低,不容易提高地温;也易产生有害气体,特别是在室内设加热炉时更易产生;专用热风炉设备投资相对高一些。

三、热水加温

用暖气管道、散热片散热方式加温。目前,我国运用热水加温方式还不太普遍,只限于大型玻璃温室、连片集中的温室群使用。优点是:有利于大面积温室群供热;加温时可保持室内温度均匀;便于促进地温上升;余热时间长,停热后还有一段时间保温;没有危害气体和烟尘。不足之处是:一次性投资大;装配后不便移动;总体热效率偏低(40%～50%)。

四、蒸汽加温

在我国应用更少,它的供热方式,优缺点与热水加温同样,只是热水改为热气。另外,还便于土壤消毒。可利用发电厂余热、废气与农业结合,供生产使用。

五、地下热交换

在我国不少地区有丰富的地下温泉,如北京的小汤山,河北任丘、怀来、雄县等地,开采地下温泉水给冬季温室生产加热,节省大量燃料费用。但要注意温泉水质,如果含氟等有害物质超标时,应采用封闭式循环用水方法,不能在地面形成径流,即用热后的水要回灌入地下,以免人、畜等中毒。也不能用此水浇灌作物,以免被作物吸收后,有害物质超过卫生标准;水温要达55℃以上时才有使用价值。

六、电热线加温

在苗床、栽培床上铺设专用地热线或空气电热线，给室内土壤和空气加热。在北方地区蔬菜育苗及茄果类、瓜类蔬菜冬、春季日光温室栽培时，常在降温天气用电热线作临时辅助加温手段。其使用方法见第一章和第三章有关部分。

第三节 控温技术

控温技术，是根据不同作物及作物的不同生长发育阶段的需温要求，通过人为调控，达到升温、降温和保持作物适宜温度的技术措施。

一、通风换气调温

通风换气，一是通过通风换气调节温度，使作物在适宜的温度条件下生长发育；二是保持棚室内的湿度适中，而且换入新鲜空气后，室内气体的二氧化碳充足。

通风有自然通风和强制通风 2 种形式。一是强制通风。是用动力扇将室内空气抽出室外，把室外新鲜空气吸进室内。即在棚室一端开设动力排气扇排气，另一端安装送风扇，使棚室内产生压力差，形成气流进行通风换气。这种方式，在大型连栋式温室群采用较多。二是自然通风。一般温室，单栋面积多在 667 米^2 以下，以采用简单的自然通风换气方式为主，其方法如下。

(一)开设天窗

玻璃温室，一般在向阳面的中部开设天窗，1 间或 2 间 1 个；塑料薄膜覆盖的温室，一般靠顶部和前屋面的前沿 1 米高处，各设一道通风口，不通风时将缝口的两块薄膜重叠而密闭，通风时扒开缝口进行换气。面积 667 米^2 左右的单栋大棚,一般设顶缝 1 道,侧缝(长向)2 道。在早春或冬季,幼苗刚定植后,常密闭 5～7 天,不通风换气,使棚室内保持较高气温和地温,以促进加速缓苗。缓苗后为促发根,要通风换气使棚室内气温偏低一些,让植株地下部长得快些,地上部长得慢些,培育健壮植株。平时通风换气依植物要求的适温情况而定,要求温度升高时则密闭,要求偏低时则通风换气。结合棚室内湿度情况,排除湿气时开缝通风换气。如果自然气温已达到能满足作物需求时,则要昼夜大通风。通风换气的时间长短及风口的大小视当时、当地自然气候和作物要求的适温情况,随时灵活掌握,不要死记哪一种模式。

(二)底窗通风调温

是指双屋面温室的边窗、门或单屋面温室的地窗、门,或塑料棚无腰缝,靠揭起膜边进行通风换气的方式。这种通风,气流沿着地面走动,大量的冷空气进入棚室内,迫使热空气向上至棚室顶部,使棚室内形成 2 个不同气温层,下部冷、上部热,在早春季节温度还偏低时,大棚四周及靠近棚头、温室前沿的底部和靠近门口的部位,常常出现占 1/4～1/3 面积的作物受扫地风危害。因此,早春季节应尽量避免采用底窗通风换气方式。必须采用底窗通风换气方式时,为了避免扫地风危害,可在靠近门、底窗和大棚两侧的内部,设 50～100 厘米高的围膜(裙),阻挡冷空气直接进入。不设顶缝的大棚,采用扒开侧缝通风时,在早春和晚秋季节里,也要视作物和棚内温度高低,灵活掌握开缝大小和通风时间的长短。到夏、秋季节,自然气温已能满足或超过作物需要的适温范围,则要由逐渐打开窗、门、棚的底膜,开始将凡能开启的地方都敞开,进行昼夜大通风,只要防止雨水直接冲砸作物和过强的阳光直接曝晒即可。初夏时,通风面只能占总面积的 25%～30%,盛夏宜大通风或撤除棚室覆盖的薄膜。

(三)天窗、侧窗结合使用

开天窗和顶缝,易排出热气,地窗和侧窗易进入新鲜空气。冷空气从侧面进入,热空气从上部排出,换气、排湿效果好。适于晚春时期气候逐渐变暖时采用。

二、降温技术

地处北半球的我国,夏季和秋季的棚室内温度常常高达40℃,自然界也处于高温、强阳光或暴雨过程,一般作物都不适应这种气候。6~7月份春菜进入生长发育后期或开始拉秧,秋菜开始种植,有的地区处在强光、高温、暴雨、大风、病虫等灾害条件下,是生产淡季,市场缺菜。为了获得较好收成,提高蔬菜产品质量,常采用降温措施实现栽培目的,以保证市场供应。

(一)遮光降温法

一般遮光20%~30%,可使栽培环境温度降低4℃~6℃。夏季,大棚和温室遇高温、强光照射时,常采用的遮光降温措施有:覆盖旧农膜,降低薄膜透光率;苇帘盖顶,使作物接受散射光;用银灰色、黑色的遮阳网覆盖,遮阴降温效果极好,但不要遮阴过度,以免光照不足;无纺布等覆盖,都能起到遮阴降温的作用,也能起到防止雨水冲砸作物的效果。另外,用食盐掺入石灰乳中,用来涂刷温室外膜或玻璃,使光辐射强度降低,也能起到遮光降温作用,加入食盐的石灰乳不易被雨水冲掉,但不能涂刷得太厚,以起到花阴作用为宜。遮光降温措施,要据作物的耐光性、阳光强度,灵活选用遮光物,避免遮光太多而影响光合作用和作物生长发育,也不要盖得时间太长,掌握作物不致被晒伤、不超过作物光饱和点太多为适宜。同时,注意浇水,使周围空气湿润一些,也能降低危害。如秋季大棚栽培茄果类蔬菜,不宜选用加密的黑色遮阳网,最好用灰色遮阳网;不论选用哪种覆盖物,只在午间前后强光时短时遮光,一般在上午10时以前和下午3时以后都不需遮光，遮阴过度会引起作物减产。各地应在试验的基础上，确定遮阴覆盖物的种类和覆盖时间的长短。实践中，对于喜冷凉、种子粒小、育苗时覆土浅的一些蔬菜品种，为防止高温、曝晒、雨水冲砸，提高出苗率，遮阴是普遍采用的育苗技术环节之一，效果是很好的。

（二）喷水降温

在强光高温季节里，温室、大棚等设施园艺内，有时温度高达40℃以上，如能在温室、大棚内高于作物生长点以上的空间，安装喷水设施给棚室内喷水，中午时一般能降温5℃以上。

（三）喷雾降温

在温室、大棚内安设喷雾装置，喷出水滴直径小于0.05毫米的细雾，使棚室内作物表面处在雾气状态之下，同时加强通风，使棚室内处在较长的蒸发状况下，能降温5℃～7℃，效果甚佳；若露地栽培蔬菜，行间设置微喷塑料软管，高温、干旱时直接给作物表面喷雾，水在田间和作物表面蒸发，使田间、作物的温度下降。对较喜冷凉而不耐高温的蔬菜品种，如结球生菜等使用微喷效果甚佳，为高温、干旱季节栽培喜冷凉蔬菜创造条件。但要注意防止喷雾时间太长，栽培畦存水太多而出现内涝、沤根现象。若能配合高畦地膜覆盖栽培，雾水不直接渗入栽培畦土壤内，不管喷雾多长时间也不会出现内涝、沤根现象。

第六章 设施栽培灌溉技术

随着现代科学技术、材料、工艺等突飞猛进的发展，近20多年来，我国各地的设施园艺栽培在灌溉技术方面，也有了十分可喜的进步，由过去的常规沟灌、漫灌方式改变为采用塑料软管微喷灌、滴灌、雾化式喷灌等技术都正飞速扩大应用。因后者比前者具有省工、省力、省事、效率高、效果好等优越性，令广大菜农十分欢迎，已在大面积生产上不断扩大应用，现已成为成熟的、普遍的实用技术。

第一节 配套塑料软管灌水技术

一、对水源的要求

这是灌溉系统中的首要问题，因软管带的出水孔极小，要求水质清洁、无杂质，以免堵塞出水孔。如用贮水箱、桶自流滴灌，则要求贮水箱、桶与地平面有一定的落差；如水源为输水管道，则棚室内的主管可与棚室外的输水管道直接连接，通过棚室内主管的闸阀控制、调节灌水量。例如，北京地区最初采用日本式软管滴灌，以大塑料桶作贮水器，也有用铁桶、水缸、水泥槽代替，容量约0.5米^3。将贮水器架设在离栽培床面0.5～1.5米高处，以落差产生的压力将贮水箱内的水不断输入软管中而自流喷出，达到滴灌的目的。滴灌面积大而集中的地区，可采用压力罐式浇水，即机井房配备一个压力罐，容量2～8米^3，把机井水不断地抽入罐中加压至196.13～490.33千帕(2～5千克/厘米^2)，即可实行大面积滴灌，凡有自来水设施的温室和大棚群均可采用。

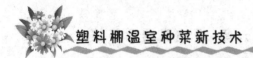

二、设备配件

包括自来水的输水管道、闸阀、水表、塑料或橡胶管道、三通或旁通、堵头、塑料软管带等设备,还可加上施肥器配套使用。塑料软管一般用折径 4～5 厘米的塑料软管带,管带上每隔 25～30 厘米打出水孔 2 个(双向打孔)。多采用黑色管带,若用蓝色管带则易长绿苔堵塞出水孔。

三、组　　装

把水源引入棚室内的一端或中间(如大棚长 50 米以上时最好设在中间),伸出地面 30～50 厘米高,如图 6-1 所示。接装上输水管道闸阀、水表,按栽培畦距离需要装上三通或旁通,接上塑料软管带,把软管带末端打结扎牢即可投入使用。一般软管带铺设在两行栽培作物的中间。如在水表与第一道塑料软带之间并联施肥器进行配套使用,即可实现浇水、施肥半自动化,既省工又省力。

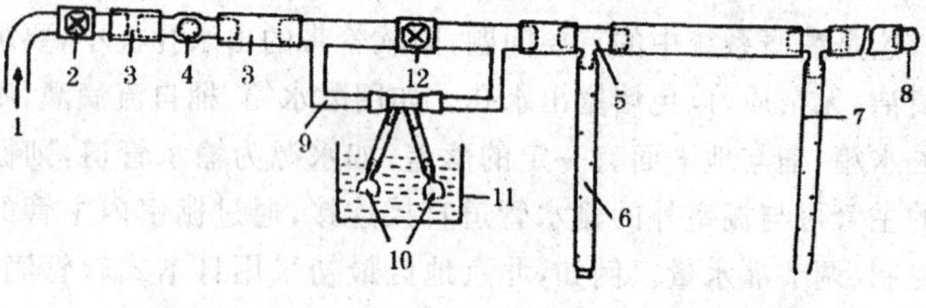

图 6-1　日光温室塑料软管灌溉组装示意图

1. 自来水　2. 闸阀　3. 塑料管或橡胶管　4. 水表　5. 三通或旁通　6. 塑料软管带　7. 管带出水孔　8. 输水管末端堵头　9. 文丘理施肥器　10. 杂质过滤装置　11. 肥料或农药溶液槽　12. 调节闸阀

在使用施肥器时须注意以下几点:一是文丘理施肥器安装时必须使箭头方向与水流方向一致,倒装不能吸入肥料;二是调节闸阀在浇水时尽量开大。施肥时调节大小达到能吸入肥和吸入肥料比例合适时再固定；三是农药、肥料一起施用时，过滤器应分别放入肥料、农药溶液槽中；四是使用压力最好用 29.42～49.03 千帕(0.3～0.5 千克/厘米^2)，太大会影响塑料软管带的使用寿命，太小在带长 30 米以后段因水压不够而浇水不足。

四、塑料软管灌水及其配套的农业技术

除了要有前述的设备和组装及使用的注意问题以外，还需与其他技术配合。

(一)高　畦

设施园艺栽培，采用塑料软管灌水技术，应配合使用高畦栽培，以提高地温和加厚作物根系活动的熟土层，有利于作物生长。

(二)地　膜

采用高畦地膜覆盖栽培，主要是使土壤蒸发面变小，能使棚室内的空气相对湿度下降 7%～14%，形成不利于病菌孢子发芽的小气候环境，从而使发病时间推迟和病情指数降低，减轻病害造成的产量、经济损失。当然，覆盖地膜还有增温、保墒、保持土壤疏松、护根等多种作用。

(三)施　肥

要求养分充足，生育后期不脱肥早衰。营养元素要完全。因盖地膜后施肥困难，除使用文丘理施肥器外，追肥只能揭膜施肥，施肥后再把地膜盖好，或者在膜上打孔施入根际再把施肥孔盖严，这些方法都费工、费事，还容易引起断根、烧根等。所以，最好的办法是一次性施足基肥，即农家肥加上磷肥、钾肥，掺和均匀，经过堆沤，在整地时一次施入栽培畦内，达到营养元素全面而肥效长的作用。若采用文丘理施肥器追施化肥，完全可以达到省工、省时、保证肥效的施肥目的。

(四)稀　植

常规栽培法栽培密度取决于环境条件和叶面积指数，以及栽培管理水平。合理密植，既能充分利用阳光，又不过于荫蔽，能使作物取得最佳产量。因设施园艺采用软管灌溉技术，配合采用高畦、盖地膜栽培、使用文丘理施肥器等技术后，栽培环境比不盖地膜、沟灌时大大改善，作物病害较少、生长发育强壮、根系发达、作物寿命延长。为了使作物不出现因长势好而互相遮阴，一般要比常规栽培密度低些，如棚室内黄瓜，常规栽培密度如果是 4 000 株/667 米^2，采用高畦、盖地膜、软管浇灌时，其种植密度可减少 10%左右，即以 3 600 株/667 米^2 为宜。

第二节　雾灌技术

雾灌技术，是一种有前途的新技术。在欧美和日本等国，大型温室集中的地方和塑料大棚内已普遍使用，主要用于草莓、果类蔬菜栽培和蔬菜育苗、插条、嫁接、花卉盆栽、蘑菇栽培等。需要空气相对湿度较高的栽培，如叶类菜栽培，也多有使用。在高温、干旱季节，为使棚室降温，也往往采用雾灌技术。冬季寒冷季节，也有采用喷雾保温的做法。

有 2 种雾灌方式：一种是空中架设管道，装上喷嘴，水呈雾状喷洒在作物上，达到降温、保湿的作用；另一种是像用塑料软管灌溉一样，把软管带铺设在地面上的作物行间，开放闸阀，使水呈细水柱状喷出，并以一定的角度喷射在作物上，特别是喜湿、怕高温的蔬菜栽培，使田间空气湿度增大和降低温度。这些雾灌方式，有时还可兼用喷洒各种农药，防治病虫害。

第三节　喷灌技术

蔬菜作物栽培使用喷灌浇水，在我国发展较快，特别是大面积露地栽培使用已相当普遍。水的压力一般多为29.42～196.13千帕(0.3～2千克/厘米^2)。喷灌比常规沟灌具有下述几方面的优点。

一、省　水

喷灌容易做到按作物需要控制浇水量,实行指标化管理,浇水均匀度高,比地面沟灌可省水30%～50%。

二、提高土地利用率

采用喷灌,是地下埋设管道,地面伸出1米左右高的水管接上喷头,浇水时只要开启闸阀就可实行自动喷水,田间无须设立毛渠,节省土地10%～15%。

三、利于调节田间小气候

在高温季节喷灌水的温度比气温低,一部分水被汽化要吸收部分热量。据测定采用喷灌的地块或大棚、温室内气温可比地面沟灌时的气温降低2℃～3℃,而空气相对湿度却可高4%～8%,对于抗热栽培或夏秋季栽培不耐热的蔬菜品种,生产超时令的蔬菜等都很有利。

四、提高劳动效率

采用喷灌浇水技术,只需开关闸阀,就能实现自行浇灌或停止浇灌,可免除沟灌时要人工挖开、填堵畦口的劳动用工,便于减轻劳动强度和提高劳动效率。

五、其　他

采用喷灌还有保持土壤结构、延缓板结进程、减轻或避免土壤盐碱化的作用,也能促进蔬菜的生长发育,增加产量。

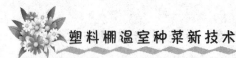

不足之处是：设备、铺设地下管道的一次性投资较大。此外，特别干旱、蒸发量较大的地区，不便采用。有些蔬菜如番茄等空气湿度提高容易引发多种病害，也需要审慎采用。

第四节　滴灌技术

滴灌比喷灌在技术上更为优越，设备及维修的投资、技术也要求更高。目前，在我国仅限于科研单位及示范性使用，应用于生产的面积还不大，且集中在无土、营养液栽培方面使用，在西欧和日本等国家，特别是劳力紧缺、温室群面积大，又采用无土栽培的单位已普遍采用这一技术，并已应用电子计算机自动控制进行管理。

这种技术是向植株根部直接滴水，如岩棉、沙培、蛭石、草炭基质栽培，都可使用这一技术，连同施肥完全可据作物营养需求，进行科学计算而满足需求。因此，栽培上能实现科学化、高效率，保持土壤通气性，也有利基质或土壤消毒，消灭土传病害，抑制地上部各种病害发生。如日本山武株式会社研制的滴灌系统，设置在地表面，移动极为方便。其主要部件由分流射管、应用调节器、泵、过滤器、减压阀、电磁阀、细流射管、滴下管、横向管道等组成。

这种滴灌技术，便于实现科学化管理，但因投资大，国内设备不配套等因素，所以应用面积尚不能迅速扩大。

第五节　渗灌技术

渗灌是通过地下渗水管道使水渗出而浸润土壤，达到向作物供水的灌溉方式。这种方式虽然更有利于蔬菜生育和保护土壤团粒结构等好处，但埋设于地下的管道渗水孔，易受作物根系、土壤等影响而堵塞，需在供水管周围用砂子或海绵、网罩等维护起来，以防渗水孔被堵塞。因而，无形中加大了工程设施费用，投资较大而且耗水较多。日本等国，渗灌用的是薄壁、穿孔的硬质管材，外面罩上聚乙烯网状管套，再套上合成纤维管，其上打孔，一般孔径1.2～1.4毫米，孔距约20厘米。

这种灌溉方式的优点是：无须地面渗水，没有重压作用，土壤结构不会产生强烈变化。地表常保持干燥，空气相对湿度低，作物发病概率小。

因水分向四周扩散速度较慢，又有自然向下渗透等问题，最好在供水设施下部，再铺一层薄膜作隔渗层，以便供水渗透在耕层上，减少向深层渗透而浪费水资源。一般设计为每平方米给水10～20升为宜。地下管埋设深度为50～100厘米。要选择土壤团粒结构好、富含有机质的地块，以利水分扩散。

第七章 蔬菜设施栽培技术

第一节 早熟栽培技术要点

一、黄 瓜

(一)品种选择

黄瓜的早熟栽培,应选耐低温、耐弱光、结瓜部位低、瓜码密、回头瓜多的早熟品种,如国产的长春密刺、山东密刺、津杂1号、津杂2号等,以及日本产的夏桑、王金女神2号等。

(二)培育壮苗

1. 浸种催芽 用55℃～60℃热水浸拌种子5～10分钟,促进种子吸水活化和杀菌,待水温降至30℃时停止搅拌,在室温下浸种6小时,然后将种子沥干,用多层湿纱布或麻袋片包好,置于28℃～30℃恒温条件下催芽,经14～20小时种子发芽即可播种。

2. 营养土配制和播种 提前用50%草炭或炭化稻壳、30%腐熟马粪、20%园土,加适量化肥和少量杀虫杀菌剂拌和成营养土,过筛后铺在苗床或育苗盘上。播前浇透底水,按1.5厘米和3厘米的株行距将种子平摆于育苗床或盘内,覆土厚1～2.5厘米,其上盖地膜,保温保湿和防止水滴直接滴在苗上。

3. 苗期管理 出苗前要维持较高的温度,白天30℃～32℃,地温25℃左右。出苗后要适当降低温度,白天25℃～28℃,夜间16℃～18℃。培育壮苗的关键是,子叶期不能高温高湿,温度高水分大,极易徒长(下胚轴伸长),影响秧苗的质量。当子叶充分展开，第一片真叶出现期进行移苗，移入 8 厘米×8 厘米或 10 厘米×10 厘米的塑料钵内，营养土是在育原苗营养土的基础上，每吨加化肥 4 千克。移苗后将育苗钵放在 30℃条件下继续养苗 1 周左右，缓苗后适当降温，白天 20℃～25℃，地温 20℃～22℃，夜间 15℃～20℃。

4. 苗龄　春天早熟栽培的黄瓜苗龄可适当延长，一般 45 天左右。但不同品种有不同要求，如津杂 1 号、津杂 2 号需苗龄30～35 天，当苗长至 4～5 片真叶期即可定植。

(三)定植及其管理

当大棚或温室地温稳定在 10℃～12℃及以上的温度时定植。定植前结合整地施基肥，地面喷 70%敌磺钠可溶性粉剂 500 倍液进行土壤消毒，然后做高畦，铺设塑料软管和地膜。秧苗喷药后带药定植。定植时按 50 厘米×33～40 厘米株行距打孔，浇暗水，栽苗，封掩，同时进行小拱棚覆盖。定植后 1 周左右不浇水，以保持较高的地温，促进根系发育，缓苗后至初花期少量追肥灌水，秧苗较弱或叶色浅淡可追叶面肥，追施 500 倍液的多氨液肥，植物健生素 500 倍液或 0.2%的尿素均可。夜晚保温方法可采用多层覆盖，盖上小拱棚，拉起二道幕保温，白天尽量早拉开草苫等覆盖物，以增加光照。每天要保证 8～10 小时的光照，温度保持在 25℃左右，高于 30℃时要通风换气。发现中心病株，立即用百菌清烟雾剂(点燃熏烟)灭菌防治。

立架或吊绳引蔓，增加通风透光的空间，以减少病虫害的发生。每周打底部老弱病叶 1 次，及时绑秧引蔓和采摘，特别是底部根瓜要早摘，以促进上部瓜的生长，促进提早收获。

二、番　茄

(一)品种选择

根据当地食用习惯，选用红色、粉红色或黄皮早熟品种，如沈阳地区食用习惯主要是粉红色番茄品种，多选用沈粉1号、沈粉3号、强力米寿、402号等粉红色早熟品种，北京地区为佳粉系列等品种。

（二）培育壮苗

春天早熟栽培的番茄，苗龄需60～70天，株高达15～20厘米，根系发达，茎秆粗壮，叶色深绿，长有7～8片真叶，少部分现蕾，这样的幼苗是早熟丰产的基础。

1. 浸种催芽　用50℃～55℃热水浸拌种子，待水温达30℃时停止搅拌，在室温下浸种6～12小时，然后出水，用多层湿纱布或麻袋片包好，置于28℃～30℃恒温条件下催芽，经36～42小时出芽即可播种。

2. 播种技术　将配好的床土参照黄瓜的营养土配方过筛后铺在床面或育苗盘内，播前浇透底水，然后将催芽种子均匀地撒播在床面上，其上覆盖细土1厘米，播种后盖上废报纸或塑料薄膜，保持床面的湿度和温度，以利出苗。

3. 苗期管理　播种后床土要维持25℃～28℃较高的温度，种子出土快而整齐，出苗后要防止下胚轴伸长而形成徒长苗，要适当降低温度，床温白天在15℃～20℃，夜间10℃左右，空间温度以20℃～25℃为宜。当幼苗第一片真叶形成、第二片真叶吐心时，进行1次分苗，以加大营养面积，促进根系发育。挑选无病健壮幼苗，放入8厘米×8厘米或10厘米×10厘米的育苗钵内，将钵放在25℃～28℃较高温度条件下继续养苗，促进根系发育。幼苗开始生长，表示根系再生和成活，此时要适当降温，并浇缓苗水。白天温度20℃～25℃，夜间保持10℃左右，以利白天光合作用和夜间减少养分消耗。

定植前7～8天给幼苗浇透水，然后移动育苗钵，加大钵间距离，降低温度，控制浇水，进行植前低温锻炼，尽快使幼苗适应外界环境，有利定植后缓苗快。

(三)定植及其管理

定植前要进行整地做畦，施基肥，每 667 米^2 施农家肥 4～5 吨，并掺入过磷酸钙 50 千克、钾肥 10 千克。定植时要合理稀植，以改善全园的通风透光条件。为照顾群体结构，便于通风透光和操作，目前大都采用高畦铺地膜栽培。畦宽 80 厘米，每畦栽双行，株间距离 25～30 厘米，每株留 3 穗果摘心，单秆整枝，注意打杈和摘掉底部老弱病叶，以减少营养物质的消耗，控制营养物质的流向，促进早熟丰产。为防止落花落果，在培育壮苗和加强栽培管理措施的同时，可施用植物生长调节剂，常用的有 25～50 毫克/千克的对氯苯氧乙酸(PCPA)等。

番茄定植后，生育期要注意追肥和灌水。定植时浇足水，1 周后缓苗，表示新根生出，浇 1 次缓苗水，以后直至开花坐果期不干不浇水，以促进根系向纵深发展。当开花到坐住第一穗果后，应逐渐加大追肥和灌水量，初果期每6～7 天浇 1 次水，盛果期每 3～4 天浇 1 次水。随着开花结果，需肥量也越来越大，设施栽培一般追 4～5 次化肥，前期每隔 1 次浇水，随着追 1 次硫酸铵或尿素，每 667 米^{2}15～20 千克，进入盛果期每次浇水都随着追硫酸铵或尿素 1 次，每 667 米^2 追化肥 20～25 千克。

番茄是喜温蔬菜，不耐低温，不抗高温，定植后进行多层覆盖，白天揭开增加光照，提高温度，有利光合作用，晚上覆盖保持温度，减少消耗，增加积累。一般前期注意保温，后期注意通风管理，以白天保持温度 25℃～28℃、晚间 15℃～20℃为宜。

三、茄　子

(一)选用早熟优良品种

据各地消费习惯，选用适合的品种，北京地区选用六叶茄、七叶茄早熟品种；沈阳、大连等地，选用沈阳紫长茄、辽茄 2 号、柳条青和日本产飞天长茄等早熟或中早熟高产品种。

(二)培育适龄壮苗

1月上中旬浸种催芽，温室内可用电热线温床育苗，播种土温25℃～28℃，出苗后白天温度维持25℃，夜间15℃～20℃，5厘米深土温15℃～18℃。苗龄75～85天。6～7片真叶期即可定植。

(三)加强田间管理，促进壮秧早熟

1. 整地、做畦、施基肥　茄子适宜大中棚栽培，要提早覆盖棚膜，整地做高畦，铺设滴灌软管和地膜。结合整地每667米^{2}施农家肥4 000～5 000千克和过磷酸钙80千克，混合施入。

2. 温湿度和肥水管理　定植后1周左右不通风，缓苗后白天温度维持25℃～28℃，夜间15℃左右。在缓苗期间不浇水，防止降低土温，缓苗后浇缓苗水，坐果初期开始追肥、灌水，每667米^{2}结合浇水追施硫酸铵20千克。门茄现果后逐渐加大肥水，每隔4～6天浇1次水或追1次肥，整个生育期追4～5次尿素或硫酸铵，浇水7～8次。

3. 加大密度，及时整杈摘心　棚内做高畦，畦宽70厘米、畦间70厘米，每畦栽双行，株距33厘米，每667米^{2}栽2 900株，每株收果7～8个。"四门斗"果坐住后及时摘掉顶端的生长点，争取前期高产量和集中采收。及早倒茬，增加收入。在整个生育过程中要注意分次打掉门茄以下的叶片和分枝。

4. 及时采收，增加产量　定植后50天左右开始采收，特别是门茄要及早采收，以利对茄以上的茄子生长。适时采收，以提高品质，增加效益。

四、甜　椒

甜椒适宜中小棚栽培，适宜苗龄80～85天。

(一)选用优良品种

选用当地适栽和消费习惯要求的品种,如辽宁选用辽椒4号、沈椒4号、茄门甜椒等高产、抗病、质优品种。

(二)培育壮苗

1. 浸种催芽　用50℃温水浸种,边倒水边搅拌,待水温降至30℃时放室温下浸种48小时,并进行2~3次清洗,以增加氧气,搓掉种子表面的果胶、杂质和辣味,有利吸水和出芽。捞出种子后装入湿纱布袋中,置于28℃~30℃条件下催芽,并进行2~3次清水漂洗和翻动,保证袋内种子受热均匀。

2. 播种育苗和苗期管理　用40%腐熟马粪、30%草炭、20%园土和10%草木灰配成营养土,过筛后铺在播种床或育苗盘内,稍加镇压后,打平床面,浇透底水,待水渗下后立即播种。播种后覆土1厘米左右,其上覆地膜,以利保温保湿。维持土温20℃以上,气温30℃左右。芽子拱土即揭掉地膜。1周后苗出齐,白天保持气温25℃~27℃,夜间15℃~18℃。

当苗长至2片真叶期,分苗于8厘米×8厘米的塑料钵内,每钵单株,将钵摆在电热线温床内,白天保持温度28℃左右,晚间18℃~20℃。7~8天即缓苗,缓苗后要降低床温,白天25℃以上,夜间10℃以上,不旱不浇水。随着外界温度升高,苗床要由小到大逐渐通风。栽前要进行低温锻炼,当苗高25~28厘米、7~8片叶时即可定植。

(三)定植和田间管理

定植前整地、做畦,铺地膜和设置滴灌软管。采用小拱棚覆盖。结合整地每667米^{2}施农家肥5~10吨和复合肥50千克。地温稳定在10℃以上时定植。栽植畦距70厘米,畦宽70厘米,每畦双行,株距30厘米。定植后缓苗期不通风、不浇水,缓苗后棚内白天气温保持在25℃~28℃,不超过30℃,夜间气温保持在10℃

以上。花期开始追肥浇水，由每 667 米^2 追施尿素 15 千克逐渐提高到每 667 米^2 20 千克，共追肥 4～5 次，浇水 6～7 次。

(四)叶面喷肥和病虫防治

苗期喷 1 次 500 倍液的多氨液肥。定植后叶面喷施 0.25% 磷酸二氢钾和 500 倍液的多氨液肥各 1 次。苗期发现个别秧苗发病时，喷 1～2 次 70% 甲基硫菌灵可湿性粉剂 600 倍液。定植后每隔 10 天左右喷 1 次。苗期或定植后，发现有蚜虫或螨类危害时，喷施 20% 氰戊菊酯乳油 1 500 倍液或其他灭蚜、杀螨剂，随发生随喷药。

五、芹　菜

(一)选用优良品种

选天津马厂芹菜、菊花大叶芹菜、意大利实秆芹菜、上海大芹和西芹等优良高产品种。

(二)培育壮苗

经过浸种催芽的种子，稀疏地播于床面上，以防因过密而徒长或造成秧苗细弱。按每平方米 10 克左右的播量，播于配好的床土上，床土要筛细铺平，播前浇透底水，播后覆土 0.5～1 厘米厚，其上覆盖薄膜保湿保温。出苗后适当浇水，不再追肥，防止徒长，促进秧苗健壮。

(三)定植后管理

定植前整地做平畦，结合整地做畦每 667 米^2 重施农家肥 7 000千克。定植时，先栽苗后灌水，水要灌足。挖穴栽苗，每穴 1 株，株行距 8 厘米×10 厘米，每 667 米^2 保苗 8 000～9 000 株。定植缓苗后，随水每 667 米^2 追施硫酸铵 25 千克，接着进行 1 次松土保墒，促进根系发育。

芹菜春季大棚栽培，依各地习惯栽培季节提前育好苗，如沈阳地区为1月中下旬育苗，3月下旬大棚定植。定植前期注意保温，有利根系伸展和茎叶生长，后期适当降温和加强通风换气。发现病株及时喷药，可选用75%百菌清可湿性粉剂500～800倍液防治。秋、冬季温室栽培，7月中旬高床育苗。注意稀播，遮阴降温，培育壮苗。9月上旬定植于温室，注意灌水、追肥、除草、松土保墒，防止徒长。9月中下旬覆盖薄膜，但要注意通风降温，室温控制在18℃～20℃。11月上中旬加盖草苫、纸被或多层覆盖。最低温度维持在3℃以上，防止冻害。从11月中旬开始多次劈叶采收，至翌年4～5月份采收结束；整株收获的，最好收获期安排在元旦、春节前，可大大提高经济效益。

六、韭　菜

塑料薄膜温室栽培韭菜能获得高产、高效益。其主要技术措施如下。

（一）选用优良品种

选用抗寒、抗热、返青快、休眠期短的嘉兴白根品种和当地认定的优良品种。

（二）整地施基肥

4月上中旬在温室内结合整地每667米^{2}施农家肥10吨和尿素30千克，与土壤充分拌和，打碎土块，耙细耙平，按行距35～40厘米做垄，垄沟宽10～15厘米，踩实垄台。

（三）播种和苗期管理

干籽播种，每667米^{2}播种量7.5千克。籽要撒匀，避免赶堆，播后踩实，稍稍盖些混合农家肥的细土，再轻轻加以镇压，然后浇透水，其上覆地膜或废旧塑料膜，保湿保温，促进发芽和出苗。出苗后撤掉薄膜，随着秧苗的生长进行浇水、除草、松土，逐渐使垄台变成垄沟,加厚秧苗的覆土层。立秋节气后追1次粪干或化肥(硫酸铵40千克)。9月上中旬用90%敌百虫原药400倍液灌根。夏季注意通风、遮阴降温,防止病害。发病前用50%腐霉利可湿性粉剂1 500倍液防治。从10月中旬开始采收至翌年4月中下旬,可收6刀韭菜,产量超5 000千克,产值超万元。

七、油　菜

大、中、小塑料棚油菜栽培的主要技术措施如下。

(一)选用优良品种

选四月慢、五月慢等抽薹晚的油菜品种或苏州青等叶肉厚、颜色浓绿的高产品种。

(二)播种育苗

育苗可畦播、分苗或用3.3厘米见方的纸钵或3.3厘米见方的营养土方直播。苗龄30～35天,3～4个叶片即可定植。

(三)定植及其管理

棚内整地施基肥,每667米^{2}施农家肥5吨,并施入硫酸铵30千克。整细土壤,做平畦,畦宽1.2米,以10厘米×10厘米株行距挖穴栽苗。栽后覆土,灌透水。3月下旬定植,前期用小拱棚、天幕等多层覆盖,缓苗后1周左右撤掉小拱棚,并注意通风降温,保持土壤湿润,适时追肥,生育期间喷2～3次多氨液肥500倍液或植物健生素1 000倍液等叶面肥,促进叶片肥厚,增加产量。

八、西 葫 芦

西葫芦属于美洲南瓜,有蔓生和矮生2种类型,以矮生种栽培普遍。西葫芦以嫩果供食用。在瓜类蔬菜中适应性最强,对低温和高温的适应能力都超过黄瓜,又抗旱和耐瘠薄。

(一)品种选择

1. 阿尔及利亚西葫芦　早熟。茎蔓短,节间密,不易发生侧枝,第五至第六节开始结瓜,每株可采收4～5个嫩果。

2. 一窝猴　北京农家品种。结瓜比较集中,品质好。

3. 阿太一代　植株茎蔓短,节密,不发生侧枝,第五至第六节结瓜,每株可采收嫩瓜4～5个,产量较高。

4. 灰采尼　抗病性较强,不易化瓜,产量较高。

(二)育　苗

1. 浸种催芽和播种　从播种到采收约需60天。先用清水选种,剔出未成熟种子,再用55℃热水浸泡10分钟,捞出后用20℃～30℃温水浸泡4小时,捞出沥干,用纱布包好装入盆中,放在25℃～28℃处催芽,芽长0.2～0.4厘米时播种。

2. 营养土配制　可用1/3的腐熟粪肥(马粪或鸡粪)、1/3的蘑菇菌废料、1/3园土,充分拌匀后装钵,因西葫芦叶片较大,需较大营养面积,苗间距不宜小于10厘米,在每个营养钵中央扎一小孔,将催芽的种子平放在营养钵内,小芽伸入孔中,盖2厘米厚营养土。

3. 培育壮苗　出苗后,白天保持温度20℃～25℃,夜间10℃～15℃。白天温度超过25℃时通风,温度降至20℃以下时停止通风,以控制温度。早晨揭草苫最低温度应保持6℃～8℃。壮苗标准为3～4片叶,株高不超过10厘米,茎粗0.4～0.5厘米,叶色浓绿,叶柄长度相当于叶片长度。大约30天育成。

幼苗期适当控制水分,不发生旱象不浇水,需要浇水时要选择晴天上午进行,浇水后加强通风。定植前5～7天加强锻炼,白天降温到20℃左右,夜间5℃～8℃。

(三)定　植

1. 整地施基肥　深翻耙平,每667米^{2}施农家肥4 000～5 000

千克后再翻1遍，然后做垄，大行距80厘米，小行距50厘米，在小行距两垄上覆盖地膜，准备定植。

2. 定植方法、密度　选晴天上午栽苗，在垄中央按50厘米株距破膜打孔，按秧苗大小分级栽入孔中，栽苗深以土方上皮低于垄面1厘米为宜，浇足定植水，把膜孔用湿土封严。每667米^{2}栽苗2 000株左右。

（四）定植后管理

定植后密闭保温，促进缓苗。缓苗后白天温度超过25℃通风，降到20℃时停止通风。晴天室温降至15℃时覆盖草苫。早晨揭苫前保持8℃～10℃。春天室外气温升高后应加大通风量，揭开前底脚薄膜通底脚风。最低外温12℃以上时夜间可不关通风孔。

缓苗后结合暗沟灌水或滴灌，每667米^{2}追施磷酸二铵15千克，灌水量不宜过大，水刚到垄的末端即可，这次追肥、灌水是为了催秧，紧接着进行蹲苗。当第一条瓜长到10厘米以上时开始第二次灌水。以后根据天气和植株长势进行追肥、灌水，既要防止氮肥多、水大，造成疯秧，又要防止土壤干旱或脱肥影响果实发育。一般追施氮肥2～3次，前期10天左右灌1次水，结果期外温升高后，通风量逐渐加大，5～7天灌1次水。

（五）人工授粉

塑料薄膜温室冬春季栽培，花期昆虫传粉困难，最易落花、化瓜，必须人工授粉，防止化瓜。以上午9～10时授粉效果最好。

（六）采　收

西葫芦以嫩瓜为产品，第一条瓜应尽量早采收，一般250克左右即可采收。采收过晚，不但引起化瓜，还易坠秧，影响植株正常生长和以后坐瓜。采收时还应视察植株长势，对植株长势弱的瓜，应早采收。

第二节 延后高产栽培技术要点

一、番茄一年一茬延后栽培

(一)选用良种

选耐热、耐寒、抗病、高产的优良品种,如沈粉1号、佳粉10号和强力米寿2号等,均为各地适栽品种。

(二)培育壮苗

一般苗龄70~80天,1月中下旬播种,3月下旬至4月初定植。

种子经过催芽后撒播于育苗盘内,置于28℃~30℃条件下育子苗。出苗后白天温度控制在20℃~25℃,夜间10℃~15℃。幼苗长至2片真叶期分苗,移植于8厘米×8厘米或10厘米×10厘米的育苗钵内,移苗温度以白天25℃~28℃、夜间15℃~20℃为宜。缓苗后白天温度控制在20℃~25℃,夜间10℃~15℃。苗期不干不浇水,防止徒长或引起病害。定植前1周,停止浇水,逐渐降温炼苗。

(三)定植、整枝及管理

当秧苗长至6~7片真叶期即可定植。定植前整地,沟施肥,做高畦,铺滴灌软管和地膜。畦沟和畦宽均为80厘米,每畦栽双行,株距33厘米。用竹竿插立架,每株1根架材,引蔓上架,单秆整枝,此后随时打掉再长出的分枝和底部老弱病叶。当第一穗果采收后,开始落秧盘蔓,将下部茎秆盘落在畦面上,上部茎秆轻轻下落,并重新绑在架材上,共落秧3次,采收14~17穗果,至9月下旬采收结束。每667米^{2}产量达7 500~9 000千克。

番茄延后栽培的整个生育期,尤其是结果期不能缺肥,要适时适量追施氮肥和磷钾肥，并附加3%磷酸二氢钾或碧全健生素500倍液进行叶面追肥。番茄在15℃以下和30℃以上温度条件下，花器容易变形，难以正常发育，所以番茄的整个结果期须用防落素处理，防止番茄在低温或高温条件下落花落果。延后栽培的番茄，生育期较长，要加强肥水和温湿度管理，特别是病虫害防治。主要病害有立枯病、早疫病、叶霉病等。可用50%多菌灵可湿性粉剂300倍液灌根，防立枯病。用百菌清烟雾剂或三唑酮防治早疫病等。

二、番茄秋延后栽培

是秋初播种、上冻前拉秧。结合贮存，可供应到春节前后。其栽培要点如下。

（一）选用良种

秋延后番茄栽培前、中期处于高温季节，所以要选用抗热品种，如佳粉2号、佳粉10号、强力米寿、强丰等高产品种，以及各地的抗热、高产良种。

（二）育　苗

育苗移栽时，采用遮阴育苗。大中棚栽培直播时，可行条播，膜盖顶不盖脚，可防高温、防雨水溅苗和抑制病毒病等病害发生。育苗移栽或直播，每穴均播3～5粒种子，2叶1心进行第一次间苗，留2～3株好苗，直至定植或定株为止，尽量压低病毒病的株数。间苗、定植或定株过程中去掉病、弱苗时，要用剪子剪掉淘汰苗，不要拔、掰或掐断。苗龄15～25天，即定植用小壮苗。北京地区一般7月初至7月15日播种，直播不迟于7月20日，于7月下旬至8月初定植。

（三）定植或定苗

育苗移栽需要定植，直播需要定苗。定植时，每穴留2株苗，直至快开花时最后定株。直播的，因7月份至8月底正处于高温、强光照射时期，番茄易发生病毒病等病害。为了尽量减少病株，保证留足壮苗，所以直播定株前也保留2株苗，到定株时剪去多余苗或病苗。定植密度依留果穗多少而定，一般只留2～3穗果，留2穗果每667米^{2}可栽4 000株，留3穗果可栽3 600株。

（四）定植后管理

高温期在傍晚或早晨浇水，忌午间浇水。9月中下旬后要做防寒准备，以备降温后能及时保温，防止冷害。10月中旬前后，除了午间高温需通风外，其余时间应密闭，尽量保持较高的温度，以促进果实发育和成熟。为防落花落果，可用防落素蘸花，并防治病虫，减少病虫果。9月25日以后开花的，均不能形成商品果（不加温情况下），要剪掉，以促商品果实的膨大、成熟。其他管理与常规管理相同。

（五）收　获

温度下降至0℃时，秧果不再生长（北京地区一般在10月底到11月初），在此以前采摘红熟果上市，到此时要全部收获进行贮存。选温室作贮存场地，平整好，铺上草苫，把收获的整穗未红熟的果实码成宽1米的垛放3～4层，以后每5～7天挑选红熟果上市，可贮存40～80天。贮存场地最好消毒1次。收获果穗要轻拿、轻放、轻运，防止扎破果实。正常贮存温度为8℃～12℃，为延长上市时间，贮存温度可低些；如要提早上市，贮存温度可增高些，温度越高，果实红熟的速度越快。

三、黄瓜秋延后栽培

黄瓜塑料大棚秋延后栽培技术要点如下。

（一）品种选择

选适应生育前期高温、长日照，后期低温、短日照的品种，如津杂1号、津杂2号、夏丰1号、秋棚1号等。

（二）播种育苗

7月中旬催芽播种。将种芽直接播于8厘米×8厘米育苗钵内。于8月上旬大棚定植，苗龄20～25天，长至2～3片真叶期即可定植。播种时浇透水，播后不干不浇水，并注意遮阴、降温和通风管理。苗期若发现有蚜虫、螨类等虫害，可用灭蚜、杀螨剂防治。

（三）整地定植

大棚前茬作物收获结束后，重新整地、施基肥、做畦，铺设滴灌软管和地膜，按行距60厘米、株距30厘米打穴，坐水栽苗，栽后封埯。

（四）田间管理

1. 温度调控　秧苗栽植初期，棚内温度较高，要掀起通风帘，昼夜大通风，当外温降至12℃左右时，夜间关闭，白天通风。随着日期推移，逐渐缩短通风时间，减少通风量。后期为提高温度、防止冻害，夜间要拉起二道保温幕保温。温度继续下降时，在大棚周围加盖草苫防寒。

2. 肥水管理　缓苗后浇缓苗水。当根瓜收获后，要加大施肥量，增加灌水次数，特别是结果盛期每5～7天浇1次水，追1次肥，每667米^{2}追施硫酸铵或磷酸二铵15～20千克。

3. 植株调整和采收　黄瓜蔓要及时捆绑引蔓上架，用竹竿立架、尼龙网架或吊绳引蔓均可。侧枝较多的品种，将10片叶以下的侧枝打掉，上部每个侧枝留1瓜，主蔓每2～3节留1瓜。随时打掉下部老弱病叶，长至20～30节时摘心，促进结回头瓜。前期注意勤采勤收，后期随着温度下降，生长速度缓慢，亦应降低采收频率。

4. 病虫害防治　黄瓜生育过程中发现蚜虫、螨类或白粉虱等虫害时，可用20%氰戊菊酯乳油5 000～8 000倍液，或10%氯氰菊酯乳油8 000倍液，或2.5%溴氰菊酯乳油2 000～3 000倍液喷杀。发现有霜霉病、白粉病、炭疽病、疫病等病害时，可用1∶1∶200波尔多液，或65%代森锌可湿性粉剂400～500倍液，或25%甲霜灵可湿性粉剂800倍液，或75%百菌清可湿性粉剂500～800倍液喷雾防治。对于枯萎病，除采用倒茬轮作和嫁接栽培外，还可用75%敌磺钠可溶性粉剂1 000～1 500倍液灌根。

四、甜椒全年一大茬延后栽培

大、中棚甜椒全年一大茬延后栽培技术要点如下。

(一)品种选择

选用茄门甜椒和辽椒3号、辽椒4号等结果率高的高产品种。

(二)培育壮苗

1月中旬播种育苗，3月下旬至4月上旬大、中棚定植，苗龄70～80天。

播种前浸种催芽，配好床土(草炭40%＋腐熟马粪40%＋园土20%过筛)，铺设好电热线温床。将营养土铺在床上，浇透底水，水渗下后撒播种子，上面覆土1～1.5厘米，其上盖地膜，扣小拱棚，白天保持温度25℃～30℃，晚间20℃～25℃。出苗后撤掉地膜，并开始降温。白天揭开小拱棚通风，晚上覆盖，白天保持温度20℃～25℃，夜间12℃以上。至2～3片真叶期移植，移于8厘米×8厘米营养钵内。移植初期，放置于电热温床，白天保持温度25℃～28℃，晚间15℃～20℃。缓苗后逐渐降温，白天20℃～23℃，晚间10℃～15℃，促进苗齐苗壮。

(三)定植及其管理

4月上旬0～30厘米耕层土温稳定在10℃以上时，即可进行大、中棚定植。定植初期，采用多层覆盖，防寒保温。缓苗后白天保持温度25℃～28℃，夜间15℃～18℃，并利用通风调整温度。定植时浇足底水，缓苗前不浇水，缓苗后开始小浇水，开花坐果期加大浇水量，并开始追肥。门椒采收前每 667 米^2 追施硫酸铵 20 千克，盛果期每隔 5～7 天追肥 1 次，每 667 米^2 追施硫酸铵 20～30 千克。为延迟生产，7 月下旬以后，剪掉四门斗以上枝条，并增加施肥量和浇水次数，每 667 米^2 追施硫酸铵 30～40 千克，保持土壤湿润，以促进萌发新结果枝，增加后期结果，采收期可延后至霜冻以前。

第三节　部分名特优稀蔬菜高产栽培新技术

一、绿 菜 花

北京地区 20 世纪 80 年代初从国外引进，1986 年迅速扩大种植面积。这种蔬菜最初为宴会、宾馆的高档蔬菜，现在各地蔬菜市场均有供应，也已进入普通百姓的餐桌。

绿菜花别名较多，南方地区称青菜花，台湾、香港、广州、福建等地保留了从国外引进的名称叫西兰花。此外，还有茎椰菜、木兰花椰菜、嫩茎花椰菜、花茎甘蓝、意大利芥蓝等许多名称。

绿菜花是十字花科芸薹属甘蓝类蔬菜，是甘蓝进化为花椰菜过程中的一个变种。原产于欧洲地中海沿岸，以后逐渐扩展至世界各地，因其营养极其丰富，深受各地消费者欢迎。据测定，每 100 克鲜花球含有蛋白质 3.5～5 克，糖 7.3 克，脂肪 0.3～1.3 克，维生素 C 110～113 毫克，维生素 A 120 毫克，胡萝卜素 2.5 毫克，还有维生素 B_1、维生素 B_2 和多种微量元素。其胡萝卜素含量是一般花椰菜的 43 倍；维生素 C 含量比结球甘蓝和大白菜高 1 倍，是花椰菜的 2 倍，是番茄的 4～5 倍；维生素 A 含量比大白菜高 100 倍；B 族维生素含量比花椰菜、结球甘蓝和大白菜都高；蛋白质含量是花椰菜的 3 倍；钙含量为花椰菜的 11 倍。可见其营养成分齐全，营养价值很高。

(一)形态特征

与花椰菜十分相似。但其植株高大,茎粗,节间长,生长势更旺盛,根系发达。叶片深蓝绿色,蜡质层明显而厚,叶片有阔叶型和长叶型2类,叶柄窄长,叶边缘锯齿缺刻多,叶基靠近叶柄处有下延的齿状裂片。多数品种在生长20片真叶时显花球,主茎顶端着生的花球较大,球径在12厘米以上,大的达19厘米。侧枝发生能力强,其再生花球较小,大的球径能达8~9厘米。花球是由主花茎、花枝和无数小花蕾所组成的扁球形花蕾群构成,是已经分化完全的花器官。

(二)生长发育过程

绿菜花的生长发育过程可分为5个阶段。

1. 种子萌发期 从种子播种至长出第一片真叶,需7~10天。

2. 幼苗期 从长出第一片真叶至5~6片真叶开展,需30天左右。

3. 莲座期 从5~6片真叶开展到植株长到15~20片真叶,茎顶出现0.5厘米的小花球,约需30天。

4. 花球形成期 从小花球出现至花球长成(开始采收),需30~40天。

5. 开花结籽期 花球开始松散,花茎伸长,果荚出现,开花,籽粒充实,直至成熟采种,这一过程共需100~120天。其中抽薹约需30天,开花约需40天,结籽约需50天。但不同品种及不同栽培方式、不同气候条件下生育日期有所变化。

(三)对环境条件的要求

1. 温度 绿菜花属半耐寒性蔬菜,喜冷凉环境而不耐高温炎热。耐寒、耐热能力强于花椰菜,但耐寒能力不如甘蓝和紫甘蓝。绿菜花生育适温范围较窄。种子发芽适温20℃~25℃,幼苗及莲座期适温15℃~22℃,花形成期适温15℃~18℃。在5℃以下花球生长缓慢，-3℃～-5℃则受冻害，当温度缓慢回升后，从形态上看似恢复正常，但品质变劣；气温高于25℃以上时，花球形成小而松散，已长成的花球会开花、变黄，失去商品价值。

2. 光照　绿菜花属长日照蔬菜，在长日照条件下，若阳光充足，植株生长旺盛，形成高大的营养体，花芽分化好，花球形成早，花球紧实，产量高。

3. 土壤和水分　绿菜花对土壤的适应性较广，不论沙土、沙壤土、黏壤土均能生长。其pH值范围为5.5～8，但以pH值6左右、富含有机质、保水力强、排灌方便的土壤最适于栽培。土壤肥力好、基肥充足、在保证氮素供给的前提下，花球形成期追施一些磷、钾肥及微量元素，如硼、镁等，花球生长发育更好，并可避免因氮过多而引起软腐病的发生。

绿菜花喜湿润环境，对水分需求量较大，土壤相对含水量以70%～80%较适宜，但它既不耐涝又不耐旱。芽期和苗期应保持土壤湿润，进入莲座期后，茎叶生长旺盛，植株已长高大，叶面蒸腾加大，需水增多；花球形成期需要充足的水分，如遇干旱，会早期显蕾，花球老化，发育不良，影响品质和获取高产。

(四)栽培季节与方式

北京地区的绿菜花栽培已由春秋两季生产发展到设施园艺生产，已可保证周年供应，一些饭店、宾馆已形成定点生产特种蔬菜供应基地。这些基地能充分利用各种设施园艺，进行排开播种、加茬赶茬种植，并能利用冷库贮藏和外地调剂等手段，确保周年不间断地供给，以满足需求。现以北京地区为例，介绍栽培方式如下。

1. 冬春季栽培　需选用耐寒、抗病、适应性强的中熟品种如绿岭、绿秀等，在温室内或晚春用改良阳畦育苗，苗龄30～35天。

(1)冬季节能型日光温室或加温温室内栽培　于11月上旬至翌年1月上旬温室播种育苗，12月中旬至翌年2月中旬定植，2月中旬至4月中下旬收获。

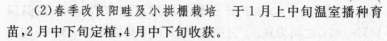

(2)春季改良阳畦及小拱棚栽培　于1月上中旬温室播种育苗,2月中下旬定植,4月中下旬收获。

(3)春季大棚栽培　1月中旬至2月上中旬温室播种育苗,3月上中旬定植,5月上中旬收获。

(4)春季露地栽培　于2月下旬至3月中旬温室或改良阳畦播种育苗,3月下旬至4月中旬定植,5月中下旬至6月中下旬收获。

2. 夏季设施园艺遮阳防雨及冷凉山区露地栽培　夏季高温多雨,绿菜花生长不良,易发生病毒病、褐腐病,花球品质差,产量低,栽培绿菜花难度大。但采用温室、大棚旧农膜盖顶或上面加活动式遮阳网临时覆盖,保持周围大通风,降低光照强度和温度,也能使绿菜花生长良好。北京利用北部和西部山区昼夜温差大、较冷凉的气候进行绿菜花生产,解决了淡季供应缺货问题。夏季栽培需选用早熟、抗热、抗病的黑绿、绿族等品种;采用遮阳、防雨方式播种育苗,苗龄25～30天;播种期可在4月中旬至6月上旬,5月中旬至7月上旬定植,7月上旬至9月上旬收获。

3. 秋季栽培　选用适应性较强的绿岭、绿秀、哈依姿、玉冠等品种,苗龄以30～35天为宜。

(1)秋大棚栽培　6月中旬至7月中旬播种,7月中旬至8月中旬定植,9月上中旬至10月中下旬收获。也可在7月中旬至8月上旬播种,8月中旬至9月上旬定植,10月上中旬至11月上中旬收获。

(2)秋季改良阳畦及小棚栽培　8月中下旬播种,10月中下旬定植,11月中下旬收获。

(3)秋季节能型日光温室及加温温室延后栽培　8月下旬至9月上旬播种,9月下旬至10月上旬定植,11月下旬至12月上中旬收获。

4. 秋冬季栽培　需选用抗寒性强的绿岭、绿秀等品种。温室育苗，苗龄 35～40 天。日光温室或加温温室内栽培，控温以 10℃～25℃之间为宜。9 月中旬至 10 月下旬播种，10 月中下旬至 12 月上旬定植，12 月中下旬至翌年 2 月上中旬收获。

(五)栽培技术

1. 育　苗

(1)播种期确定　根据栽培季节、不同栽培方式和不同季节所需的苗龄时间长短，提前 30～40 天播种。

(2)育苗场地选择　不同季节气候有所不同，常根据种子发芽、幼苗生长温度能满足需要来选育苗场所。如冬季、晚秋、早春要采用保温育苗，宜在日光温室或加温温室内进行；晚春、早秋可用改良阳畦育苗；夏季需采用遮阳、防雨、降温措施育苗。

2. 播种方式

(1)选用硬质塑料育苗盘育子苗　其所用营养土可自行配制。其配方如下：40％草炭＋30％腐熟过筛马粪、猪粪等圈肥＋30％菜园土；50％草炭＋20％腐熟过筛鸡粪＋30％菜园土；20％～30％腐熟过筛马粪＋20％～30％腐熟过筛圈肥＋50％菜园土。若没有草炭可用蛭石代替，没有圈肥也可用消毒、腐熟的膨化鸡粪与细土拌制。

按以上配方任选一种拌匀，每立方米加复合肥 0.5 千克或尿素 0.5 千克、硫酸钾 1 千克、过磷酸钙 1 千克。全部拌匀后装满育苗盘并抹平。每盘播 5 克种子，盖严种子，稍拍实，摆放在育苗场，进入正常管理。栽 667 米^2 地需 5～6 盘。

(2)地苗　育苗场地选定后，每平方米施入腐熟优质农家肥 2 千克、复合肥 100 克，耕匀，整好播种畦，栽 667 米^2 地要准备 5～6 米^2 苗床。播种前浇足底水，撒播干籽，每平方米播 5 克，播后盖 0.5 厘米厚的细土，喷 70％硫菌灵可湿性粉剂 800 倍液，或 75％百菌清可湿性粉剂 1 000 倍液预防苗床病害。冬季、早春育苗时，苗床要盖薄膜保温保湿；夏季用旧农膜、遮阳网防雨和挡强光、降温。

3. 子苗管理　白天气温保持25℃左右，夜间以15℃为宜。小苗出土后长至5～7天时，为防止出现高脚苗，可进行1次培细土弥缝和固苗，培土厚度0.5厘米。然后，把苗床温度降低至20℃，特别是夜温要保持在12℃，有利于培育壮苗，防止出现徒长的弱苗。其间，要酌情喷水，尤其是用塑料育苗盘营养土育苗的，要比地苗的多喷一些水。冬季、早春、晚秋视天气情况，一般每天喷1次小水，夏季每天有时喷2～3次水。

4. 分苗　播种15天前后，当子叶发足、真叶露心时，要进行分苗栽植。在冬季、早春时，分苗前2～3天需降低苗畦温度3℃～5℃进行炼苗，并喷水湿润苗床。

(1)营养土方分苗　按育子苗配方配好营养土，用水和匀，铺在事先准备好的畦中，厚度为8厘米。抹平后按8厘米×8厘米切成方块，土方中间用手指或木棍扎1个小孔作分苗眼。待土方见湿见干时栽苗，每个土方1株。分栽后苗眼周围用细土封严。

(2)地苗　据不同季节选好分苗场地，提前整好分苗畦，栽培667米^{2}地需备分苗畦20～25米^2。施入腐熟农家肥200～250千克，耕匀后搂平。按8厘米×8厘米移栽小苗，边栽苗边浇水定苗(1行1浇)。寒冷季节分苗可用小拱棚增温保苗；夏季可在傍晚时间分苗，并用旧农膜搭凉棚遮阳、防雨、降温。

5. 分苗后的管理

第一，寒冷季节分苗后3～4天浇1次缓苗水，缓苗后揭掉覆盖薄膜，过2～3天后松土保墒。夏季分苗后1～2天，为防苗畦干旱，应在傍晚浇水。在幼苗成活后，为防止出现徒长苗，可在早晨浇水。营养土方苗，冬天需2～3天浇1次水，夏季每天喷2～3次水。地苗在长至3～4片真叶时浇1次透水，适时切方进行囤苗。至幼苗5～6片真叶时适时移栽入大田。其间不需追肥，如苗弱可进行叶面喷肥。

第二，分苗后白天气温保持 24℃～25℃，夜间保持 12℃～13℃。冬春季分苗后盖拱棚增温保苗。3～4 天缓苗后逐渐撤膜、降温，白天掌握气温 15℃～20℃，夜间不低于 10℃。切方囤苗期再降温 3℃～4℃进行炼苗。夏季育苗尽管选用抗热品种，也要尽量遮阳、喷水、降温。囤苗期间喷药 1 次以防治病虫害。

(六)定植及田间管理

1. 定　植

(1)壮苗标准　苗龄 30～40 天；真叶 5～6 片，叶片的开展度大而厚，色深绿，蜡粉多；茎粗，节间短；无病虫害。

(2)整地、施肥、做畦　每 667 米^2 施优质腐熟农家肥 5 000 千克左右，经深耕 30 厘米后耙细整平。每 667 米^2 再沟施麻酱渣肥 150～200 千克或腐熟鸡粪 200 千克、复合肥 25～50 千克或磷酸二铵 25～50 千克。然后耙匀，做成宽 100～120 厘米的小高畦，最好盖地膜。

(3)定植密度　中熟品种如绿岭，生长势强，株型大，要适当稀植，以每 667 米^2 栽 2 400～2 700 株为宜，即行株距 50～60 厘米×40～50 厘米；中早熟品种如玉冠等，行株距 50 厘米×45～50 厘米，每 667 米^2 栽 2 600～3 000 株；早熟品种生长势中等，株型较小，行株距 50 厘米×40～45 厘米，以每 667 米^2 栽 3 000～3 300 株较合适。

(4)定植方法　定植前浇水洇苗坨，以不散坨为度。寒冷季节于晴天上午定植，夏季应于下午 4 时后定植。均带土坨移栽，将苗栽在小高畦两侧，深度以苗坨面与畦面相平即可。栽后应立即浇足定苗水。

2. 田间管理

(1)水肥管理　重点是前期攻苗，促进植株迅速生长，在现球前形成足够的叶数(16～17 叶)和肥大的叶片，为形成大花球奠定营养基础；生长中期(18～21 叶)，适当控水，防茎、叶旺长而不结球；后期(22叶以上)，水肥重点攻长花蕾，结成肥大的顶花球。中晚熟品种，宜适当促侧枝生长，结侧枝花球。

①浇水：定植水后7～8天浇缓苗水，蹲苗7～10天，以后酌情浇水。冬季、早春一般8～10天浇1次水，春秋季6～7天浇1次水，夏季4～5天浇1次水。保持土壤见湿见干，尤其是主花球长到3～6厘米大小时切不可干旱，要使供水保持均匀充足。若露地栽培，雨季注意及时排水，避免田间湿度过大，防止植株下部叶片脱落和茎根腐烂。

②追肥：要求肥料充足，否则易引起生长不良，结球小，质量差。一般需追肥2～3次。第一次追肥在定植后15～20天，此时植株已有6～7片叶，未基施化肥的地块可施10～15千克尿素，已基施化肥的地块可不追施；第二次追肥在定植后40天左右，植株约有15片叶，处于旺盛生长期，应每667米^{2}施尿素15～20千克；第三次追肥在植株长至20～21片叶时，顶花球开始形成，每667米^{2}用硫酸铵15～20千克或冲施碳酸氢铵20～25千克。秋冬季和早春天气较凉爽，可浇粪稀水。留侧枝结球的，在主花球收获后再追施1次肥，以促进侧球生长。

对磷、钾肥和微肥的追施也不能忽视。磷、钾肥有显著增产作用；缺硼会引起花蕾黄化变褐而腐烂，花茎发生裂缝(隙)；缺镁、锰、钼会使叶片失去光泽，花球发育不良，品质差。所以，从花球形成开始，应使用0.1%的硼、镁、锰、钼等微肥或0.3%的磷酸二氢钾叶面肥，喷施2～3次，以提高花球的品质和产量。

(2)温度、湿度及光照的调控 设施园艺栽培，进行温湿度和光照的调控是管理中的重要环节，否则很难满足作物对温湿度和光照的要求，会影响产品的产量和品质的提升。

①温度：冬季、晚秋、早春重点是促进有效增温、保温，防止冻害；夏季、早秋重点是遮阳、降温，防止过热和过度曝晒。绿菜花定植后缓苗阶段，可促其生根、快缓苗，温度要高一些，白天可控制在

24℃～25℃,不能超过 30℃;夜间以 13℃～14℃为好。幼苗期及莲座期要逐渐降温,以白天 21℃～22℃、夜间 11℃～12℃为宜。花球形成期要求凉爽气候,白天温度以 18℃～20℃、夜间 8℃～10℃为宜。

②湿度:绿菜花喜湿润环境,苗期需水少,可适当浇水,保持土壤湿润即可。进入莲座期后,植株已高大,蒸腾量大,要增加浇水量。到田间植株封垄后,垄间小气候有所变化,地面不易散发水汽,若湿度过大,则容易引发霜霉病、灰霉病、菌核病、褐腐病等病害,因此需视天气情况掌握浇水次数和浇水量。结球期若湿度过大,则易引起烂球。为此,要利用设施园艺的通风口,灵活通风,适当浇水,以调节湿度。多通风排湿,但要兼顾温度,在满足需温要求的前提下,尽可能多通风排湿。

③光照:绿菜花喜光。结球期光照不足,花球色浅,花茎伸长,花球散,质量差。因此,应尽量让植株多晒阳光,不必用叶盖住花球。用设施园艺栽培时,要经常把棚膜上的尘土清扫干净,以保持设施的透光率。夏季应适当遮阳,避免光照过强;在遇干旱又遇强光照的情况下,易引发病毒病,或使花球受害,使产品商品价值变低。

(3)人工整枝　绿菜花的中、晚熟品种易生长侧枝并产生侧花球,而栽培上主要靠主花球夺取产量和质量,所以早期形成的侧枝及其花球要摘除,以免分散养分,影响主花球的产量和质量。待主花球收获后再留粗壮的侧枝 4～5 个,可继续采收侧花球。若在春秋蔬菜供应旺季,又无贮存条件时,可只收主花球,全部侧枝都要摘除。

(七)病虫害防治

1. 病害　主要有霜霉病、褐腐病、灰霉病、菌核病等。病害防治需栽培措施与药物除治结合效果会更好,也能降低用药成本。

霜霉病防治:选用 50%烯酰吗啉可湿性粉剂 2 000～2 500 倍

液，或72%霜脲·锰锌可湿性粉剂600～800倍液，或40%三乙膦酸铝可湿性粉剂250倍液，或58%甲霜·锰锌可湿性粉剂500倍液，均用喷雾法防治。也可选用上述药剂粉尘和百菌清粉尘，每667米^{2}用药1千克喷粉，15天左右喷1次。或用45%百菌清烟雾剂每7～10天熏烟1次，每667米^{2}用药0.5～1千克，效果也很好。

褐腐病防治：选用70%甲基硫菌灵可湿性粉剂600倍液，或70%代森锰锌400～500倍液，或45%噻菌灵悬浮剂1 000倍液，喷雾防治。发病初期可选用47%春雷·王铜可湿性粉剂800倍液，或53.8%氢氧化铜可湿性粉剂800倍液喷雾防治；或选用硫酸链霉素500倍液喷雾防治。重点防治根、茎、基部叶柄，7～10天用药1次，连用2～3次。

灰霉病防治：选用50%异菌脲可湿性粉剂、50%腐霉利可湿性粉剂、50%乙烯菌核利水分散粒剂800～1 200倍液喷雾防治；或选用50%敌菌灵可湿性粉剂400～500倍液，或45%噻菌灵悬浮剂600～1 200倍液，或10%多抗霉素可湿性粉剂600倍液，或50%乙霉·多菌灵可湿性粉剂800倍液和65%甲硫·乙霉威可湿性粉剂600～800倍液喷雾防治。配合使用上述农药的粉尘剂、烟雾剂交替应用效果更理想。

菌核病防治：定植前苗床可喷25%三唑酮可湿性粉剂5 000倍液。田间发病初期选喷50%腐霉利可湿性粉剂、50%乙烯菌核利水分散粒剂1 000～1 200倍液，或选用45%噻菌灵悬浮剂1 200倍液，或65%甲硫·乙霉威可湿性粉剂600倍液，或40%菌核净可湿性粉剂1 200倍液和70%甲基硫菌灵可湿性粉剂600倍液喷雾防治。交替应用为佳。

2. 虫害　主要有蚜虫、小菜蛾、菜青虫。

蚜虫防治：选用50%抗蚜威可湿性粉剂1 500～2 000倍液防治甘蓝蚜虫有特效；也可选用50%马拉硫磷乳油1 000倍液，或

40%氰戊·马拉松乳油、2.5%高效氯氟氰菊酯乳油2 000倍液，或20%甲氰菊酯乳油2 000倍液，或21%氰戊·马拉松(增效)乳油2 500～3 500倍液，或2.5%联苯菊酯乳油3 000倍液等药喷雾防治。在设施园艺内也可用20%灭蚜烟剂防治，每667米^{2}用药0.25千克熏烟；或用5%灭蚜粉尘剂防治，每667米^{2}用药1千克喷粉。

小菜蛾、菜青虫防治：选用苏云金杆菌、杀螟杆菌等含活孢子量100亿个/克以上的药剂，对水500～800倍液；也可选用5%氟啶脲乳油、5%氟虫脲乳油3 500～4 000倍液；或选用20%除虫脲悬浮剂和25%灭幼脲悬乳剂500～1 000倍液；或选用50%辛硫磷乳油、50%杀螟硫磷乳油、40%二嗪磷乳油、40%毒死蜱乳油和50%杀螟丹可溶性粉剂800～1 000倍液；或选用20%氰戊菊酯乳油1 000～1 500倍液和10%氯氰菊酯乳油2 000倍液等。化学农药在幼虫二至三龄期前施用，不同类型农药交替使用，防治效果会更好。

(八)收获与贮藏

绿菜花的花球是由无数小花蕾组成的，收获不及时，花会继续发育、开花、变黄、散花而失去食用价值。为此，主花球一般长至16厘米左右、花蕾颗粒未充分长大、紧密地挤在一起、颜色深绿时应适时采收。

采收后的绿菜花在室内自然温度下，夏季、晚春、早秋时经过1天、冬春时经过2天，花球就会变黄，商品性迅速变劣。因此，生产或经销绿菜花并全年均衡供应市场的单位，均应自建冷库贮存，用保鲜薄膜将绿菜花单个包装，保持库内相对湿度为95%，在0℃温度条件下密封贮存，能贮藏30～45天。但要注意：收获时花茎要长一些，并多带几片叶，出售时再切去多余的花茎和叶。存入冷库前，如能预冷后再入冷库存贮则更好，尤其是夏天，入库前的预冷更是不可少的程序。也可将收获的绿菜花整个放入清洁的冷水池中浸泡(散热),捞出后控干水分,再包装入冷库。

二、紫菜花

紫菜花也是甘蓝进化为花椰菜过程中和绿菜花一样的又一个变种,均属十字花科芸薹属甘蓝类蔬菜,其形态和绿菜花相似。所不同的是绿菜花的花茎、花球均为绿色,而紫菜花的花茎和叶是绿色略带紫色,花球为深紫色,十分美观。

紫菜花克服了绿菜花不耐久贮、易变质发黄和易散花等缺点,久存而不发黄、不变质,烹调前用开水氽一下,紫色花球即变成深绿色,十分奇特,深受广大菜农、广大消费者及宾馆、饭店的欢迎。

紫菜花从国外引进时间较短,近几年才试种,种植面积不很大,品种也不多,但种植者不断增多,是一个很有发展前途的蔬菜品种。

紫菜花适宜于春、秋季露地栽培,也适宜于温室和塑料大、中、小棚等设施栽培。栽培密度可按行株距 55 厘米×50 厘米规格,每 667 米^2 栽 3 000 株左右。定植后 70 天左右始收。其栽培季节、栽培方式、育苗方式及苗期管理、移栽前的准备、定植及定植后的田间管理以及病虫害防治等,均可按照绿菜花的栽培管理技术进行,并没有特殊的管理要求。

三、生　菜

生菜是叶用莴苣,因可以生食而得名。生菜与茎用莴苣(莴笋)统称莴苣,为菊科莴苣属。

生菜的营养价值很高,每 100 克食用部分含碳水化合物1.8～3.2 克,蛋白质 0.8～1.8 克,脂肪 0.1～0.2 克,维生素 A 1.42 毫克(是番茄含量的 4.6 倍),维生素 B_1 0.1～0.7 毫克(是番茄含量的 2 倍),维生素 B_2 0.08 毫克(是番茄含量的 4 倍),维生素 C 0.9～2.4 毫克,钙 77 毫克(是番茄含量的 9.6 倍),铁 1.1～1.5

毫克，磷 25～45 毫克。另外，生菜的茎叶还含有莴苣素，味苦，具催眠、镇痛作用，可提炼成药，治疗头痛、神经衰弱等病症。生菜的叶片脆嫩，清香爽口，味甘甜稍带微苦，是生食蔬菜中的上品，可蘸花椒油生食，可用甜面酱凉拌，可用生菜叶卷(包)其他佐料或与其他蔬菜一起炒熟吃，也可以单独爆炒食用，如蚝油生菜，是一道非常好吃的名菜。

(一)形态特征

生菜根系分布浅，主要分布在 20～30 厘米的耕层内，须根发达，但根的再生能力强，移栽后易成活。茎为短缩茎，抽薹后形成肉质茎。叶互生，椭圆形或倒卵形，叶面平展或皱缩，叶缘波状或浅裂，外叶平展，色绿、黄绿、紫、花紫等，心叶松散或抱合成叶球。花为头状花序，花黄色，自花授粉，子房单室。果为瘦果。种子灰白色或黑褐色，成熟时顶端具伞状冠毛，易随风飞散，千粒重0.8～1.2 克。

(二)生长发育过程

生菜的生育周期，散叶生菜分为 4 个时期，结球生菜分为 5 个时期。

1. 发芽期　种子萌动至子叶展开，真叶吐露，需 8～10 天。

2. 幼苗期　从真叶显露至第一叶序的 5 片真叶展开(俗称团棵)，直播的需 17～27 天，育苗移栽的需 20～25 天。冬、春播种的需要时间长，夏、秋播种的需要时间相对短一些。

3. 莲座期　又称发棵期。从团棵至第二叶序的叶全部展开，心叶与外叶齐平，并且叶面积迅速扩大，嫩茎开始伸长，如果是结球生菜，心叶开始卷抱包心，需 15～30 天。

4. 结球期　散叶生菜无须进入此期。结球生菜需进入此期，其心叶加速卷抱成肥大的叶球，需 25～30 天。

5. 开花结果期　从抽薹开始至开花、果实成熟止。一般开花后15天左右种子开始成熟。结果期可人为地控制长短，用所留枝条多少、结果多少的方法进行控制。生菜的荚果是连续不断开花结果的。

(三)对环境条件的要求

1. 温度　生菜是半耐寒性的蔬菜种类之一。喜冷凉，忌高温，又怕严寒。种子在温度4℃时可以缓慢发芽，而发芽适温为18℃～20℃，25℃时发芽率大降，超过30℃发芽受阻。幼苗期适宜生长的温度为16℃～20℃，经过低温锻炼的幼苗能够耐受短时间－1℃～－2℃的低温，稍能耐轻霜。但耐热能力稍差，日平均温度超过24℃时，秧苗徒长，引起早期抽薹。莲座期的适宜温度为18℃～22℃。结球期生长适温为20℃～22℃，25℃以上叶球生长不良，温度过高时叶片焦边，心叶坏死、腐烂，影响产量和产品品质。开花结果期适温为22℃～29℃，在10℃～15℃时虽能正常开花，但不能结果实。

2. 光照　生菜喜充足的阳光，忌荫蔽。种子在光照下发芽快，然而光质不同对发芽有所影响。红光(650～700纳米，1纳米$=10^{-9}$米)促进发芽；近红光和蓝光(450～500纳米)抑制发芽。光照充足有利植株生长，光合作用旺盛，营养物质形成多，长势健壮，结球生菜可以早结球；反之，阴天多，或在弱光下，或在遮阴栽培情况下，叶球变得小而细长，植株长势瘦弱，影响结球的产量和质量。若遇长日照，则易诱发花芽分化，导致早期抽薹。

3. 水分　生菜喜湿润环境，不耐干旱。种子发芽出土时期要有充足的水分，保持苗床土壤湿润，有利于种子发芽出土和小苗生长；但不能过分潮湿和干燥，以防幼苗徒长和老化。发棵期为使莲座叶充分发育，要适当控水。结球期需要水分充足，缺水则使叶和叶球变小，有时会出现苦味。到结球后期要减少浇水，以避免水分过多而出现裂球现象，或导致发生病害。

4. 土壤　生菜根系发达，对土壤适应性广，以富含有机质、透气性良好、保水保肥力强且排水良好的沙壤土和轻质黏壤土最适宜其栽培。pH 值 6 左右的微酸性土壤有利其生长；强酸性或碱性土壤则影响其生长发育，产量与质量均较差。

5. 营养　生菜的生长速度快，生长期较短，必须有充足的养分供应。又因食用部分主要是叶片和叶球，要求有充足的氮素营养。同时，应适当配合施用磷、钾肥，以平衡营养。任何时期缺少氮素都会抑制生菜的叶片分化，使叶数减少和叶片变小，幼苗期缺氮影响更为显著。幼苗期缺磷则植株矮小，叶片少而且出现叶色暗绿和生长衰退的病症。缺钾对叶片分化影响不大，但可影响叶重，钾能使叶片肥厚而大，叶球紧密，品质提升，特别是在开始结球时应补充钾肥。另外，还应该适当补充钙、硼、镁等微肥，特别是缺钙时，常引起干烧心而导致叶球腐烂。缺镁则常造成叶片颜色变淡绿。微量元素能促进正常生长，也需注意补给。

(四)栽培季节与方式

因我国幅员辽阔，各地气候差异较大，土质不同，各地情况难以尽述，本节仅以北京地区的结球生菜周年生产安排为例，各地安排种植时可依各自与北京的季节、气候等方面的差异，适当调整种植时期和方式，灵活运用，以适应当地的栽培条件，并获取丰产丰收。同时只介绍结球生菜生产，而其他类型的生菜，可根据需要参照结球生菜的栽培技术执行。

1. 结球生菜春季栽培　主要是指 4～5 月份收获供应市场的生菜。需选用耐寒性较强、适宜春季栽培的品种(查看生菜类型与品种部分)，分别在不加温温室、改良阳畦、大棚、拱棚或露地生产，以便排开上市时间而不断货源。适宜移栽的苗龄为 35 天。为此，可分批育苗，分期定植。具体栽培方式可有以下 3 类。

(1)春季不加温温室或改良阳畦栽培　选用大湖 659 品种等，利用不加温温室或日光温室，于 12 月下旬至翌年 1 月上旬播种育苗，2 月上中旬定植。定植后 50～60 天陆续结球，4 月上中旬可陆续收获上市。

(2)春季塑料大、中棚栽培　选用萨林娜斯、皇后等品种，利用日光温室或改良阳畦等保温性能较好的设施，于1月下旬至2月上旬播种育苗，3月上中旬定植在塑料大、中棚内。定植后50天左右陆续结球，4月下旬至5月上旬收获上市。

(3)春季露地早熟栽培　选用皇帝、皇后等品种，利用不加温温室、改良阳畦或塑料大、中棚作育苗场地，于2月下旬至3月上旬播种育苗，4月上中旬定植。定植后40～50天结球，5月中下旬陆续收获上市。

2. 结球生菜夏季栽培　主要是指5月下旬至8月份供应市场的生菜。北京地区通常采用设施园艺的上顶覆盖旧农膜遮阳、防雨，四周采取大通风形式栽培生菜。或利用海拔高度较高、条件较好的冷凉山区(如远郊的延庆县、门头沟区的山区)栽培生菜，以避开高温、多雨、病虫害多等不利因素，解决夏季生菜生长不良、茎叶徒长、包心不实、容易抽薹、叶片焦边、烂心以及产量又低等种种难题，确保夏季生产的生菜高产、优质，及时供应市场。夏季栽培宜选用早熟、抗热、抗病、抽薹晚的品种，如奥林匹亚等。于3月中旬至6月中旬分3～4批，在设施园艺内或在露地搭建覆盖旧农膜的棚架遮阳、防雨的情况下育苗。播种前将种子用凉水浸泡1小时，洗净，控水后包好，放入冰箱内在3℃～5℃的温度下低温处理48小时，用于打破种子休眠期，提高发芽率。苗龄25～30天。4月中旬至7月中旬定植，于5月下旬至8月下旬收获上市。

3. 结球生菜的秋季栽培　主要是指9～11月份供应市场的生菜。宜选用皇帝、萨林娜斯、皇后等品种，利用设施园艺或露地搭架遮阳育苗。有2种栽培方式。

(1)露地栽培　主要为了在9～10月份供应市场，需安排早、晚2茬。早茬于6月下旬至7月上旬育苗，苗龄25～30天，7月下旬至8月上旬定植，定植后40天左右即9月上旬至9月下旬陆续收获上市。晚茬的7月下旬至8月上旬育苗，8月下旬至9月上旬定植，定植后45～50天即10月上旬至11月上中旬陆续收获供应市场。

(2)秋季塑料大棚延后栽培　主要是指在11月份供应市场的生菜。于8月上中旬育苗，苗龄30天，9月上中旬定植在塑料大棚内。可先不覆盖棚膜，待最低温度降到15℃时，再及时覆盖上棚膜以保证其正常生长。定植后50天即10月下旬至11月中下旬陆续收获上市。其中注意在11月上旬的天气变化，如气温太低、生菜不能正常生长时，可在大棚四周外围围上草苫，棚内四周加上薄膜围裙或临时用二道膜覆盖，以确保正常生产，防止产生冻害。

4. 结球生菜冬季栽培　主要指12月份至翌年3月份供应市场的生菜。北方因冬季气候寒冷，必须采取设施园艺方式栽培，而且需选用抗寒力强和适应性强的品种，如大湖659等品种。具体安排如下。

(1)改良阳畦栽培　8月下旬至9月上旬育苗，30天苗龄，9月下旬至10月上旬定植。温度冷至不能正常生长前盖膜，以后加盖草苫用于保温防寒。定植后60天即11月下旬至12月上中旬收获上市。

(2)加温温室或节能型日光温室栽培　为在冬春寒冷季节保证有生菜供应，可用加温温室或日光温室生产，加上秋季生产的生菜通过贮存来实现。育苗用温室，9月中旬至10月中下旬播种，分批育苗，35～40天苗龄，于10月中下旬至12月中下旬分批定植，定植后50天左右始收，即12月上旬至翌年2月下旬陆续收获上市。

(3)利用不加温温室栽培　主要指3月份供应市场的生菜。于11月下旬至12月上旬在温室内育苗，40天苗龄，于翌年1月上中旬定植在不加温温室内。因此时天气寒冷，须做好防寒保温工作。且生长较慢，定植后60天左右才能始收，即3月份可陆续收获上市。

(五)生菜的栽培技术

1. 育苗　生菜种子细小，所用种子多数为进口，少数为当地育成，种子价格昂贵，加之生菜苗期生长对温度很敏感，因此通常采用育苗移栽的方法，以达到节约种子和费用的目的。

(1)播种期　生菜现已能实现周年生产与供应。其播种期可参照本章第三节第一部分绿菜花栽培季节与方式中介绍的各茬适宜的播种期。各地可根据本地季节差异和气候差异，提前或错后灵活应用，技术方面基本上大同小异。

(2)育苗场地的选择　北京地区的生菜已能多茬种植，周年生产。育苗场地是设施园艺内育苗和露地育苗各占一半。通常4～9月份露地育苗，有时需搭架遮阳、防雨棚育苗。其中，4月份、5月份、9月份3个月旬平均温度在10℃～22℃之间，属春秋气候，阳光充足，没有特别强烈的阳光曝晒天气，雨水也不太多，有利于生菜的生长；6月份、7月份、8月份3个月的平均气温在22℃～26℃之间，属夏季气候，高温、多雨、日照强烈，较难育苗，多采用设施内大通风或遮阳防雨方式育苗。这样做可以保证幼苗生长的温度，防止灾害性天气对幼苗造成伤害。只要采取上述措施，选择适合生菜生长的地块，就能使幼苗正常生长发育，有效地培育出健壮的幼苗。露地、设施园艺、营养土方、育苗盘钵、基质等均可进行育苗。

(3)播种方式　可参照本章第三节第一部分绿菜花育苗播种部分。但要注意在夏季育苗时，苗地要选排水良好的地块，四周要挖好排水沟通向地块外，防止苗地积水，幼苗受涝。最好搭架遮阳、防雨，防幼苗被曝晒和防雨水砸苗而使幼苗受伤。

(4)播种　与绿菜花育苗一样整地、施肥、做畦。栽667米^2

生菜需12～15米^{2}苗床。一般可采用干籽直播。但夏季、早秋时生菜籽出苗困难,最好用纱布将种子包好,放在15℃～20℃的冷水中浸泡1小时,捞出种子,控水后放在3℃～5℃条件下处理24小时,再放在15℃～20℃下催芽。待80%种子露白时播种。定植667米^{2}约需种子30克。分苗、管理等措施参照本章第三节第一部分绿菜花育苗有关内容进行。

2. 定　植

(1)整地、做畦、施肥　生菜属菊科植物,前后茬最好与同科作物错开地块,避免连作,特别不要与莴笋、苦苣、菊苣等接茬种植。同时,生菜主要是采收嫩绿叶片供食用,其根系浅,最好也不要安排在前茬种叶菜的地块上种植,以减少病害的发生。生菜的生长日期相对比较短,生长速度快,要选择肥沃、保水保肥力强的地块种植。生菜既怕干旱,又怕雨涝,夏季栽培应选排水良好、能灌能排的地块。定植应多施农家肥,每667米^{2}可铺施腐熟混合农家肥5 000千克左右,然后耕深20～23厘米,栽培行内沟施复合肥20～30千克,或磷酸二铵30～40千克。未种过生菜的地块,一次性施足农家肥基肥和复合肥50千克以上,可连栽3茬不施基肥,只需酌情追肥。设施园艺栽培的在排水良好的情况下,可做150厘米宽的平畦栽4行,或做120厘米宽的畦栽3行;土壤黏重、排水不良的地块则做90～100厘米宽的小高畦,栽2行即可。

(2)定植时间　参照本章第三节第一部分绿菜花栽培季节与方式有关内容。

(3)定植质量　需浇透育苗地后取苗坨,带土坨定植。起苗时切忌伤根伤苗。相邻行的苗最好错位种植,即栽三角苗,不栽对棵。需栽正、栽匀,不宜过深,掌握覆土与幼苗茎基部相平为准。盖地膜的在栽后要用细土将栽苗的膜孔盖严,栽后及时浇足定植水。冬春季注意保温防冻,夏季设施栽培需注意通风。这些措施都是保证生菜正常生长、获取高产丰收所必需的管理措施。

(4)定植密度　总的原则是要根据具体品种的株型大小来定密度。外叶多、开展度大、结球晚的大株型品种栽植密度要稀。如大湖659,行株距可用37.5厘米×35厘米或40厘米×30厘米的规格,每667米^{2}以栽5 300～5 500株为宜。中熟品种外叶不太多,开展度、结球期均中等,如萨林娜斯、皇后等品种,行株距可用40厘米×25～30厘米的规格,每667米^{2}栽6 000株左右。早熟品种外叶少,开展度小,结球早,生长期短,如奥林匹亚、北山三号、皇帝等品种,可适当密植,采用行株距30厘米×25～30厘米的规格,每667米^{2}栽7 000～8 000株为宜。

此外,可根据供应目标不同适当调整种植密度。供应高级饭店、要求标准严格、需大叶球且不带外叶的,要栽稀,以保证植株充分生长,结球好;反之,供应一般市场、上市标准不严格的,则可相对栽密些。同一品种,不同季节栽培,各地气候也不一样,栽培密度应有所不同。如皇帝品种适应性强,春、秋季气候凉爽,适宜生长,结球大而紧实,应栽得稀些;而夏季温度高,结球差,则可栽密一些,也有利于植株互相遮阴,防止烈日照射叶背,能减少散球现象的发生。

散叶(皱叶)生菜和直立型生菜栽植密度均可比结球生菜的栽植密度大一些,行株距以25厘米×25厘米为宜。

3. 结球生菜定植后的田间管理

(1)浇水　生菜以鲜嫩的叶片和形成的叶球供食用,所以需水量较多,需经常保持土壤和环境湿润,才有利于生菜的生长。但浇水应根据不同种植方式、不同地区、不同季节、不同土质和不同的生长阶段灵活掌握,浇水次数和水量大小要适宜。如设施园艺栽培的生菜,由于覆盖农膜,环境较密闭,土壤蒸发量较小,浇水次数和水量比露地栽培的就少得多。不同形式的设施园艺及不同季节栽培,需水量也不完全一样。露地栽培生菜在不同季节的需水量也有差别。春季气温较低,蒸发量小而慢,浇水量宜小,而时间间隔可长一些；春末夏初，气温逐渐上升，干旱多风，浇水宜勤，且水量要大才能满足需要；夏季多雨时宜少浇或不浇，无雨干热时应勤浇，以水降温。土质不同浇水也不同，沙质土壤渗漏快，保水力差，宜勤浇；壤土、黏壤土保水力强，宜少浇。不同生育期对水分的需要也不同，幼苗从定植到缓苗期要保持土壤湿润，一般在浇足定植水后 7 天左右再浇 1 次水，2 次水后才能进入正常生长，天气炎热、干旱时，缓苗水要多浇 1 次，然后中耕保墒；以后根据植株的生长情况和土壤的墒情，灵活掌握浇水，一般为 5～7 天浇 1 次，以保持土壤见湿见干为宜。而冬季、早春及土壤保水力强的地块浇水的间隔时间要延长，可 7～10 天浇 1 次水；夏季高温，土壤和作物的蒸发耗水量大，可 3～4 天浇 1 次水，且要早晨或傍晚浇，不让植株受旱，否则植株生长瘦弱或生长受阻。生菜尤其在发棵期和包心前需水最多，要经常保持土壤湿润才能满足生菜对水的需求。当植株长至封垄开始包心后，田间蒸发量变小，此时既要保证植株水分，又不能浇水过大，只需保持供水均匀即可。对已经结球的生菜，为延长其收获期则应适当控水，以防止因水分过大而使生菜裂球和烂心；但也要防止过于干旱，以免生菜出现苦味，特别是设施园艺栽培条件下更要注意浇水的均匀度。

(2)追肥　生菜需氮较多，磷、钾也不能缺少。在施足基肥的基础上，生长期较短的散叶(皱叶)和直立型生菜可以不追肥。如基肥不足，可以在包心初期随水追施 1 次氮素化肥，每 667 米^2 追施 25 千克左右。如基肥质差、量少又无基施化肥时，也可分 3 次追肥：定植后 5～7 天浇缓苗水时每 667 米^2 随水追施尿素 10 千克；定植后 15～20 天是促发棵期，应第二次追肥，每 667 米^2 追施三元复合肥 15～20 千克；定植后 30 天为促结球紧实和长大期，应第三次追肥，每 667 米^2 追施三元复合肥 15～20 千克。需注意的是，生菜是矮生型绿叶菜，以叶为食用又多为生食，栽培中应保持其清洁卫生，避免污染，可用地膜覆盖栽培，不可追施粪稀水。

(3)中耕、除草　生菜定植后浇过2～3次水时已进入正常生长，为促根和叶加速生长，应进行中耕，保持表土疏松，增强土壤透气性，并防止杂草滋生，促根向深度发展。至植株封垄前可在浇水后再进行1次中耕，以达到保墒、延长浇水间隔日数的目的，植株封垄后不再中耕、除草，只需把大棵杂草拔除即可。此后，只进行水肥管理，待生菜包心后及时选收已达标准的产品。

(4)设施园艺的温、湿、光、气的调控　设施园艺内栽培生菜，易人为调控环境条件。从定植至缓苗，白天控温在22℃～25℃，夜间14℃～15℃；缓苗至包心前白天控温在20℃～22℃，夜间12℃～15℃，此时若温度达25℃以上，则植株新叶会徒长而不利于结球；包心至球紧实白天控制在20℃左右，夜间10℃～12℃；收获期白天保持15℃左右、夜间5℃～10℃可延长收获期，并有利于控制各种病害的发生。夏季栽培除选用抗热及高温下结球性好的品种外，设施顶部应覆盖旧农膜、遮阳网，既可遮阳、降温，还能防雨砸、防受涝等。冬季及早春设施栽培生菜，保温防寒是关键，薄膜、草苫应提前盖好，设施内是否用炉火升温，可根据当地气候和当时温度情况而定；控温程度可通过火炉多少、火力大小、通风时间长短和通风口大小等进行调节。同时，白天应争取多利用光照，夜间注意防寒保温。阴天时管理上应尽量使温度在适温范围内偏低一些，防止作物呼吸过于旺盛，以减少能量的消耗，有利于保持植株健壮。

(六)结球生菜的病虫害防治

1. 病害　主要有霜霉病、灰霉病和腐烂病。防治霜霉病、灰霉病可查看绿菜花同类病的防治方法，防治腐烂病可参照褐腐病的防治方法。

2. 虫害　主要有蚜虫、棉铃虫。对蚜虫可参照绿菜花等的防治方法进行防治。棉铃虫以蛹在土壤或残枝中越冬，华北地区4月中下旬羽化，5月中旬为羽化盛期，第一代危害轻，第二代危害重，时间在6月中下旬。防治适期为各代产卵高峰后的第二天及时喷药除治。

(七)收　获

生菜从定植到收获，散叶生菜需40～45天，结球生菜需50～60天。过早收获产量低，过晚采收则可能抽薹，将失去商品价值。尤其是高温季节，更应及时采收；冬、秋、早春则可延长收获期，使叶球充分生长，达到个大、紧实而重量高。可以分次间收，用小刀从叶球下斜切，剥去外叶、黄叶、烂叶，保证球体清洁。旺季大量采收时，如不能及时售出，可放在3℃～5℃的温度条件下贮存，以调节上市时间和防止腐烂。

(八)生菜的加茬与间作套种

生菜的生育期短，早熟，开展度小，根系浅，较耐寒，人们爱吃，需求量大，是很好的设施园艺前茬作物或间作套种的蔬菜品种。

1. 日光温室冬茬黄瓜、西葫芦、香椿等蔬菜的前茬利用　设施园艺主茬栽培黄瓜、西葫芦、香椿等，几乎都在11月初至中旬定植，在定植前可抢种一茬生菜。生菜选用早熟耐热的皇帝品种，于7月底至8月初播种，苗龄25天，8月中下旬幼苗3～4叶1心时错位定植，行株距30厘米×30厘米，每667米^{2}栽7000株左右。10月中旬至11月上旬收获，此时正值露地生菜收完不能再种的缺货时期，好销售，价格高。

2. 日光温室春茬番茄、架豆等套种生菜

(1)番茄套种生菜　番茄选用毛粉802品种，于上年11月初播种，苗龄70～80天；生菜选用早熟品种皇帝，于11月底至12月初播种，苗龄35～40天，5叶1心时与番茄同时于翌年1月10日左右定植。生菜应抢在番茄第一穗青果期、第三穗已坐果、需要较高的夜温时采收完。

(2)架豆套种生菜　架豆则选用绿龙或哈菜豆品种，于12月下旬育苗，苗龄20～25天；生菜用皇帝品种，于12月上旬育苗，苗龄35～40天。架豆与生菜同时在翌年1月中旬定植，当架豆长满架并结荚时将生菜收完。

3. 日光温室秋延后番茄、架豆套种生菜

(1)秋延后番茄套种生菜　番茄选用毛粉802品种，于7月15～25日播种，苗龄25天，8月10～20日3～4叶1心时定植；生菜用皇帝品种，9月1日左右播种，苗龄30天，植株可长至4叶1心。当番茄第一穗果长至青白果时(不再长个)，将这第一穗果以下的底叶打掉，在其两侧各定植1行生菜；当番茄第三穗果青白果时，生菜正值包心期，此时需将室温降低到白天20℃～25℃，夜间10℃～12℃，以利于生菜包心生长和番茄2～3穗果延后成熟。生菜于11月底至12月初收完；番茄则于12月中下旬收完，正赶上元旦前上市，卖价较高。

(2)秋延后架豆套种生菜　架豆选用绿龙品种，8月1日直播，每穴2～3株；生菜用皇帝品种，8月1日播种，苗龄30天。9月1日左右为架豆伸蔓期，此时可将生菜定植在畦埂、过道两侧，以后给架豆和生菜一起浇水、追肥。

4. 晚春栽培黄瓜或番茄的前茬种生菜　北京地区近郊露地面积小，春夏之交黄瓜、番茄上市的也不多，因此利用大棚前茬种植生菜，于收获后接种晚春黄瓜或番茄，可收到明显的经济效益。

皇帝品种生菜于1月下旬至2月上旬播种，苗龄35～40天，3月上中旬定植，4月下旬至5月上旬收获。

毛粉802番茄于3月下旬至4月上旬播种，苗龄35天，5月上中旬定植；如不种番茄可改种黄瓜，品种选用中农8号、津春4号，4月中下旬播种，苗龄30～35天，5月中下旬定植。

注意：番茄或黄瓜在定植前如有蚜虫，必须先喷药除治后再定植，除蚜后最好再喷1次0.5%菇类蛋白多糖水剂500倍液，或用高锰酸钾及糖、醋加尿素的混合液喷施防治病毒病。此混合液的配制方法:1 桶水(15 升)加 15 克高锰酸钾、50 克白糖、15 毫升食醋,再加尿素和磷酸二氢钾各 25 克,充分溶解后喷施,既能防病毒病又能促进幼苗健壮生长。

5. *春季塑料大棚茄子(黄瓜)间作生菜* 茄子选用北京六叶、北京七叶品种,11 月 20 日播种,用营养土方育苗,苗龄 110 天。3 月 10～13 日定植,大行距 100 厘米,小行距 60 厘米,株距 45 厘米,每 667 米^2 栽 1 700 棵左右,在小行距中间同时栽 1 行生菜。2 种蔬菜同时扣上小拱棚。茄子可于 5 月 1～5 日始收。生菜选用皇帝品种,2 月 1～5 日播种,用营养土方(6.6 厘米×6.6 厘米)育苗,35～40 天后定植。大棚四周也可种生菜。茄子此时已“瞪眼”(开始加速膨大),需追肥、培土,正好结合种植生菜。

6. *秋季塑料大棚番茄套种生菜* 番茄选用抗病耐热的毛粉 802 品种,7 月 1～5 日采用地苗床播种育子苗。分苗时选用长毛株(淘汰掉短毛株)的番茄苗,苗龄 20～25 天,3～4 叶 1 心时定植,大行距 80～90 厘米,小行距 40 厘米,株距 35 厘米。生菜选用皇帝品种,8 月 1 日播种,苗龄 30 天,4 叶 1 心时定植。即在番茄第一穗果长到核桃大小时,至青果期将脚叶打掉,在番茄两侧各种 1 行生菜。

总之,生菜可采用多种多样的栽培方式,可因地制宜种植,以增加收益。

四、紫甘蓝

紫甘蓝又名赤球甘蓝、红甘蓝、紫椰菜、紫洋白菜。属十字花科芸薹属甘蓝种的一个变种。原产于欧洲地中海至北海沿岸。最初的野生种不结球,经过长期的自然和人工选择才逐渐形成不同的种和变种,以后传至美洲、亚洲等地。北京地区于 1980 年引进试种,1986 年后逐渐扩大种植面积,现在已发展成普通蔬菜,市场上随时都能买到。

紫甘蓝食用部分为叶球，紫红的颜色稍带白粉，色泽艳丽诱人。其营养也较丰富，比普通结球甘蓝（洋白菜、圆白菜）含有较多的维生素 E、维生素 C 和花青素，同时含有其他多种维生素和纤维素等，进食紫甘蓝具有一定的药膳功能。熟食时荤炒、素炒皆宜，凉拌时脆嫩味清香，也可腌渍加工成各式小菜。

（一）形态特征

紫甘蓝主根不发达，须根多，易产生不定根。根系主要分布于 30 厘米深、80 厘米宽的土层范围内，吸收水、肥能力很强，且有一定的耐涝和抗旱能力。叶为心脏形子叶，基生叶和幼叶具有明显的叶柄，莲座叶开始至球叶的叶柄逐渐变短，直至最后无叶柄。叶色深紫红色，叶面光滑，有灰白色蜡粉，叶肉肥厚。莲座叶卵圆形、椭圆形或近圆形。莲座期以后，叶片向内弯曲，逐渐抱合成紫红色叶球。叶球紧实，有扁圆球、圆球、高圆球等形状。茎退化为短缩茎，顶芽发达，侧芽一般不生长。短缩茎又分为内外 2 种，外短缩茎生长莲座叶，内短缩茎着生球叶。通过春化阶段后内短缩茎的顶芽和侧芽进行花芽分化，抽出直立的花茎称为抽薹。花茎及其分枝均为紫红色。花为总状花序，属异花授粉型，与其他甘蓝类的品种和变种间能互相授粉产生杂交种子，因此采种田应有2 000米以上的隔离区。果实为角果，扁圆柱状，表面光滑，成熟时细胞膜增厚而硬化。种子生在角果的隔膜上，形状是不整齐的圆球形，黑褐色种皮，无光泽，千粒重 4 克左右，种子一般存放 2～3 年仍有使用价值。

（二）生育周期

正常情况下，紫甘蓝在第一年生长根、茎、叶营养器官；经冬季低温通过春化阶段后，于翌年春夏季长日照和适温条件下完成光照阶段，形成生殖器官，进入抽薹、开花、结籽。

1. 营养生长期　分为以下 5 个时期。

(1)发芽期　子叶和基生叶展开形成大十字时期，在冬春季需20～30天，在夏秋季需10～15天。此期主要靠种子内贮存的养分供萌发，粒大饱满的种子和精细的苗床、适宜的温度、合理的水分是保证出苗整齐、秧苗健壮的主要条件。

(2)幼苗期　形成大十字至团棵即2片真叶至7～8片叶期，冬春季需45～60天，夏秋季需20～25天。

(3)莲座期　从团棵至中心叶片开始向内抱合期，需30～40天。

(4)结球期　从开始抱合结球至采收叶球，需25～50天。

(5)休眠期　一般需经90～150天的冬贮阶段(强制性休眠)。

2. **生殖生长期**　分为以下3个时期。

(1)抽薹期　经冬贮的种株从定植至花茎长出，需25～40天。包心紧实的叶球需用刀切成"十"字形或"井"字形切口。

(2)开花期　从始花至全株花落为止，需30～35天。

(3)结荚期　落花后至种荚黄熟(其荚内种子发育完全、饱满)，需40～50天。

(三)对环境条件的要求

1. **温度**　紫甘蓝的耐寒性比普通甘蓝更强，若叶片受冻至发白(冻伤)，温度回升后能很快恢复正常生长；而耐热性却比普通甘蓝差。种子发芽适温为15℃～20℃，2～3天即可出苗；温度低至2℃～3℃，经15天仍能出苗；高温至25℃～30℃，也能正常发芽。幼苗耐寒，能耐受较长时间的－1℃～－2℃低温，还能耐受短时间35℃的高温。外叶生长和抽薹适温为20℃～25℃。结球适温为15℃～20℃，此时若气温在25℃以上时，则植株呼吸加强，同化率减弱，基叶变黄，短缩茎伸长，结球不紧，品质下降；若气温在5℃以下，叶球能微弱生长；昼夜温差大有利于养分积累，结球紧实、质好。

2. **水分**　紫甘蓝与普通结球甘蓝一样适应湿润的环境，在

80%～90%的空气相对湿度和70%～80%的土壤湿度下生长良好，所以紫甘蓝田要经常浇水。但紫甘蓝在苗期和莲座期有一定耐旱能力，而到结球期则一定不要缺水，否则土壤水分不足，加之空气干燥，会引起基部叶片脱落，植株生长缓慢，结球小而不紧实。但在低洼易涝、排水不良的地块，土壤过分潮湿，植株根系呼吸受阻，生长发育也不好，并容易引起黑根、烂根或引发其他病害。

3. 光照　紫甘蓝对光照强度适应范围较广，长日照和强光照能促进生长发育。但在结球期，在短日照和光照度较弱的条件下，则有利于结球紧实，产品质量好。

4. 养分　紫甘蓝喜肥且耐肥，吸肥力强，宜选肥沃、保肥力好的地块栽培，并需施足基肥和分期追肥。幼苗期和莲座期以氮肥为主，结球期不可缺氮并加追磷、钾肥。若能适量施用钙元素肥，可防枯萎病和心腐病的发生。硼也是紫甘蓝不能缺少的，硼不足时会使生长点和新生组织恶化、变黑及维管束损坏等，每667米^{2}施硼砂1～2千克，以满足紫甘蓝生长的需要。

(四)栽培季节及栽培方式

目前，北京等地区栽培紫甘蓝，以春秋两季设施园艺栽培为主，配合露地栽培，夏季在较冷凉的山区安排种植，以便排开供应市场。因紫甘蓝耐贮性较好，且各生产单位贮藏的较多，基本上能做到保证周年供应。现以北京为例，将紫甘蓝的栽培季节及栽培方式列于表7-1，供参考。

表7-1　北京地区紫甘蓝的栽培季节及栽培方式

季节	栽培方式	选用品种	育苗 场地	育苗 时间	定植期	收获期
早春	日光温室	早红、特红1号	设施园艺	11月下旬至12月上旬	翌年2月上中旬	4月下旬至5月上旬

续表 7-1

季节	栽培方式	选用品种	育苗		定植期	收获期
			场地	时间		
春季	改良阳畦	早红、特红1号	设施园艺	12月上中旬	翌年2月中下旬	5月上中旬
	大棚	早红、特红1号	设施园艺	12月中下旬	翌年2月下旬至3月上旬	5月中下旬
	小拱棚、露地地膜覆盖	早红、特红1号	设施园艺	1月上中旬	3月中下旬	5月下旬至6月上旬
	露地	红亩、紫春、巨石红	设施园艺	2月中下旬	4月中下旬	6月中旬至7月上中旬
夏季	冷凉山区	紫甘1号	露地（遮阳、防雨）	4月中旬至6月上旬	5月下旬至7月上旬	7月下旬至9月中下旬
秋季	改良阳畦等	红亩、巨石红、紫春	露地（遮阳、防雨）	7月上中旬	8月上中旬	11月上中旬
	露地	紫甘1号	露地（遮阳、防雨）	6月中下旬	7月中下旬	10月上中旬

（五）栽培技术

1. 育苗　培育壮苗是获得丰产的基础。紫甘蓝与普通结球甘蓝一样，都需育苗移栽。紫甘蓝的壮苗标准是：春季栽培的为6～8片真叶、苗龄70天以上的大苗；夏秋季栽培的为4～5片真叶、苗龄30～40天的中等苗。均要幼苗叶片肥厚，蜡粉多，叶色深绿，叶柄短阔，茎粗壮，节间短，根群发达，根色白，幼苗无病虫害。

特别是到定植时，子叶应仍是完好无损且肥大的健壮苗。

(1)育苗场地的选择及播期确定　根据栽培季节及栽培方式的不同，选择不同的育苗场地，并选用适宜的相关品种及苗龄(参照表7-1)，在确定当地的适宜定植期后，按苗龄天数往前推算出适宜播种时间。例如，日光温室栽培，宜采用早红品种，在2月中下旬定植，苗龄需70天，从定植期往前推，可推算出应在上年12月上中旬于温室内播种育苗。又如，在秋季栽培，宜采用紫甘1号品种，在7月中下旬定植，苗龄需30～40天，从定植期往前推算，可推算出应在6月上中旬或下旬播种育苗。

(2)播种方式　紫甘蓝可采用育苗盘或地苗床育子苗，采用营养土方或地苗床分苗，具体方法参照绿菜花育苗。栽667米^{2}地需播种50克。冬季和早春育苗，宜用50℃～55℃的温水烫种，杀灭种子表面病菌。然后在30℃的水中浸种2～3小时，捞出后再用纱布包好置于25℃的温度条件下催芽，有70%～80%的种子发芽露白时，即可条播或撒播。夏秋季栽培的要选用抗热及抗病性强的品种，如紫甘1号。不必浸种催芽，用干籽直播，一般2～3天出苗，播后20天左右出现2片真叶时可进行分苗。

(3)苗期管理

①温度管理：要依据季节不同灵活掌握。冬春季育苗以防寒保温为主；发芽期、幼苗出土前以促为主，争取尽快出苗，白天温度保持20℃～25℃，夜间以15℃为宜；苗出齐后，白天温度保持20℃，夜间12℃～13℃，以防止胚轴伸长成高脚苗；分苗前5～6天进行低温炼苗。分苗后为促进缓苗，白天温度保持25℃，夜间15℃。缓苗后开始通风，白天温度掌握在18℃～20℃，夜间10℃，防止幼苗徒长。定植前对幼苗进行低温锻炼，白天温度保持15℃，夜间7℃～8℃，通风口由小开到大开，夜间由盖半席到不盖席缓慢过渡。夏季育苗，需加强遮阳、降温、防雨涝工作，育苗场地既要进行遮阳，四边又不要盖严，以保证顺畅大通风，避免高温烤

苗。苗龄以30～35天为宜，苗龄过长易育成细弱、徒长的幼苗。

②肥水管理：冬春季用地苗床育苗，播前应浇足底水，以后可基本不浇水，以免降低地温。待幼苗长至2～3片真叶时分苗，分苗前要浇足水。缓苗后追1次少量速效性肥料以提苗，以后中耕，以保持苗畦土壤上干下湿，直到定植前5～7天再浇水，然后起坨囤苗，等待定植。用育苗盘播种的，播前需将营养土浇足水，播后覆土，直到出苗前不再浇水；若土太干，可用喷壶洒水补充。分苗于营养土方中，要根据营养土干湿情况和秧苗长势灵活掌握浇水与否。浇水时可适当浇一些肥水。夏季育苗时，无论播种、分苗或浇水、追肥，均应在傍晚进行。浇水要充足，时间要短，以利于降温。苗床上部要有防雨砸的设施，苗床四周要能排水和大通风。

2. **定植** 紫甘蓝可与瓜果类蔬菜间作，但要避免同科蔬菜连作。早春定植地块，最好在头年上冻前深耕晾垡，整地前每667米^{2}施农家肥5000千克、过磷酸钙50～80千克、草木灰100～150千克，再浅耕搂平。早春和夏季栽培的可做小高畦，畦高10厘米，畦宽100～120厘米，并铺盖地膜；也可做成小高垄，垄宽60厘米。晚春和秋季栽培时，可做1.5米宽的平畦，畦长可按地形和当地习惯而定，北京多为7米长的畦。早春于日平均温度稳定通过5℃时即可定植，夏秋季宜在傍晚或阴天定植。定植密度早熟种株行距50厘米×50厘米，每667米^{2}栽2500～2600株；中熟种株行距50厘米×60厘米，每667米^{2}栽2200～2300株。

3. **田间管理**

(1)浇水 早春设施栽培，墒情好的可酌情少浇水，田间管理以松土保墒为主；夏秋季栽培的要多浇水且水量要大。正常天气下，浇定植水和缓苗水后中耕控水蹲苗15～20天，促莲座叶长得壮而不旺。进入结球期后，为促叶球迅速增大，浇水次数要多，水量要大，地表见干就浇。应注意的是在收获前要适当少浇水，以免收获裂球。

(2)追肥　苗期需肥少，早春定植的可浇粪稀水，如苗较弱，在浇缓苗水时每 667 $米^2$ 带施硫酸铵 7～10 千克。一般定植 30～40 天后植株开始包心时再施追肥。结球初期每 667 $米^2$ 追施硫酸铵或磷酸二铵 10～15 千克；结球中期浇粪稀水或每 667 $米^2$ 追施硫酸铵或磷酸二铵 7.5～10 千克；结球后期浇粪稀水或追施少量化肥。高温季节栽培的要避免浇粪稀水，只能追施化肥。整个结球期应增施微肥和磷酸二氢钾，7～10 天喷施 1 次。

(3)温度管理　设施栽培的应抓好防寒保温和通风换气的管理，定植至缓苗应促快长，以防寒保温为主，不通风，还可用二道膜、小拱棚多层覆盖；缓苗后逐渐由小到大通风换气，并按天气灵活掌握。白天温度最好保持在 20℃左右，最高不超过 25℃；夜间维持在 10℃左右，最低不低于 5℃。结球期比苗期、莲座期温度可低 3℃～4℃，且以夜昼温差大一些为好。

(六)病虫害防治

主要病害有黑腐病、霜霉病、褐腐病，主要虫害为蚜虫、菜青虫。病害防治：黑腐病可喷 50%春雷·王铜可湿性粉剂 800 倍液，或 77%氢氧化铜可湿性粉剂 500 倍液和新植霉素 5 000 倍液。其余防治药物的使用可参照绿菜花病害防治方法。虫害防治：要及时清除田间杂草及残枝落叶，避免与同科作物连作，深耕地以灭虫源，药剂防治参照绿菜花的防治方法。

(七)收获与贮藏

早熟品种于定植后 65～70 天，中熟品种于定植后 80～90 天，当叶球抱合十分紧实时即可收获。收获后经加工、整理，用保鲜膜包好，保管好的可存 3～4 个月，可以旺补淡和增值。具体贮藏技术见结球甘蓝冬贮技术。

五、抱子甘蓝

抱子甘蓝又名芽甘蓝、子持甘蓝。为十字花科芸薹属甘蓝种，是结球甘蓝的变种。它不是心叶结叶球，而是茎上的每一个叶腋处长出如鸭蛋大小的叶球，正像孩子依附于母怀，故称抱子甘蓝。

原产地中海沿岸。欧美各国栽培多，为主要蔬菜品种之一；日本栽培也较多。在我国本是与结球甘蓝同期引入，但其产量较低，抗热力弱，栽培难度大，因而没有大面积生产。随着旅游业的发展，人民生活水平的提高，对珍稀蔬菜的需求量不断增加，加之抱子甘蓝叶质柔软，纤维少，甜味大，质量优于结球甘蓝，因此近年来抱子甘蓝在我国也有了较大的发展。

抱子甘蓝的小叶球风味独特，美味可口，营养较丰富。每100克鲜球含蛋白质4.7克，脂肪0.5克，矿质元素1克，维生素C 100～150毫克，纤维素1.2毫克，胡萝卜素0.13毫克，并含有大量的钙、磷、铁等元素及异硫氰酸烯丙脂等化合物，具壮筋骨、利脏器、清热止痛等作用，还有健肤美容之功效。适于炒食、做汤、速冻及加工制成罐头。

(一)形态特征

抱子甘蓝主茎直立高大，高50～100厘米。叶片小，叶柄长，叶近椭圆形，叶缘上卷，似勺子形，表面皱褶不平，叶数多达40片以上，在顶芽上不断抽生出新叶。茎顶不产生叶球，由每个叶腋内抽芽膨大发育成小叶球，每株能生成25～40个；小叶球长约4厘米，横径2～5厘米，扁圆形，包球紧实，是食用器官。花、种荚、种子与结球甘蓝相似。

(二)对环境条件的要求

大体与结球甘蓝相同。

1. 温度　喜冷凉气候，耐热力弱，耐寒性强，在－3℃～－4℃低温下不受冻害。在高温且烈日照射下，则生长发育不良，易发生病虫害。茎叶生长期平均适温为20℃左右，若温度降低5℃～6℃，茎叶生长受阻；结球适温10℃～13℃，超过23℃时不利于叶球形成。

2. 光照 抱子甘蓝虽然对光照要求不严格，但在光照充足的情况下，植株生长旺盛，叶球紧实，光照不足时植株易徒长，节间长，叶球变小。

3. 水分 抱子甘蓝不耐干旱，要常灌溉，保持土壤湿润，但不要积水。茎叶生长的前期，要求土壤与空气保持适当湿度，但幼苗期若雨水过多过湿，易导致根腐病而枯死；反之，若过于干旱、干燥，幼苗也会萎缩、衰弱或枯死。待长至 10 多片叶时，生长势由弱变强，略能抵抗不良环境，生长趋旺。到叶球形成的中后期，则要求较干燥的空气。

4. 土壤 对土壤的适应性较广，苗期以富含有机质的沙壤土较好；定植地以选用土层深厚、有机质含量高的黏质壤土为宜。过于沙性的土质不利于形成充实的叶球，微酸性土壤更好。

(三)类型与品种

抱子甘蓝按株高 66 厘米为界分为矮生种和高生种。按叶球大小分为大、小抱子甘蓝，横径在 4 厘米以上者为大型，高产，但质稍次；横径 2～3 厘米的为小型，产量稍低而质量好。按定植至采收的时间长短分为早熟种(定植后 90～110 天采收)、中熟种(定植后 110～115 天采收)和晚熟种(定植后 115 天以上采收)。我国目前栽培的均为国外引进的品种，国内还未见有对抱子甘蓝进行育种的单位，现有品种也不太多。

(四)栽培季节及栽培方式

全国栽培面积不多，尚缺乏系统的经验。据各地零星经验认为，与结球甘蓝一样，可以春秋季露地和设施园艺栽培，最好采用改良阳畦或不加温温室春提早和秋延后栽培。

1. 春季改良阳畦或不加温温室栽培 宜采用早熟品种，如早生子持，其结球期稍耐高温。北京地区 1 月上旬或中旬于保护地内育苗，2月中下旬定植，5月中下旬至6月上旬收获。

2. 春季露地栽培　仍用早生子持品种。北京地区于1月中下旬育苗，3月上旬在拱棚内或用改良地膜（盖天）覆盖提早定植，6月中旬前后收获。

3. 秋季露地栽培　用早熟品种吉斯暨卢，6月中下旬播种，7月中下旬定植，10月中下旬至11月初收获。

4. 秋季改良阳畦或不加温温室栽培　采用中熟品种增田子持，于6月中下旬播种，7月中下旬定植，11月中下旬收获。

（五）栽培管理技术

1. 育　苗

（1）播种方式　早春宜用温室播种，容易满足幼苗生长要求22℃左右的温度条件；夏季育苗可采用塑料大、中棚，用旧农膜覆盖遮阳、防雨，棚的四周大通风，利于降温。整地、施肥、翻地、做畦的要求与绿菜花、紫甘蓝相同。栽667米^{2}抱子甘蓝需准备4米^{2}子苗畦。播前浇足底水，撒细土铺底后再播种，栽667米^{2}地的播种量为20～25克，播后覆细土保墒。

采用塑料营养盘播种，能提高出苗率，有利于培育壮苗，降低种子用量。当小苗长出2片真叶时，选健壮苗，按株行距12厘米×15厘米规格分苗，栽667米^{2}地需分苗35～40米^{2}苗畦。还可以采用营养土方或塑料营养钵分苗。

（2）苗期管理　早春季节播种后苗床温度保持22℃左右，出苗后保持18℃，分苗前再降低2℃～3℃炼苗。分苗前、缓苗后、定植前仍照以上温度要求管理，夏季应适当遮阴和浇水降温。子苗期底水浇足后基本不再浇水。种子拱土、出齐后分别覆细土1次弥缝、保墒。分苗后浇透水，以后酌情补水。地苗定植前浇透水，切方囤苗2～3天后定植。夏季视天气情况适当多浇水，以有利于生长和降温。营养钵分苗的更要勤浇水。夏季高温，在早晚均要喷水。

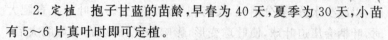

2. 定植 抱子甘蓝的苗龄，早春为 40 天，夏季为 30 天，小苗有 5～6 片真叶时即可定植。

定植前整地、施肥、做畦。每 667 米^2 施优质腐熟农家肥 2 500 千克以上，再施磷酸二铵 15 千克和过磷酸钙 40 千克作基肥。高生、中熟品种应单行定植，做成畦宽（连沟）1.2 米的小高畦，每畦栽 2 行，株距 40～50 厘米，每 667 米^2 栽 2 200 株左右；矮生、早熟品种做成畦宽（连沟）1.4 米的小高畦，每畦栽 2 行，株距 50 厘米，每 667 米^2 栽 1 800 株左右。栽苗时要尽量保持秧苗的土坨不散开，以保护根系，使其尽快缓苗。

3. 田间管理

（1）水肥管理 浇足定植水后，5～7 天（夏季 3～4 天）浇缓苗水后适当蹲苗，中耕为主。茎叶生长期不耐旱，要多浇水以保持土壤湿润。露地栽培的则要注意雨后防积水，否则会造成植株生长不良。结球期需适当浇水，特别是设施园艺栽培的，此期间若环境空气干燥、温度冷凉（10℃～13℃），则有利于小叶球生长发育。

定植至收获需 90～120 天，需追肥 3～4 次。第一次追肥在定植成活后，追施少量化肥，若追施尿素，每 667 米^2 用量 10 千克。第二次追肥在定植后 30 天前后，促进营养生长，使外叶达 40 片左右再进入结球期。这 2 次追肥后均需培土，防肥水流失和植株倒伏。第三次追肥在叶球膨大期进行。第四次追肥在叶球采收期进行。这是因为每棵植株有 25～40 个小叶球，当下部叶球陆续采收后，上部叶球不断形成和膨大，还需不断补充营养和水分，有利于提高产量。后 3 次追肥量可每 667 米^2 用尿素 15 千克，有条件的可喷叶面肥和 0.3%磷酸二氢钾，5～7 天喷 1 次。

（2）植株调整 因植株高大、叶数多，每个腋芽都能形成小叶球，特别是高生中熟种，生长势强，容易形成植株头重脚轻，造成倒伏，影响产量和质量。一般在植株长至 40 厘米高时就在旁边插上竹竿，捆住植株，以防倒伏。对茎基部结球不良的腋芽及病叶应摘除，以减少水分、养分消耗，又有利于通风透光。在叶球发育肥大时，叶柄会压迫叶球，使叶球变形，影响外观，所以在叶球肥大后，可自下而上分次剪除老叶，只留中上部新叶，以利于叶球生长。

（六）病虫害防治

苗期立枯病防治：若播后苗床过湿或积水，可喷50%多菌灵可湿性粉剂800倍液进行土壤消毒；发病后，用百菌清、甲基硫菌灵防治。霜霉病防治同绿菜花，黑腐病防治同紫甘蓝，菜青虫、小菜蛾、蚜虫防治同绿菜花。

（七）采　收

早、中、晚熟品种分别在定植后90天、100天和120天以上开始采收，即叶球长至高4厘米、横径2.5厘米时，选结球紧实的采收。若气温较高，抱球不紧且有裂球时，更要尽早采收。叶球重一般100～150克，如栽培管理得当，每667米^{2}产量可达500～600千克。

六、球茎茴香

球茎茴香又称结球茴香。是伞形科茴香属的一个变种。球茎茴香与我国栽培的叶用茴香是同科同属植物，从叶色、叶形、花、果实、种子、品质风味以及其他生物学特性上比较，两者都很相近，只是一般茴香食用部分为叶，而球茎茴香除嫩叶可以供食用外，主要是以柔嫩、肥大的鳞茎供食用。鳞茎为浅绿色或白色，长扁球形。球茎茴香含有类胡萝卜素、维生素A、维生素C、钙以及氨基酸等，是一种营养价值较高的新型蔬菜。可以切成薄片或丝炒肉，也可做汤或凉拌生食，还可腌渍，具特殊的茴香清新风味，异常鲜美。嫩叶微香，可作馅用，榨汁可作西餐的重要调料，是高级宾馆、饭店的上乘菜肴。北京等大城市从国外引进球茎茴香后，受到了各地菜农的普遍欢迎，种植面积逐渐扩大，很有推广价值。

(一)形态特征

球茎茴香的植株比较高大，一般为70～80厘米，高的可达100厘米以上；开展度50～70厘米，主根入土30～40厘米，长有5～7条支根。茎为短缩茎。叶片数7～10片不等，为3～4回羽状复叶，叶片深裂成丝状，绿色，叶柄粗大，叶鞘基部肥大，相互抱合成拳头大小的球茎。球茎呈扁圆球形或近球形，横径8厘米左右，着生在短缩茎上。春季播种较早的当年能抽生花茎和开花结实，花茎高80～120厘米，横径2～3.5厘米，长有3～7个侧枝。花为复伞形花序，花黄色，雌雄同花，异花授粉。果实为双悬果，长椭圆形，香味较浓。

(二)生育周期

球茎茴香的生育周期可分为5个时期。

1. 种子发芽期　从种子吸水膨胀、萌动到发芽出土，子叶展开，直至第一片真叶露心，需6～10天。

2. 幼苗期　幼苗从第一片真叶展开到第五、第六片真叶出现，需20～25天。

3. 丛叶生长期　从第五、第六片真叶开始到球茎(叶鞘)开始肥大，需25～30天。

4. 球茎肥大期　从球茎开始肥大到停止肥大直到采收，需20～30天。

5. 开花结籽期　由植株抽薹、分枝、开花、结实到种子采收。此期为生殖生长期，共需50～60天。

(三)对环境条件的要求

球茎茴香喜冷凉气候。种子发芽适温为20℃～25℃；植株适宜生长温度为15℃～20℃，超过20℃则生长不良。但是，球茎茴香的适应性较强，较耐低温，能抗轻度霜冻，长江流域一带，冬季稍培土或覆盖一些稻草，便能安全越冬。苗期和开花结籽期较耐高温，也能安全越夏。其营养生长阶段喜光怕阴，阳光充足有利于植株的生长，养分积累和球茎膨大好。球茎茴香有明显的春化过程，需要在4℃以下的低温条件下通过春化和分化花芽，在长日照下能促进花芽分化。抽薹、开花时需较高温度，开花到种子成熟采收需30～40天。球茎茴香苗期和球茎膨大期不耐干旱，在土壤湿润和空气相对湿度60%～70%的环境中生长正常。对土壤适应性较广，各种土壤均能生长，最好选排灌方便、土层深厚肥沃的中性壤土或沙壤土种植。

（四）栽培季节和栽培方式

1. 春季栽培

（1）日光温室栽培　于11月中旬至12月下旬温室播种，12月中旬至翌年1月下旬定植，2～3月份收获上市。

（2）改良阳畦或简易不加温温室栽培　1月上中旬温室播种，2月中下旬定植，3～4月份收获上市。

（3）春季露地栽培　早春改良阳畦或小拱棚栽培，2月中下旬至3月上旬播种，3月下旬至4月上中旬定植，5月上旬至6月上旬收获上市。如纯露地栽培，则于3月上中旬播种，4月中下旬定植，5月下旬至6月下旬收获上市。

2. 夏季栽培　平原地区宜采用设施遮阳、防雨或在凉爽山区栽培，于4月中旬至6月下旬播种，5月中旬至7月下旬定植，7～9月份收获上市。

3. 秋冬季栽培

（1）秋季露地栽培　7月上旬至8月上旬播种，8月上旬至9月上旬定植，9月中旬至11月上旬收获上市。

（2）改良阳畦或简易不加温温室栽培　8月份播种，9月份定植，10月中旬至11月下旬收获上市。

（3）日光温室栽培　9月中旬至10月中旬播种，10月下旬至11月中旬定植，12月份至翌年1月份收获上市。

(五)栽培技术

1. 育苗　通常采用育苗移栽。

(1)整地、施肥、做畦　球茎茴香与西芹一样，只需培育子母苗而不分苗，栽 667 米² 地要准备 25～30 米² 苗畦。按不同季节选择育苗场地，如冬季育苗需在设施内育苗；晚春、秋季可露地育苗；夏季在设施或露地遮阳防雨育苗。育苗床的施肥、整地、做畦方式同西芹育苗。

(2)播种方法　同西芹。苗床浇足底水，撒一层细土后播种，播种后覆细土 1 厘米左右。栽 667 米² 地需播种 100～120 克。为播得均匀，苗床要掺入细沙土拌匀。用营养土方育苗时，每块土方播 2～3 粒种子。

(3)种子处理　播种前先将种子晒半天，并用两只手掌轻轻揉搓使种子分开。夏季或冬季、早春播种的，最好将种子放在 20℃左右的清水中浸泡 24 小时，并在 20℃温度条件下催芽。催芽期间每天用清水淘洗 1 次，以除去黏液，5～6 天即可出芽供播种。

(4)苗期管理　播种后 1～2 天喷洒除草剂，以免苗草一齐长。出齐苗后浇 1 次小水，夏季育苗由苇帘覆盖的可撤去苇帘，水渗后覆细土 0.5 厘米厚。1～2 片真叶时第一次间苗，使苗距拉开；3～4 片真叶时第二次间苗，苗距 6 厘米见方。每次间苗后浇小水 1 次，平常要看天气定浇水。早春在设施内育苗，种子发芽期要满足 20℃～25℃的温度条件，幼苗期温度按 15℃～20℃进行调控。苗龄约 1 个月，待苗高 15～20 厘米、5～6 片真叶时，挖苗带土坨移栽。

2. 定　植

(1)整地、施肥、做畦　不可选前茬种绿叶菜的地块种球茎茴香。结合翻地每 667 米² 铺施 3 000 千克以上腐熟圈肥，再施入过磷酸钙 70 千克或三元复合肥 30 千克，然后翻耕，做成 1 米宽的平畦。

(2)定植　冬春季宜选晴天上午 9～10 时定植，夏秋季宜选阴天或晴天傍晚定植。1 米畦栽 3 行，株距 25～30 厘米，每 667 米^2 栽 7 000～8 000 株。不宜栽得过深，以苗坨稍低于畦面、浇水后不露出土坨为准。栽后及时浇活棵水，以促缓苗。

(3)田间管理　冬、春季定植的除浇好活棵水外，5～7 天后浇缓苗水；夏季定植要连浇 2 次水才能缓苗。新叶长出后浅中耕除草，蹲苗 7～10 天；在叶鞘肥大期要结合中耕给予培土，植株封垄后不再中耕；以后酌情浇水，保持土壤湿润即可；在叶柄基部肥大时不能缺水干旱，要多浇水；苗高 30 厘米时第一次追肥，每 667 米^2 施尿素 10 千克，或追施硫酸铵 15 千克，或随水冲施碳酸氢铵 20 千克；球茎开始膨大时第二次追肥，用量比第一次的增加 5 千克；球茎开始迅速膨大时第三次追肥，用量同第一次。春季或晚秋天气凉爽季节，已基施化肥的，也可追施腐熟人粪尿等粪稀水；可在缓苗后追施少量提苗肥 2～3 次，7～8 片真叶时开始加快生长，可以 5～7 天随水施入粪稀水 1 次，促进球茎膨大，提高产量和品质。设施栽培要注意抓好温度调节，避免温度过高或过低。

(六)病虫害防治

球茎茴香病虫害比较少。主要病害有灰霉病、菌核病、白粉病、根腐病。灰霉病、菌核病防治请查看绿菜花、生菜的防治方法。白粉病可在初发期选喷 2%嘧啶核苷类抗菌素水剂 200 倍液，或 2%春雷霉素水剂 500 倍液，或 30%氟菌唑可湿性粉剂 4 000 倍液，或 50%硫磺悬浮剂 400 倍液，或 40%硫磺·多菌灵悬浮剂 600 倍液和 25%丙环唑乳油 3 000 倍液，7～10 天喷 1 次，连喷 2～3 次。根腐病发病初期可选喷或浇灌 50%复方硫菌灵可湿性粉剂 500 倍液，或 10%混合氨基酸络合铜水剂 1 500 倍液，或 65%多果定可湿性粉剂 1 000 倍液和 45%噻菌灵悬浮剂 1 000 倍液。

主要虫害是蚜虫，防治方法可参照其他蔬菜的防蚜技术。

(七)收　获

球茎茴香定植后40～50天,球茎达到充分膨大转为停止膨大、外层鳞片呈白色或黄白色时即可采收。过早采收因球茎尚未充分膨大,影响产量;采收过晚,则球茎纤维增多,导致产品质量下降。收获时将整株拔下,将上部细叶连同老叶一同切除,只保留10厘米左右的叶柄和肥大的球茎,根部也须削净。可先收大的、后收小的,陆续采收上市。冬、春季设施园艺栽培的为延长收获供应期,只要降低棚室内温度即可控制植株生长,收获供应期可延长1个月以上。

(八)采　种

球茎茴香为异花授粉作物,采种时应注意与不结球的茴香隔离种植。种植后需一定低温和时间才能通过春化阶段。春化后又需在较长的日照下和较高的温度才能抽薹开花。因此,一般用于采种的都进行秋播,第二年抽薹开花;也有用小株采种、当年收获的。采种田的留苗密度要比生产田密度小,种株以行距60～70厘米、株距40～50厘米为宜,每667米^{2}种2 000～2 500株。一般5月中下旬开始抽薹现蕾,6月中下旬开花,7月下旬至8月上旬采籽。采收后晾晒,使种子完熟。当年采收的种子,当年可以播种。

七、芦　笋

芦笋又名石刁柏,是百合科天门冬属多年生蔬菜。原产于欧洲地中海沿岸及小亚细亚一带,已有2 000多年的栽培历史,逐渐传到世界各地。我国也有100多年的栽培历史。

栽培多的国家有英国、法国、美国、日本等国。我国以台湾省、福建省、山东省、浙江省等地栽培面积大,栽培历史长;种植面积发展很快,已成为蔬菜出口创汇的重要产品。目前,我国年加工制罐头已超过万吨,仅台湾省出口芦笋罐头就远销25个国家,在国际市场上占有重要地位；国内的鲜食量也不断增加。

(一)营养成分和食用价值

芦笋的营养价值很高，据测定，每100克鲜芦笋中含有蛋白质1.62～2.58克，脂肪0.11～0.34克，糖类2.11～3.66克，矿物质1.2克，纤维素0.7克，维生素A、维生素B、维生素C的含量比番茄、大白菜高出1～8倍，还含有多种微量元素如硒、锰、钼、铬等，又含有天门冬酰胺、天门冬酸、甾体皂苷等物质，还含有芦丁、甘露聚糖、胆碱、叶酸等。具有助消化、增进食欲、提高机体免疫力、降低有害物质的毒性、抑制癌细胞的活力、阻止癌症的产生和克服人体疲劳症等功效。对高血压、动脉血管硬化、心脏病、肝炎、肝硬化、膀胱炎、肾炎、排尿困难及水肿等疾病都有一定疗效。所以，芦笋是蔬菜中之佳品，可称为高营养的保健蔬菜。

芦笋以其嫩茎为食用产品。其中见光后变为绿色的嫩茎宜鲜食，质地脆嫩，味浓，清香，风味独特，可炒食或做汤，也可凉拌；未出土未见光的白芦笋适宜加工制罐头，是国内外市场的畅销品；芦笋还可以加工制成保健食品和保健茶；种子及其贮藏根可作药用。

(二)形态特征

芦笋有强大的根系和根状茎(地下茎的变态)。根又分2种，一种是贮藏根，另一种是吸收根。贮藏根起固土和贮藏养分作用，肉质，所以又称肉质根。根长120～130厘米，横径4～6毫米，整条粗细一致，寿命较长，根条随着年限增加而增多。吸收根是吸收养分和水分的主要器官，这种根细而多，所以又称纤维根，寿命较短，每年更新。芦笋茎分为地下根状茎和地上茎两部分。地下根状茎是节间极短的变态茎，先端有很多芽，芽由鳞片叶包裹，称为鳞芽。在地下茎先端的芽特别强壮，在未抽生地上茎时，芽基叶腋中的侧芽也发育成鳞芽，互相密接群生，称之为鳞芽群。每个鳞芽顺序向上生长，形成嫩茎，伸出土表，适时采收嫩茎可作商品供食。

若留一部分不采收,嫩茎继续向上生长,则长成地上茎,高达150～250厘米,并多次分枝,长成株丛。芦笋的叶子退化成薄膜状的小鳞片,长在茎的节上,颜色为淡绿色,从叶腋中长出5～8条短枝,上面生长着绿色的针状物,像叶并不是叶,而是分枝,是一种变态茎,能进行光合作用,称之为“叶状枝”或“拟叶”。芦笋雌雄异株,雌株高大,茎粗,分枝部位高,枝叶稀疏,发生茎数少,产量低,寿命短;雄株矮小,分枝部位低,枝叶繁茂,春季嫩茎发生时,产量比雌株高20%～30%。芦笋夏季开花,花小。雌花绿白色;雄花较雌花长而色深,为淡黄色的虫媒花。雌花结成圆球形绿色浆果,成熟后果为赤色,种子黑色坚硬,略呈半球形,稍有棱角。优良种子每克40～50粒,千粒重20～25克。种子发芽势弱,生产上宜用新种子播种育苗。

(三)对环境条件的要求

1. 温度 芦笋适应性广,既耐寒又耐热。种子发芽最低温度为10℃,适温为25℃～30℃,播后10天左右可出苗。芦笋嫩茎的生长适温为15℃～22℃,在此温度范围内,产品质量好,且温度越高生长越快。但温度超过30℃,嫩茎基部及外皮容易纤维化,嫩茎鳞片易散开,品质降低。温度超过35℃时嫩茎几乎停止生长。温度15℃以下生长缓慢,嫩茎发生量减少,产量低。5℃～6℃为植株生长的最低温度,10℃以上嫩茎才会伸出土面。当10厘米处地温在13℃以下时,极易形成空心笋。冬季寒冷的地区地上部枝条因不耐寒而枯死;而地下部的根状茎和肉质根抗寒力却很强,在－20℃的低温条件下进入休眠状态,能安全越冬,在冻土层深达1～1.5米时仍能安全越冬。春季地温回升至5℃以上时,鳞芽又开始萌动。

2. 光照 芦笋对光照敏感,喜充足的阳光,在光照好的情况下,地上部枝条生长健壮,能把大量光合产物贮藏到地下根茎里,促使地下根状茎和根系的强大,嫩茎产量高。嫩茎生长的快慢也与光照条件有直接的关系，不培土的绿芦笋与培土的白芦笋之间的差别就在于见光量，见光多的生长速度快。

3. 水分　芦笋的根入土深而广。而地上部是针形的叶状枝，蒸腾作用小，有较强的耐旱力，能适应干燥气候。但是，过于干旱时会增加空心笋的数量，从而造成减产和质差。芦笋不耐湿，若土壤积水而缺氧，会阻滞地下根系和鳞芽的生长，甚至造成鳞芽腐烂，易发生茎枯病等。芦笋的吸收根发育较弱，仍要求有充足的水分供应，若水分供应不足，会影响植株生长。尤其是在采收期间，水分不足，嫩茎发生少而细，易老化。

4. 土壤及营养　芦笋虽对土壤适应性广，各种土壤均能种植，但要获得高产，需选择疏松、透气、土层深、地下水位高、排水良好、富含有机质的沙壤土或壤土为最适宜。芦笋能适应微酸性到微碱性土壤，以 pH 值 6～6.7 为最适宜。芦笋是多年生蔬菜，又具深根性，栽培时既要考虑当年产量，又要考虑多年生长健壮而不衰。所以，栽培过程中除了在定植时施足持效性的基肥外，以后还要随着植株的生长适时追施氮肥配合施用磷、钾肥，也可多施优质畜禽粪便或速效化肥。

（四）栽培季节及方式

1. 露地栽培　因芦笋为多年生蔬菜，一次种植能生长 15 年以上，第四至第十二年为旺产期。目前，我国多数地区采用露地栽培方式。北京地区于 4 月中下旬栽培，第二年以后每年 4 月中旬至 5 月下旬为当年的收获盛期。鲜芦笋供应季节较短，其他月份全靠加工的白芦笋罐头供应市场。加工后的芦笋营养和风味均不如鲜笋好。

2. 改良地膜覆盖栽培　在准备栽种芦笋的垄上盖好地膜，用土压严。盖膜的比不盖膜的能提早缓苗和提早收获 7～10 天及以上。

3. 小拱棚栽培　在寒冷地区，事先于栽培地先准备好小拱棚，棚膜上再加盖草苫，可比露地提前 1 个月左右缓苗和收获上市。

4. 简易日光温室或改良阳畦栽培　北方地区春季比较寒冷，生产季节比较迟，为了生产超时令产品和延长供应期，排开供应市场，采用各种设施园艺栽培是行之有效的手段。一般采用简易日光温室或改良阳畦栽培可延长供应期 1～3 个月。

(五)栽培技术

1. 播种方式　芦笋可以大田直播，也可以分株繁殖，又可以育苗移栽。分株繁殖因繁殖系数小，费劳动力多，北京地区采用分株繁殖的不多，面积大的生产基地基本上用种子直播或育苗移栽。

(1)直播　一般头一年播种，第二年少量采笋，比移栽的产量低、质量差。

①整地、施肥：每 667 $米^2$ 施腐熟农家肥约 5 000 千克，铺匀，耕翻深 25～30 厘米，拉平地面。按预定行距开沟，白笋沟距1.3～1.4 米，绿笋沟距 1.2～1.3 米，沟深 30～40 厘米，宽 50～60 厘米，每 667 $米^2$ 沟施过磷酸钙 30 千克、硫酸铵 15 千克、钾肥 10 千克，与土混合均匀，肥上面另盖一层土，距地面 2～3 厘米，等待播种。

②浸种催芽：芦笋种子寿命 2～3 年，生产上宜选用头年采收的新种子播种。芦笋如用干籽直播约需 1 个月才能出苗，为加快出苗，均采用浸种催芽。先用清水漂去瘪粒、虫粒，放在 30℃～40℃的温水中浸泡 2～3 天，每天搓洗、换水 1～2 次。种皮稍胀裂后捞出，用净布包好，置瓦盆内或用几层湿麻袋片包好，在 25℃～30℃温度下进行催芽。其间每天用温水淘洗 1 次，洗掉外表黏液，约 5 天开始发芽，发芽后即可播种。如暂不播种，可放在阴凉处，让芽缓慢伸长。

③播种：发芽温度最低 10℃，最适 25℃～30℃，当 10 厘米地温在 10℃时即可播种。北京地区为 4 月下旬至 5 月初，在已准备

好的、开好沟的地里条播，每 667 米^2 用种量 1 千克左右。6～8 天即可出苗。干籽直播的要 15 天以上才能出苗。

④苗期管理：浇水、追肥要灵活掌握。刚出土的小苗不耐旱，进入雨季前要适当浇水，防止因干旱而不长苗；夏季雨多要控水，防苗倒伏；立秋后生长加快，土干及时浇水促长；齐苗后及时浅中耕除草，夏季防草荒；苗长至 10～13 厘米时间苗 1 次，按苗距 10 厘米选留壮苗，待株高 25 厘米时，按株距 30 厘米定棵。最好选留 3 棵地上茎中第一次抽出的、而且均朝同一方向生长的 1 棵，以方便以后的培土等管理。

(2)育大苗移栽　即第一年春季育苗，第二年春季起苗定植。这种方式，幼苗有效时间长，育成具有鳞芽群的根状茎、15 条以上的肉质根的大苗。

①露地育子母苗：芦笋栽培每 667 米^2 需种 1 700～1 800 株，育 667 米^2 苗可栽 0.47～0.53 公顷地。占地时间为 1 年。整地、施肥方法同直播。按 35～40 厘米行距开沟条播，每 667 米^2 用种量 1 千克；也可采取在条播沟内按 5～6 厘米间距点 1 粒种子，则每 667 米^2 播量约 0.5 千克。播后覆土 3 厘米厚，按播种行用脚踩 1 遍后进行浇水。以后视天气情况进行水肥管理，防旱、涝、草荒，至入冬前浇冻水，直到翌年移栽时把冬前冻干枯的茎割掉，挖兜移栽。

②保护地育子苗，露地分苗：寒冷的北方地区，保护地育子苗比露地育苗早成苗，待露地适合生长时移栽到露地苗床，继续培育到冬季露地越冬。到翌年春季挖苗定植，比露地直播育苗的苗大、苗壮，定植后缓苗快，对增加始收期的产量有明显作用。这种方法占地也少得多，栽 667 米^2 地只需苗床 25 米^2 左右，每 667 米^2 子母苗可栽大田 2 公顷。其栽培方法同直播法。注意的是应调控好设施内温湿度，待苗高 15 厘米左右、当地晚霜期已过时再移栽到露地。行株距以 40 厘米×12 厘米为宜。

③育小子母苗移栽：此方法更方便。在温室内或日光温室内，

用塑料育苗钵装入营养土，或用营养土方，或地苗划格育苗，均直接点播，培养70～80天。当苗高15厘米时降温炼苗，待苗适应外界气候时，再移植到露地育苗床，第二年再定植到生产田。

定植前如缺肥，应适当追施少量化肥。病虫害防治可选用0.3%～0.5%波尔多液和70%甲基硫菌灵可湿性粉剂1 000倍液喷雾。其他管理措施均按常规管理方法，没有特殊要求。

2. 整地与定植

(1)定植地的选择 芦笋连续生长与收获年限长，有的可达14年以上，要选用理化性状良好、富含有机质的沙壤土，并要排灌方便的地块，选用多年未种过百合科作物(大蒜、洋葱、大葱)及薯类、胡萝卜、甜菜、棉花、果林苗圃的地块种植芦笋，以免传染各种病害而降低产量与品质。切忌选用地下水位高、易渍涝的地块种植芦笋。

(2)整地、施肥、做畦 参考直播方法。

(3)定植时间 当地晚霜期过后能避免霜冻时，可进行露地定植；地膜、小拱棚、改良阳畦等栽培，请查看本节“(四)栽培季节及方式”适时定植。

(4)定植密度与方式 芦笋株高近2米，株丛茂密，为有利于通风透光，栽培绿芦笋时，行距1.2～1.3米，株距30厘米，每667米^{2}栽1 700～1 800株；栽培白芦笋时，其行距可增加10厘米。

育大苗定植的，定植当天把地上部冻干枯的枝条割掉，刨出秧苗，抖掉根土，选根茎粗壮苗定植。一般为沟栽，把秧苗根群向四周摊开，埋土10厘米左右厚，压实，栽植沟内浇足水。

育小苗移栽的，不论是地苗、土方苗或钵苗，都要先浇透水，带土坨移栽，土坨面低于地面3厘米。栽后随即在定植沟内浇透水，水渗后再覆土。

3. 定植当年的田间管理

(1)浇水 定植后先浇1次定植水，4～5天后浇1次缓苗水，幼苗成活后15～20天内如无雨需再浇1次水。以后视墒情浇水，保持土壤湿润即可。防止积水或水分过大，以免诱发病害；高温干旱，可浇水降温；秋季往往干旱少雨，5～8天可浇1次水；土地上冻前浇1次水（冻水），以保安全越冬。

（2）追肥　幼苗成活后开始生长，半个月内可追施少量催芽肥，每667米^{2}施复合肥5千克，或尿素3千克和氯化钾2.5千克，随水施入；也可追施粪稀水500～1 000千克。以后视苗情适当追肥，约2个月追施1次。立秋后气候变得有利于茎枝抽发和生长，可在距根部20厘米处开沟施入优质农家肥，每667米^{2}1 500千克或施复合肥30千克左右；也可追施尿素10千克、磷肥30千克和氯化钾15千克。施肥后浇1次水，促茎枝健壮生长，有利于越冬。有条件的在浇冻水后可泼施粪稀水，待翌年土地解冻后，结合松土将粪肥培到茎基附近。

（3）中耕培土　雨后和浇水后，土壤易板结，可多次进行中耕松土和除草，并逐渐向茎基培土，每次培土2～3厘米厚，直至使地下茎有15厘米以上的土层覆盖，既保证嫩笋有深厚的生长土层，又能安全越冬。

（4）温湿度管理　采用地膜覆盖、小拱棚、改良阳畦和简易温室栽培的，每年早春和冬季，要注意芦笋生长的温度和湿度要求，通过开闭膜缝时间长短、通风口大小、拉盖草苫等来调节好温、湿度，为芦笋的生长创造良好的环境条件。

4. 采笋年份的管理

芦笋种植后于第二年进入采笋年份，但芦笋各年度产量的高低则取决于上一年度地下茎的生长状况和养分积累情况。所以，必须正确处理好当年采收量与保护株丛生长的关系，进行科学管理，以保证年年都能获得高产。

（1）清洁田园　每年春季芦笋重新开始生长前，应彻底清除田间枯枝残叶和杂草，减少病虫害的初侵染源，减少病虫害的发生。

(2)中耕培土　初春或土地解冻后，及时松土，提高土壤透气性和增温保温作用，能促进嫩茎早生早发。若冬前泼施粪稀肥的，应结合中耕把粪肥搂到茎际周围，结合培土盖严粪肥，这样做，使采收白芦笋的可使嫩茎避光生长而获得粗壮、雪白、鲜嫩、高产的优质笋。培土时间在幼茎抽生前，当10厘米地温在10℃以上时进行。培土过早出笋推迟；培土过晚则有部分嫩茎已出土面，见光后颜色变绿，影响白笋品质。培土要选晴天、土壤干湿适度时进行，土粒要细碎，培成的垄宽度要大，分2～4次培成，厚度以地下茎埋在土下为准。采收白笋的，培土厚度以25～30厘米为好；采收绿笋的，培土厚度以15厘米为好。

(3)盖膜增温　凡有条件的，在早春适合露地生产的季节前1～2个月盖上膜(地膜、棚膜均可)，一般可增温3℃～5℃，可促进早生早发早收，并可提高产量，减少空笋率。

(4)科学浇水、追肥　冬前浇冻水有利于芦笋安全越冬。开春后应多次松土，增温、保温、保水、促长、去杂草。5月份前不旱不浇水，要看天气和苗情灵活掌握。中后期和采笋期间，干旱会降低产量，一般5～10天隔行轮流浇水，使嫩茎抽生快，粗壮，柔嫩，品质好，产量高。早春第一次培土前可追施1次催芽肥。冬前未施或施少量农家肥的，可在行间(离茎基部30～40厘米处)开沟施农家肥和化肥，每667米^{2}施农家肥1 500～2 000千克、磷肥25千克、钾肥10千克；头年冬施较多农家肥的，可只追施化肥，每667米^{2}施复合肥20～30千克。采收中期每667米^{2}追施尿素5～7.5千克。此外，除追施肥料外，还可喷施25毫克/千克赤霉素，促进幼茎伸长，即先将植株基部的土层扒开，每株浇200毫升，再盖回土壤。

(5)设支架防倒伏　芦笋茎秆又高又细，茎枝繁茂，在植株徒长和浇水后或遇雨后大风天气均容易引起倒伏，妨碍光合作用，引起病害蔓延，严重影响产量。为了防止倒伏，除了适时培土外，可在雨季前对露地栽培的芦笋地事先挖好排水沟，同时可在垄上拉铁丝、绳等作支架，简单捆绑植株防倒伏。

(6)及时采收　头年定植的，第二年可开始采笋。采收期长短视芦笋生长年龄和生长情况而定，正常的第一年采收20～30天；第二年采收40～50天；第三年采收50～60天；第四年至第十二年为盛年旺产期，可采70～80天；第十三年后植株逐渐衰老，生产力减退，经济年限一般不超过15年，管理得好最多可延至20年。如果定植当年秋季，若芦笋生长指数达不到900～1 000，下一年春天就不能采收嫩笋[注：生长指数＝平均株高(厘米)×株数×单株平均茎粗(厘米)]。每年采收期间，若出现细笋数达50%、笋的硬度增加、劣质笋增多时，要停止采笋，待过渡到恢复长势后再正常生产。1年完成过渡并采收，当然当年可多收益，但会造成以后数年的产量受影响。同时，还要保证从采收结束至霜降节气前应有100～110天的生长时间，以利于植株继续生长和养分积累。

以清晨或傍晚采笋为好。鲜食绿笋可采收出土的绿色笋21～24厘米，割完后留茬2厘米；采收时留茬过长会降低产量，留茬过短易伤鳞茎。用于加工罐头的，应采收未出土的白笋，在扒开土层后于17～18厘米处割下，仍留茬2厘米，并避免碰伤和割断其他细小幼茎和根株。采收后随即把土扒盖回原处。将采收的笋按大小、长短分级捆把，装箱出售，或清洗加工。如不能及时出售或不能及时加工，可放在湿润的沙土中埋藏，或放在3℃～5℃温度下作短期贮存保鲜。不可随意堆放，以免变质。

5．采收后的管理

(1)放垄施肥　每年采笋结束后，地下茎贮藏的养分已耗尽，因此，要施复壮肥，以便恢复长势。选晴天于芦笋垄间开沟，每667米^{2}施腐熟堆肥1 500～2 000千克、人粪尿750～1 000千克或尿素7.5千克、过磷酸钙30千克、氯化钾15千克。再将高垄扒开，让根茎晾晒2～3天后，再覆土保持10厘米垄层，不这么做地下部的茎会逐年上伸，造成培土困难和根茎减少，笋田寿命变短，产量低。8月中旬后，天气渐凉，有利于芦笋生长，此时要施秋发肥，施肥种类和数量可比第一次略多，施肥后浇足水，以提高肥效并促发嫩茎。同时，注意夏季防雨涝、防倒伏，秋季防干旱，冬季防冻、防死苗。

(2)其他管理　撤垄后可以进行多次松土，以增加土壤通透性，防止滋生杂草。如田间长势旺盛，株丛密集，还可以分批剪去老、弱、病、虫、伤株，或者疏膛，改善垄间通透性，促植株的养分积累。对芦笋的花朵、花蕾、幼果要分批摘除，减少养分消耗，为提高下一年度嫩茎产量打好基础。

(六)芦笋病虫害的综合防治

1. 病害　主要是茎枯病、锈病。

(1)茎枯病　茎枯病是严重威胁芦笋生产的毁灭性病害。夏季气温高、风雨多、湿度大易发病及蔓延，甚至造成茎枝成片死亡，导致翌年严重减产。

防病措施：必须采取综合防治措施，才有好的防治效果。如采取清洁田园、清除杂草、病害初发期拔除病株、忌偏施氮肥、增施农家肥和磷钾肥、雨季防涝、旱季多浇水等措施，以使植株生长健壮，增强抗性，减少病源。同时，还要适当用药预防，可选用的药剂有：70%甲基硫菌灵可湿性粉剂600倍液，或40%硫磺·多菌灵悬浮剂400倍液，或50%乙烯菌核利可湿性粉剂1 000倍液，或6%氯苯嘧啶醇可湿性粉剂1 000倍液，或50%敌菌灵可湿性粉剂500倍液，或50%异菌脲可湿性粉剂1 200倍液，或70%代森锰锌可湿性粉剂600倍液。还可用5%百菌清粉尘剂或5%春雷·王铜粉尘剂喷粉，每667米^{2}用药1千克。

(2)锈病　发病初期可选喷50%硫磺悬浮剂300倍液，或25%三唑酮可湿性粉剂2 000倍液，7～10天喷1次，连喷2～3次。

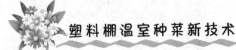

2. 虫害　主要虫害是斜纹夜蛾，此外还有蚜虫、地老虎、蓟马等。

防治方法：可用90%敌百虫原药1 000～1 500倍液，或80%敌敌畏乳油1 500～2 000倍液，每隔10天喷1次，连喷2～3次；成虫出现后可用糖醋液、黑光灯诱杀。

(七)嫩茎生长异常的防治

1. 苦味　选用苦味少的优良品种；配合施用氮、磷、钾肥和充分腐熟的农家肥，不偏施氮肥；及时浇水，防涝防旱，保土壤湿润；避免机械损伤及病虫侵害。

2. 硬化　科学管理，加强植株营养，使之生长健壮，及时防治病虫害；采笋期间保持土壤湿润；采收后对嫩茎遮光、保湿，尽快上市或加工制罐头。

3. 开裂　土壤水分要均匀供应，避免在采收期偏施氮肥。

4. 锈斑　防止土壤过湿，注意排水；避免施用未堆沤腐熟的农家肥。

5. 嫩茎鳞片松散　秋天加强水肥管理，使植株健壮生长；选用玛丽·华盛顿、加州309良种；高温季节及时采收，必要时可在每天早、晚2次采收。

6. 弯曲、坚硬笋　选疏松、富含有机质、带沙性的土壤种植。

八、落　葵

落葵的别名很多，北京地区称它为木耳菜，还有些地区称它为藤菜、胭脂菜、豆腐菜、软浆叶、紫葛叶等。落葵原产于我国和印度，在我国分布很广，亚洲其他各国和非洲、美洲、欧洲均有栽培。我国栽培历史悠久，尤其是南方各地普遍种植。

落葵每100克干物质中含蛋白质49.7克，可溶性糖13.7克，维生素C 46.8毫克(在绿叶菜中居首位)，胡萝卜素4.55毫克，钙205毫克(是菠菜的2倍)，还有其他多种营养成分，可见其营养丰富，食用价值很高。落葵以幼苗、嫩茎、嫩叶、嫩梢、嫩芽供食用，其质地滑嫩多汁，气味清香爽口，风味独特，可供炒食、涮火锅、凉拌、做汤等。落葵全株可入药，有润滑肠道、利便、清热等功效，如能长期坚持食用，可降血压、润肺、养血生津。所以，它又是一种保健蔬菜，尤其适宜于炎热的夏季食用。

（一）形态特征

落葵植株生长势强，根系发达，主根不明显，侧根多而密。茎肉质，长达2～3米，径粗0.6～1厘米，节间短而密，节长6～7厘米，光滑无毛，淡紫色、紫红色或绿色，柔嫩多汁，分枝能力强，可不断采摘嫩梢。在潮湿的土表易生长不定根，可扦插繁殖，也可用种子繁殖。叶为单叶互生，近圆形或卵圆形，先端钝或微凹，基部心脏形或近心脏形，全缘无叶托，绿色或紫红色，光滑无毛，具光泽；圆叶品种叶片最大，长、宽分别为10厘米和7厘米，茎、叶重量比为1∶3左右。腋生穗状花序，小花无梗，花白色或紫色。果为浆果，圆形或卵圆形，果面光滑，初期绿色，老熟时呈紫红色，内有1粒球形黑色种子。开花至种子成熟需45～50天，千粒重25～35克。

（二）对环境条件的要求

落葵喜温暖，耐高温高湿环境，在高温多雨的季节生长良好；不耐寒，下霜后易受冻害。种子发芽适温为28℃左右，在露地栽培时，种芽在15℃以上地温条件下才能顺利出土。生育期适温25℃～30℃，低于20℃生长缓慢，15℃以下生长不良，高温持续在35℃以上，只要不缺水仍能正常长叶及开花结籽，故能越夏栽培补充淡季。落葵喜肥沃疏松的土壤，以pH值4.7～7的沙壤土为好。施肥应以速效氮肥为主，缺铁时叶片生长不良。光照充足、日照时数长有利于植株生长。同时，落葵又比较耐阴。

(三)栽培季节与方式

北方地区栽培落葵,可以采取设施园艺和露地栽培相结合的栽培方式,以实现周年生产与供应。

1. 改良阳畦或不加温简易温室栽培　2月中旬至4月上旬分批播种,3月中旬至7月份分别间拔嫩苗、采摘主茎嫩梢及分次采摘分枝嫩梢上市。

2. 露地栽培　4月中下旬至8月上旬分批播种,5月中下旬至11月上旬分别间拔嫩苗、采摘主茎嫩梢及分次采摘分枝嫩梢上市。

3. 节能型日光温室栽培　10月上旬至翌年2月上旬分批播种,11月上旬至翌年4月份分别间拔嫩苗、采摘主茎嫩梢和分次采摘分枝嫩梢上市。

(四)栽培技术

1. 播种方式　北方地区栽培落葵,通常采用直播,也有采用育苗移栽的。

(1)浸种催芽　落葵的种壳厚而硬,吸水慢,冬春季气温又较低,用干籽直播时往往要10多天才能出苗。因此,可用温水浸种1～2天后,将种子捞出、控干,用纱布或麻袋片包好,置于30℃温度下催芽,3～4天后有一部分种子开始露白嘴时即可播种。夏秋季温度高,只浸种不催芽,播后3～5天可出苗。

(2)播种　每667米^{2}施优质农家肥3 000千克、硫酸铵20千克、钾肥30千克、过磷酸钙30千克,然后翻耕均匀。做1米宽的平畦,整平畦面后浇足底水,水渗后撒一层细土再播种。

①撒播:根据上述栽培季节,露地栽培气温要达15℃以上时才能播种,每667米^{2}播种量10千克左右,有效苗3万～3.5万株。播后可覆土1～1.5厘米厚。当幼苗长至5～6片真叶时即可间拔幼苗上市,最后保持苗距20～25厘米见方。

②条播:施肥与撒播的相同,1米宽的畦开浅沟4～5条,每

667 米^2 用种量 5～6 千克，5～6 片真叶时，分次间拔幼苗上市，以后保持株距 20～25 厘米。

③穴播：施肥也与撒播的相同，做 1～1.5 米宽的平畦，在畦内按 20～25 厘米见方挖浅穴，每穴播 4～5 粒种子，5～6 片真叶时间拔部分嫩苗上市，其余的苗让其自由生长，多数按畦搭架，让秧蔓长满支架，不定期采收嫩梢或叶片上市。

④育苗移栽：育苗畦适当施肥，浇足底水，在畦内划格点播，按行株距 5 厘米×5 厘米穴播，每穴 4～5 粒种子，覆土 1～1.5 厘米厚。出苗后每穴留 2 株壮苗。4～5 片真叶时定植，栽培地的施肥与撒播的相同，定植行株距 20～25 厘米见方。每 667 米^2 基本苗 1.1 万～1.7 万株。

2. 田间管理

(1)浇水、追肥　落葵为绿叶蔬菜之一，比较喜水，要保持土壤湿润。当幼苗定棵或移栽缓苗后及每次采收后都要浇 1 次水和随水追施 1 次肥。原则上冬春季 7～10 天浇 1 次水，夏季 3～4 天浇 1 次水，秋季 5～7 天浇 1 次水。追肥每次每 667 米^2 用尿素或硫酸铵 5～10 千克，原则是前轻、中多、后重。整个生长期不能缺水肥，否则梢老、叶小、品质差。

(2)设施园艺栽培的温湿度调控　冬春季设施园艺栽培，地温必须在 15℃ 以上才有利于种子发芽。幼苗生长期气温必须达 25℃～30℃才有利于茎叶生长。采用改良阳畦或不加温温室春季栽培时，在温度条件适宜后可进行播种，若加盖地膜或小拱棚更有利于增温、保墒。冬季或早春利用节能型日光温室栽培，能满足落葵生长的温度条件，可弥补露地不能栽培时的空缺，以实现周年供应。需注意的是白天尽量使落葵多晒太阳，夜间加强防寒保温措施。根据生长的温度和湿度要求灵活掌握通风换气，用调节通风口大小、时间长短控制好温湿度。一般设施内温度不超过 35℃不通风；若温度超过 40℃，中午可通风 1～2 小时。

3. 病虫害防治

(1)病害　落葵的病害较少，主要病害有褐斑病(紫斑病)、兔眼病、太阳病等，从幼苗到生长结束均可发生。主要危害叶片。病部初期有紫色水渍状小圆点，稍有凹陷，直径0.1～1毫米；以后病斑逐渐扩大，中间变为灰白色至褐色，边缘紫褐色，较薄，但不易穿孔，病斑可达1～2厘米大小。植株受害后会引起叶片早枯，影响产量，特别是影响产品品质。在温度较低、肥水不足、采收不及时时病害易发生及蔓延。

防治方法：主要以农业防治为主，配合以药剂防治。如实行深耕、轮作，用40%甲醛100倍液处理种子0.5～1小时再播种。生长期间要供给充足的肥水。采收叶片的要及时插架、引蔓上架；采收嫩茎梢的，在生长旺盛期要及时采收，以保持通风透光良好。设施园艺栽培的，要防止低温危害，促植株生长健壮。发病初期用65%代森锌可湿性粉剂600倍液，隔7～10天连续喷药2次。在高温、高湿的生长盛期，用300倍的1∶3∶2的波尔多液喷雾保护。

(2)虫害　落葵的主要虫害是蛴螬，可用80%敌百虫可溶性粉剂1 000倍液灌根。

4. 整枝、插架与采收　采收肥大嫩叶的，当苗高33厘米左右时及时扦插"人"字形支架，引蔓上架，选留骨干蔓，去掉细弱、病害蔓，除主蔓外一般选留基部1～2条健壮侧蔓。当主蔓长至架顶高度时摘心，再从骨干蔓基部选留1个健壮侧芽代替原来的骨干蔓生长，称之为新蔓。当原主蔓采收完后，在近新蔓处剪掉。采收嫩叶的，前期10天采收1次，后期5～7天采收1次，每667米^{2}产量1 000～2 000千克。

采收嫩苗和嫩梢的，不插支架。其中采收嫩苗的要密播，每667米^{2}撒播种子10千克，能保有效苗达3万～3.5万株。幼苗长到5～6片真叶可陆续间拔过密幼苗上市。用来采收幼苗的也要条播，间拔嫩苗至保持25厘米×20厘米规格，让主茎自由生长，当长到33厘米高时开始采摘主茎嫩梢，选留健壮侧芽长成新梢，其余的去掉。主茎嫩梢每667米^{2}产量120千克左右；主茎摘嫩梢后30天左右可陆续采摘侧枝嫩梢。第一次采摘侧枝嫩梢后，要选留2～4个健壮侧芽或新梢。后期生长势变弱，可整枝后保留1～2个健壮芽或梢，以保叶大梢壮，一般侧枝7～10天采摘1次，每次每667米^{2}采摘量100～150千克，总产量每667米^{2}可达1500～2000千克。

（五）留　种

落葵为自花授粉作物，一般当地栽培品种不多，不必建隔离区。一般都从春播地留种株。选生长健壮、无病、具本品种特性的植株，保持行株距50厘米×33厘米或35厘米×30厘米，于6月中下旬当蔓长到50厘米左右时，及时插架、摘心，促发侧枝。由于落葵是陆续开花、结果，种子也是陆续成熟的，一般开花后1个月即可采收种子。种子成熟后不及时采收会自行脱落，所以要分期、分批陆续采收种子，晒干后妥善保管，发芽期可达5年。

九、菜　心

菜心，即广东菜薹，又称广东菜，以嫩叶和嫩薹供食用。菜心有2种类型。一种是菜薹和叶为青绿色，是我国各地栽培的主要类型；另一种是菜薹和叶为紫红色的，称紫菜薹，我国栽培面积相对较少。但2种类型的菜薹都是我国的特产蔬菜。它们同为十字花科芸薹属白菜亚种的一个变种。前者以广东省种植面积最大，且栽培历史悠久，是南方各地及港、澳、台地区人们最喜食的蔬菜品种之一，周年均有生产，同时远销东南亚及欧美各国，被视为名贵蔬菜。紫菜薹主要栽培地区为长江流域各地，以四川、湖北栽种面积较大；北方各大城市郊区菜农，为满足市场需求，先后引种此2种菜薹，栽培面积逐年扩大，市民已逐渐习惯食用，也已成为北方各大城市的特种蔬菜之一。

2种类型的特性和栽培方式基本相同。

菜心，以其花薹和嫩叶的色泽碧绿、品质脆嫩、味道鲜美、清新可口、风味独特而著名，并可周年生产供应市场。据测定，每100克鲜菜心含干物质7克，其中碳水化合物0.7～1.08克，含氮化合物0.21～0.33克，维生素C 34～39毫克，还有钙、镁、磷等矿质元素。其食用方法有多种，可清炒、荤炒、油烹、肉丝炒菜心、爆炒后浇各种佐料和做山珍及海味的各种配菜等，也可用开水烫熟后用来垫盘或做凉拌菜心等食用。

（一）形态特征

菜心的株型较小而直立。主根不发达，须根发生多，属浅根系蔬菜，根群主要分布于3～10厘米的土层中，根的再生能力强。茎短缩，色绿。叶片宽卵圆形或椭圆形，波状，绿色或黄绿色；叶柄呈沟状，浅绿色。花薹叶较小，披针形或卵形；花茎下部叶有叶柄，上部叶无叶柄。花为总状花序，具分枝，花黄色。果为长角果，内有15～30粒种子。种子细小而近圆形，表面褐色或黄褐色，与白菜的种子相似，千粒重1.3～1.7克。

（二）生长发育过程

菜心的生长发育可分为5个时期。

1. 发芽期　自种子萌动至子叶展开、真叶出现，需5～7天。

2. 幼苗期　由第一片真叶展开至第五片真叶出现，需经14～18天。

3. 营养生长期　由第六片真叶出现至植株抽薹现蕾为止，需经7～21天。到此时植株共形成8～12片真叶。此期的特点是叶片不断增加，叶面积逐渐增大。

4. 菜薹形成期　从现薹到菜薹采收，需经14～18天。此期的前期仍以叶片生长为主，表现为叶片数、叶面积、叶片重进一步增加；中期慢慢转向菜薹生长，增粗、伸长；后期则以菜薹增粗、增重为主。

5. 开花结果期　自植株始花到种子成熟，需经50～60天。

菜心的生育期长短，因早、中、晚熟品种不同和栽培条件不同而有差异。幼苗2～3片真叶时花芽就开始分化，现蕾前叶片生长迅速，现蕾后菜薹生长迅速。植株大小和叶面积大小与菜薹的产量呈正相关。如条件适宜，主薹采收后还能抽生、采收侧薹。侧薹多少又与品种、栽培季节及栽培水平不同而有差异。

(三)对环境条件的要求

1. 温度　菜心虽然喜凉爽气候，但对温度要求又不十分严格，在月平均温度11℃～28℃时均可正常生长发育。最好是生育前期有稍高的温度，有利于种子发芽和叶片的生长；而后期温度稍低有利于花薹形成和粗壮。各生育阶段对温度的要求：种子发芽适温25℃～30℃，幼苗生长及叶片生长适温20℃～25℃，菜薹形成适温15℃～20℃。当白天温度20℃、晚上15℃时，菜薹生长发育最佳，产量高、质量好；在温度超过30℃时，菜薹生长细长，纤维多，质地粗糙，味淡，产量低。开花结果期适温15℃～24℃。菜心的不同品种对温度适应能力相差悬殊，有的品种耐高温，有的品种能耐低温，因此不同季节要选用耐温不同的品种，才能更好适应不同季节的气候而获得高产和优质产品。

2. 光照　菜心的整个生长发育过程需要较充足的阳光，特别是菜薹形成期，在充足的阳光条件下，菜心的光合作用强，有利于干物质的形成和积累，菜心更加质优，产量高。

3. 水分　菜心根系分布浅，吸收力较弱，叶面积大，蒸发耗水多，不耐干旱。在整个生育期间均要求有较充足的水分供应，既要保持土壤经常湿润，又不能积水。

4. 养分　菜心对土壤的适应性强，但在有机质含量高、地力肥沃的壤土或沙壤土上栽培，更有利于获得优质、高产。因此，栽培菜心要在充分施足农家基肥的基础上，适时追施速效肥。菜心对三要素肥的吸收量依次是氮、磷、钾。各生育阶段对三要素肥的吸收占全生育期吸收总量的比例大致是：幼苗期25%，叶片生长期20%，菜薹形成期50%～55%。如能按各期要求进行科学追肥，保证不断满足养分需求，加上其他方面的精心管理，定能达到增产、增收的栽培目的。

(四)栽培季节和方式

菜心适应温度范围广，总体上属半耐温性蔬菜，适宜在温和、凉爽的气候条件下生长。但北方地区冬季严寒，不适宜在露地栽培，因为菜心只能在旬平均温度达10℃以上的季节里栽培，故北方地区只能在每年4～10月份的7个月里实行露地栽培，其余时间需实行设施园艺栽培。现将北京地区菜心周年生产与供应期的安排列于表7-2，供各地参考。

表7-2 北京地区菜心周年生产与供应期

栽培方式	采用品种类型	播种期	苗龄（天）	定植至收获（天）	连续采收期（天）	供应期（月）
春播露地	中晚熟种	4月上旬至5月下旬	20～30	40～55	30～40	5～6
夏播露地	早熟种	6～7月份	18～25	30～45	10～20	7～8
秋播露地	中熟种	8月份至10月中旬	20～25	40～50	20～30	9～11
设施园艺	中、晚熟种	10月下旬至翌年3月份	20～30	40～55	30～40	12月份至翌年4月份

(五)栽培技术

1. 育　苗

(1)直播　露地栽培菜心，通常采用干籽直播方式。春播于

4～5 月间播种。宜选用耐寒性较弱的、生长期长的迟菜心 2 号和三月青菜心等晚熟品种；或选用适应性较强、生长期略长的中熟品种，如 60 天青梗菜心和青梗柳叶中心菜心等品种。夏播于 6～7 月份播种，宜采用耐热性较强、生长期较短的中熟品种，如四九菜心、四九菜心 19 号等。秋播 8～10 月份播种，宜选用适应性强、生长期略长的中熟品种。冬季和早春需在设施园艺内栽培，时间在 11 月份至翌年 3 月份，可采用较耐冷凉的中、晚熟品种。

①整地、施肥、做畦：种植菜心的地块，要避免与十字科蔬菜连作或重茬地块，可选用茄果类、瓜类、豆类蔬菜的前茬地块，以土质含有机质较多、地力肥沃的壤土或沙壤土为好，并要求排灌方便。播种前每 667 米^2 铺施优质农家肥 2 000 千克以上，加施 25 千克过磷酸钙效果更好。施肥后翻耕 2 遍，做成 1～1.5 米宽的平畦，雨水多、地下水位高的南方地区应做成高畦，整平畦面后等待播种。

②播种方式：露地直播有 2 种方式。

第一种方式是在畦旁先准备一些过筛细土，便于播后覆土。再将播种畦浇足底水，待水渗下后撒一层底土，然后在畦内播种。播后再覆盖过筛细潮土 1～1.5 厘米厚，每 667 米^2 播种量 0.5～0.75 千克即可。北方地区早春直播的为促进增温、保温、保墒，保证出苗齐、快，一般都在播后加盖地膜。

第二种播种方式是在春季温度较高时采用较多。先是在畦内按行距划 1 厘米深的浅沟，沟内条播种子，用笤帚把沟扫平，以土盖严种子后用脚顺播种沟踩 1 遍，使种子与土壤紧密接触(南方土质黏重地区一般不采用此法)。然后按畦浇水，不盖地膜的 2～3 天再浇 1 次水。行距早熟品种 16 厘米左右，中熟品种 17～18 厘米，晚熟品种 20～22 厘米。

出苗后，当幼苗 1～2 片真叶时间去过密的苗，2～3 片真叶时可少量追肥、浇水，3～4 片真叶时定苗。定苗时早熟品种株距

10～12 厘米，中熟品种株距 12～14 厘米，晚熟品种株距 16～18 厘米。撒播的可参照条播的相应品种的行株距留苗。

(2)育苗移栽　冬春季设施园艺栽培是北方地区蔬菜的主要生产方式。因北方冬春季旬平均气温一般都在 10℃以下，因此宜选用较耐寒冷的晚熟品种，或选用适应性较强的中熟品种。除采用直播外，也往往采用育苗移栽，以便于苗期集中管理，少占用地，节约生产成本，并缩短占用菜田的时间。

①浸种催芽：冬季和早春因气温低，可用温水浸种 2～4 小时。捞出后用几层纱布包好，放在 25℃～30℃温度条件下催芽，待 80％的种子露白时即可播种。注意催芽期间要保持包布湿润和种子包尽量受热均匀。

②播种：北方地区冬季和早春栽培菜心，在日光温室或加温温室内育苗，栽 667 $米^2$ 地需育苗床 50～60 $米^2$，播种量 150 克。先整地、施肥、耕耘，再撒播种子和覆土。当小苗长至 2 片真叶时间苗，拔除弱、病、虫苗，小苗长至 4 片真叶时定苗，留苗密度 5 厘米×5 厘米。苗期视土壤水分情况，可适当浇小水，不显旱象不浇水。重点把握温度调控，播种至出苗，白天床温保持 25℃～30℃，夜间保持 15℃；出苗后应防幼苗徒长，床温白天保持 24℃～25℃，夜间维持 13℃～14℃；4 叶期白天床温保持 20℃～22℃，夜间 10℃～12℃。苗龄 25 天左右可挖苗移栽。

2. 定植　幼苗长至 4～5 片真叶时定植。先要准备好定植地块，整地、施肥、做畦及定植密度参照直播栽培部分。定植前苗床浇好水，取苗时不散坨，以便带土坨移栽。定植后浇足定植水，最好浇暗水，不要大水漫灌，以免降低地温；5～7 天后浇缓苗水。

3. 田间管理

(1)施肥、浇水

①施肥：菜心根系发达，分布浅，生长速度快，生长期短，种植密度大，这些特点决定肥、水要充足，才能不断供给植株生长的需

要。追肥可抓住2个关键时期:一是幼苗定棵或定植缓苗后发新根时,应追1次肥,每667米^{2}追施硫酸铵10千克;天气凉爽季节也可用人、畜粪便的腐熟粪稀水替代化肥追施。二是植株现蕾期再次追肥,每667米^{2}追施硫酸铵15千克;凉爽季节仍可用粪稀水代替化肥追施。有条件的应配合追施钾肥,更有利于叶、薹的生长。

②浇水:菜心喜湿润环境,全生育期要求较充足的水分供应,应小水勤浇,经常保持土壤湿润,不干不涝。如果植株细弱、薹抽生缓慢,应以促为主,要多浇水和多追肥;反之,则少浇水和少追肥。

(2)设施园艺栽培应重点抓好温湿度调控　定植至缓苗阶段,温度要高一些,白天以25℃～26℃为好,夜间以15℃～20℃为宜;缓苗后及叶片形成期,适温为20℃～25℃,夜间为13℃～14℃;菜薹形成期,适温为白天15℃～20℃,夜间10℃,以便获得产量高、品质好的菜心。若温度过高,菜心叶片细长,菜薹细弱,味淡,品质差;若温度过低,则生长缓慢,对质量无大影响,但产量低,采收期延迟。长期湿度过大,则易引发各种病虫害。所以,调控好温湿度,是设施园艺栽培菜心获得高产、优质、高效的重要环节,应高度重视。

(六)病虫害防治

主要病害有霜霉病、软腐病;主要虫害有蚜虫、菜青虫。

防治方法:以药物防治为主。具体方法参照绿菜花、生菜等相关病虫害防治技术。

(七)采　收

菜心适时采收能保证质量和产量。可根据品种特性、栽培季节、管理水平、植株长势和市场要求等来确定采收主薹或主、侧薹兼收。当菜薹长至与外叶先端相平或略低、又初见花时,称之为齐口花，此时为最佳采收期。未至齐口花时主薹过短，花蕾多已开花，薹老、质差。因此，菜薹采收多是选够标准的间收，并要在清晨露水未干时进行，以保持菜薹鲜嫩。在始收和末收期可隔开选收，盛收期每天选收。如标准要求不严格，除采收标准菜薹外，凡鲜嫩的均可采收食用；如要求严格，除按标准采收外，还需整理、捆把、包装或装筐；若是用于出口，则需严格按标准采收和加工，否则价位低。

（八）留　种

北方地区的菜心留种以春茬栽培的较好。因春季环境条件易满足菜心生长发育的要求，产籽量高。留种时选留长得粗壮、节间短、薹叶小、抽薹整齐、具本品种特征的植株作种株。必须注意留种地要与大白菜、芜菁亚种、其他菜心品种的留种地块隔离或错开花期，防止自然杂交，致使后代种性分离退化。要在盛花期后摘顶，控制植株继续结荚，这样做可使种子成熟期较为一致和促进籽粒饱满；否则，连续开花结果，种子质量无保证。要在大部分果荚外皮发黄、荚内种子表皮呈红褐色时采收。采收时将植株刈下，运至场地晒干后脱粒、过筛，清除杂质，晾干籽粒，密封贮存。

十、芥　蓝

芥蓝是十字花科芸薹属甘蓝的一个变种，是我国的特产菜之一。原产于我国南方，主要分布在广东、福建、广西、海南、台湾等地，畅销于港澳地区，并已传入东南亚各国及欧洲、美洲和大洋洲。目前在北京、天津、上海等大城市已作为名优特蔬菜的种类之一。

芥蓝主要以肥嫩的花薹及其嫩叶供食用，质脆，味香甜，有特别的清鲜味道。每 100 克鲜菜中，含水分 92～93 克，维生素 C 51.3～68.8 毫克，钙 176 毫克，镁 52 毫克，磷 56 毫克，钾 353 毫克；还有丰富的蛋白质、碳水化合物等，被誉为“营养蔬菜”。

(一)形态特征

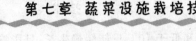

芥蓝根系浅,主根不发达,须根多,根群主要分布在10～20厘米耕层内,再生能力强,多生不定根。茎直立,绿色,比较短,粗壮。叶为单叶互生,有长卵形、近卵圆形及椭圆形,叶色为绿色或灰绿色,有蜡粉,薹叶小而稀疏;叶柄有短叶柄和无叶柄,卵形或狭卵形。主薹采收后,腋芽萌发出侧芽形成侧薹,可陆续多次采收。花为总状花序,完全花,白色或黄色,异花授粉,虫媒花。果实为角果,种子近圆形,细小,褐色或黑褐色,千粒重3.5～4克。

(二)生长发育过程

可分为5个时期。

1. **种子萌发期** 自播种后种子萌动、子叶展开到第一片真叶显露,需经8～10天。

2. **幼苗期** 从第一片真叶显露到第五片真叶开展,需20天左右。适温下幼苗期即开始花芽分化。

3. **叶丛生长期** 从第五片真叶展开到植株现薹,需20天左右。此期叶片迅速生长,茎端发生花芽。

4. **花薹形成期** 从现蕾到花薹采收。其中采收主花薹需25～30天;侧花薹陆续形成和多次采收,需35～40天。

5. **开花结籽期** 此期为繁种地的植株特有的时期。种株的主花薹不断伸长,分花薹发育成花蕾的同时,由上而下不断开花,开花期约经30天。自初花至种子成熟需2.5～3个月。

(三)对环境条件的要求

1. **温度** 芥蓝与其他甘蓝类蔬菜一样,既喜温又要求气候凉爽,其耐高温能力居甘蓝类蔬菜之首。生长发育的温度范围较广,适宜温度为15℃～25℃;如果长期处于25℃以上温度环境,纤维易木质化,造成品质粗劣;温度在10℃以下时生长缓慢。种子发芽适温25℃～30℃,20℃以下发芽缓慢。幼苗生长适温为20℃左右，高于28℃和低于10℃只能缓慢生长，且影响花芽正常分化，而15℃～20℃时花芽分化较好。叶丛生长温度以20℃左右为宜；15℃左右温度有利于菜薹形成，并以昼夜温差大为好。开花结籽期适温以20℃～25℃为好。

2. 光照　芥蓝属长日照植物，喜光不耐阴。阳光充足，植株生长健壮，花薹产量高、品质好；反之，阳光不足，在弱光照下，会抑制植株生长，造成植株细弱或徒长，易感染病害。留种的种株在开花结籽期更要求有较强的光照，才能多产质量好的种子。

3. 水分　芥蓝因原产地在我国南方，形成喜湿润不耐干旱的习性。特别是在菜薹形成期，要求土壤相对湿度达70%～80%，空气相对湿度达80%～90%，才能提高产量和品质。在水分管理上，需要每天上午、下午都喷水保湿。水涝影响根系生长，过于干旱则茎硬化、质差。

4. 肥料　芥蓝耐肥性强，吸收养分较多，根系又浅，必须选肥沃而富含有机质的地种植。追肥以氮肥为主，适当增施磷、钾肥，并要少量、多次追施。应适当喷微肥，更有利于提高产量和产品质量。

(四)栽培季节与方式

北京地区的芥蓝主要是在不同季节、采用多品种和多种方式栽培，已实现周年供应不断档。

1. 春季栽培

(1)改良阳畦栽培　采用中熟品种。提前于设施园艺内育苗，在11月下旬至翌年1月初播种，苗龄35天，1月初至2月上旬定植，定植后70天左右收获，可连续采收40～50天，即3月上旬至5月中下旬供应市场。

(2)大棚栽培　采用中熟品种。1月下旬设施园艺内育苗，2月下旬至3月上旬定植，4月上旬至7月上旬收获。

(3)露地栽培　选用耐热早熟品种。2月上旬至下旬于设施园艺内育苗，3月中旬至4月上旬定植，5月份至7月中旬收获上市。

2. 夏季栽培　平原地区在设施园艺内进行防雨遮阳栽培，冷凉山区可露地栽培。选用早熟耐热品种。5月份育苗，6月份定植，7月中旬至9月下旬收获。

3. 秋季栽培

(1)露地栽培　选用中熟品种。6月上中旬设施园艺遮阳防雨育苗，7月上中旬定植，9月中旬至11月上旬收获。

(2)大棚栽培　选用中熟品种。6月中旬至7月上旬设施园艺遮阳防雨育苗，7月中旬至8月上旬定植，9月下旬至11月中旬收获。

(3)改良阳畦栽培　选用中熟品种。7月份设施园艺遮阳防雨育苗，8月份定植，10月上旬至11月下旬收获。

4. 冬季栽培　利用节能日光温室或其他设施园艺，在保证芥蓝生长适温的情况下栽培。选用耐寒、晚熟品种。8月上旬至10月上中旬育苗，分期利用露地和设施园艺结合育苗。9月上旬至11月中下旬定植，11月中下旬至翌年3月上旬收获。如各茬配合得好，完全能实现周年生产与供应。

(五)栽培技术

1. 直播或育苗移栽　芥蓝可直播也可育苗移栽，但育苗移栽效果更好。育苗移栽有利于培育壮苗，选用好苗，生长整齐，也有利于提高菜薹的产量和质量，增加复种指数，提高土地利用率，增加经济效益。芥蓝根系再生能力强，也适于育苗移栽。

(1)直播　晚春、秋季及夏季的冷凉山区进行露地栽培的可进行直播。先行翻地，撒施腐熟的农家肥，每667米^{2}3 000千克左右。耕耘后做成1米宽的平畦，南方雨水多的地区可做成高畦。畦内再施堆沤腐熟的鸡粪，每667米^{2}2 000千克左右，再加施磷酸二铵50千克，然后翻地，将粪、土掺拌均匀，搂平畦面，浇足底水。

水渗下后，划浅沟条播或撒播，最好覆土0.2～0.5厘米厚。出苗后开始间苗，分2～3次进行。4～6片叶时定苗，早熟品种按20厘米×16厘米留苗，中熟品种按25厘米×25厘米留苗。

(2)育苗移栽　尤其是北方地区冬、春、秋季栽培，育苗移栽是普遍采用的手段，设施园艺栽培更离不开育苗移栽。可参照绿菜花的育苗方式，即用育苗盘或地苗育子苗，用营养土方或地苗分苗；也可采用营养土方或地苗育子母苗(不分苗)。每667米^{2}苗床播种量100克，可保证667米^{2}地用苗。分苗的要在子叶发足(播后5～7天)时进行分苗，苗距6～7厘米见方。苗长至2片真叶时中耕、除草、浇水，适当追肥。气温应稳定在25℃～30℃，搞好病虫害防治，苗龄35天左右、长到5～6片真叶时进行移栽定植。

2. 整地和定植

(1)整地、施肥、做畦　参考直播方法。

(2)定植　定植的各种要求按不同的栽培季节灵活掌握。定植前苗坨要洇水，使土坨不散而带土坨浅栽。定植密度可按早熟品种16～18厘米×18～20厘米、中熟品种20～25厘米×20～25厘米、晚熟品种25～30厘米×25～30厘米范围栽植。栽后浇足定植水。

3. 田间管理

(1)浇水　浇定植水后幼苗将迅速恢复生长，5～7天后浇1次缓苗水，高温、干旱季节5～7天内要连浇2次缓苗水。叶丛生长期直至植株现蕾前则要适当控水。中、后期进入花薹形成阶段和采收期，又需增加浇水次数，经常保持土壤相对含水量达80%～90%。浇水要灵活掌握，炎热的南方有时需每天上午和下午2次喷水，或每天或隔天喷1次水。地表不能显干，否则产量、质量均会受到影响。

(2)追肥　芥蓝须根多，分布浅，吸肥力中等。植株叶片多，营养生长期长，消耗养分多。主、侧薹采收期长。因而，除施基肥外，还需不断追肥，且要早追、勤追，做到“少吃多餐”。第一次追肥可在定植缓苗后3～4天进行，每667米^{2}追施尿素5千克；早春和秋冬凉爽季节要追施腐熟人粪尿，每667米^{2}追施粪稀水500～600千克，用腐熟的鸡粪水更好。第二次追肥可在菜薹形成期进行，以利于提高产量和质量。每667米^{2}追施尿素10千克左右，气温不高时追施腐熟粪稀水750千克或追施鸡粪水。第三次追肥在主薹开始采收时进行，以促进侧薹更好地生长；采收期间还可再追施1次肥，以保证采收的产量和质量。

(3)中耕、培土、除草　浇水或雨后，土壤易板结，宜中耕松土，以保持土壤透气并除草。菜薹形成期，菜薹由细变粗，往往又是基部细上部粗壮，形成头重脚轻，易倒伏甚至折断，如有必要，可在中耕的同时结合进行培土。

(4)温、湿、光的调控　芥蓝喜温、湿、光，但高温多雨也长不好。所以，有条件的可选用设施栽培，以便于调控温度、湿度和光照。例如夏季高温多雨地区采用棚式栽培，上盖农膜可遮阳、防雨，四周大通风又可降温，更有利于芥蓝的生长。

在设施内栽培，定植阶段白天棚室温度可调控在25℃～26℃，夜间16℃～17℃；缓苗后至现蕾阶段，白天室温应维持在20℃～22℃，夜间12℃～15℃；现蕾至采收阶段，白天室温应维持在18℃～20℃，夜间10℃～12℃。湿度调控可通过调整棚室薄膜通风口的大小和开闭时间的长短进行灵活掌握，以满足芥蓝对水分的需求。光照调控也很重要，如光照较弱，应尽量早开晚盖棚膜，争取更多的光照；如光照太强，则可加遮阳网等减弱光照强度。

(六)病虫害防治

病害主要有霜霉病、黑斑病，虫害主要有蚜虫、小菜蛾、菜青虫，病虫害的药剂防治可参照绿菜花的防治方法。其中黑斑病主要危害叶片、叶柄、花梗和种荚，发病多从外叶开始，从小褐斑发展成大圆褐斑，有轮纹，空气相对湿度大时，病斑两面有黑色霉状物，使叶变黄、甚至枯死。可选用50%敌菌灵可湿性粉剂500倍液，或50%异菌脲可湿性粉1 000倍液，或65%多果定可湿性粉剂1 000倍液，或50%乙烯菌核利水分散粒剂1 500倍液等喷雾防治。也可用5%百菌清粉尘剂或5%异菌脲粉尘剂喷粉防治，每667米^{2}用药1 000克。

（七）收获与贮藏保鲜

当主薹生长至与外叶高度齐平时为适收期。优质菜薹一般粗约1.5厘米，长15～20厘米，色绿新鲜，薹叶小，节间短，脆嫩不老，无病虫害。采收时，在主薹基部5～7片叶节处用小刀割下，加工捆扎，切齐出售。主薹采收后15～20天、侧薹长到17～20厘米长时，可收获侧薹。上市菜薹每捆500克左右，每667米^{2}产量1 500～2 000千克。

芥蓝耐贮运，如采收后暂时销售不完，可放在保鲜袋内贮于3℃～5℃的冷库中，保持空气相对湿度90%～95%，能贮藏保鲜较长时间。

（八）采种技术

选具有该品种特性、抽薹一致、菜薹肥大、皮薄、节间短、薹叶细小、花球紧密的植株作留种母株，并与同期开花的甘蓝类留种田隔离2 000米以上，以免产生杂种。大量采种时以春季留种为宜。用纯度高的原种进行露地直播，并进行株选、片选，保持优良种性，每667米^{2}产种子60～100千克。

十一、牛　蒡

牛蒡别名东洋萝卜、黑萝卜、黑根、大力子、蝙蝠刺等。菊科牛蒡属。原产地亚洲。我国自东北到西南均有野生牛蒡分布。由我国传入日本以后，经日本选育，出现了很多栽培品种，逐渐推广种植,市场很畅销,成为备受欢迎的蔬菜品种之一。以后又由日本传到其他国家。随着我国改革开放的不断深入,外宾日渐增多,市场上对牛蒡的需求量显著增加。为满足市场需要,我国从 20 世纪 80 年代又从日本引进了很多牛蒡栽培品种,有效地推动了牛蒡的生产,其中以山东省沿海地区种植较多,产品反过来又出口日本等国。北京地区也有种植,面积和产量均不多,主要以供应宾馆、饭店为主,市民还没有形成食用习惯。

牛蒡以肉质根为菜用部分,具有特殊香味,营养丰富,富含铁质,具滋补壮阳之功效。可炒食、煮食或腌渍食用,嫩叶也可以吃。果实、种子可以入药,中药名为牛蒡子(大力子)。其味苦辛,性平无毒,具有利尿、解毒之功效,还可以散风热,宣肺气,治咽喉肿痛、流行性感冒、肝炎、疮痈、肿毒、水肿等疾病。

(一)形态特征

牛蒡在第一年为营养生长阶段,长成强大的叶丛。植株高大,株高 1 米以上。叶片肥大,宽卵形至心脏形,长 50 厘米,宽 45 厘米,色浓绿,背面密生白色茸毛,叶缘具粗锯齿。叶柄长 70 厘米左右,具纵沟,基部微红。根为肉质根,根肉白色;根圆柱状,长约 65 厘米;外皮粗糙,暗黑色,所以又名黑根。进入冬季,牛蒡地上部叶片枯干,地下肉质根有较强的抗寒性,在北京地区可以安全越冬,不需防寒覆盖。

牛蒡在第二年进入生殖生长阶段。越冬地下肉质根春天返青后长出几片叶,随着抽生直生茎。茎粗壮,主干上有很多分枝,在主枝和侧枝的顶端簇生头状花序。一般返青后 2 个月可现蕾,再过 1～2 个月进入开花结实期,再过 1～2 个月可陆续采收种子。种子粒大,灰黑色,长形,千粒重 11～14 克;种子有很长的休眠期,播种时需采取措施打破休眠才能顺利出苗。

(二)对环境条件的要求

牛蒡喜温暖湿润的气候，耐寒、耐热力都较强。种子发芽适温为20℃～25℃，30℃以上、15℃以下发芽不良；种子喜光，光照对打破其休眠有促进作用；从种子播种到出苗期间，土壤湿度宜高一些，植株生长发育期间适宜温度为20℃～25℃。牛蒡喜光，不能在背阴地方栽培，日照不足，光合产物少，肉质根的膨大会受影响。牛蒡地上部的叶片耐热而不耐寒，夏天对高温炎热天气能忍耐，并能正常生长；秋天遇冷会枯死。但是，其地下根耐寒能力却很强，在－20℃低温下可安全越冬。牛蒡的肉质根在土层深厚、质地疏松、富含有机质的土壤中生长得更粗壮，表皮粗糙，须根多，根肉细嫩，香味较浓重；如在沙土地上栽培，则肉质根细长，须根少，表皮光滑，外表美观，但根肉较硬，缺乏香味。牛蒡不耐酸性土壤，以pH值6.5～7.5的中性土壤为宜。对水分的要求是前期长叶片，叶多而大，加之植株高大和叶的蒸腾作用强，故需水较多；中后期进入肉质根膨大期，只需适当供水，防止涝害和干旱即可。施肥应以氮肥为主，配合施用磷、钾肥；尤其在肉质根伸长和膨大时，钾肥有促进增产的作用。

(三)栽培季节与方式

牛蒡以露地栽培为主。

1. 春种秋收　北京地区以这种栽培方式为主。4月中旬播种，播后100天左右，即7月下旬开始收获，可陆续收获到入冬。单根产量高，出杈子根较多。

2. 夏播冬前收获　7月上旬播种，11月上旬收获完。单根产量低，但根形好，杈根少，收获期集中，占地时间短，适合冬季贮藏供应。这种方式总体效益好。

3. 秋播越冬栽培　8月上旬播种，至冬季根已形成，利用其抗寒性强的特点，年前不挖收，到翌年4月上旬陆续挖收上市，可接续冬贮的牛蒡供应市场，是延长供应期的有效途径。但此茬栽培产量较低，收获期较严格，迟收的，会出现重新生长和抽薹现象，产量损失较大，需要种植者掌握好适期播种、严格管理和及时采收。

(四)栽培技术

1. 整地、施肥、做畦　牛蒡是深根性蔬菜，为减少杈根，要选择土层深厚、肥沃的壤土，每 667 米^2 铺施农家肥 3 000～4 000 千克，深翻 2 次，深达 30 厘米，将粪、土掺拌均匀。然后做成 1 米宽的平畦，整平畦面后备用。

2. 浸种催芽　春季播种，要在播前 3 天将种子放在 40℃～50℃的温水中浸泡 20 分钟，不断搅拌。如水温下降，应加对热水调至要求温度。浸种后捞出放在 25℃温度条件下催芽，芽不能过长，约 3 天后可播种。牛蒡种子有休眠期，夏季和早秋播种较难发芽，要在播前 1 天的夜晚用凉水浸种 12 小时，第二天早晨捞出淘洗干净，控水后摊开晾至潮干时播种。如种子暂时不播，要放在冰箱冷藏室内存放。

3. 播种　按照前面讲的播种方式来选择播种期播种。牛蒡可以大田直播，不需育苗移栽；可以条播或撒播，以条播更为便利。每 667 米^2 播种量 400～450 克。条播是在 1 米宽的畦两边开 3 厘米深的播种沟，按 4～5 厘米株距点播，播后覆土 3 厘米厚，顺播种沟踩一遍，随后浇水。如果在寒冷季节播种，则应保温、保墒，浇水后在畦面盖地膜或再盖 0.5 厘米厚的细土；夏播的如干旱少雨，土发干，可在播后浇 2 次齐苗水，不盖地膜，播后 10～15 天出苗。

4. 田间管理

(1)间苗、定苗　第一次间苗在子苗期，当子叶发足后进行 1 次间苗，苗间距离适当拉开；1～2 片真叶期进行第二次间苗，按 10 厘米左右苗距留苗。4～5 片真叶时定苗，株距 25～30 厘米。

(2)追肥　定苗后追肥 1 次，每 667 米^2 用复合肥 50 千克或磷酸二铵 30 千克加尿素 20 千克。春秋季天气凉爽，也可随水施入腐熟人粪尿1000千克。第二次追肥在播种后3.5个月进行，每667米^{2}施磷酸二铵或尿素20～30千克。

(3)浇水　苗期和叶片生长期，可根据土壤墒情和天气状况适当浇水。肉质根开始伸长膨大期，要适当增加浇水次数，但灌水量要小；若此期土壤干旱，会造成产品组织老化，影响产量与质量。

(4)中耕培土　牛蒡生长期间要进行中耕培土2～3次，以使土壤透气，并起到除草、护根、保水的作用。中耕培土可与追肥结合起来进行。

(五)病虫害防治

牛蒡有时会发生黑斑病、白粉病等。可用1∶3∶400波尔多液，或75%百菌清可湿性粉剂500～800倍液，或15%三唑酮可湿性粉剂800～1000倍液各喷1次。

虫害主要有线虫、金针虫、蛴螬、大象鼻虫等。可用50%辛硫磷乳油拌麦麸，傍晚撒在畦中牛蒡行间进行防治。此外，要注意抓好对蚜虫的防治。

(六)收　获

牛蒡收获期长，4月中下旬春播的，播后100多天便可陆续收获，直到入冬，每667米^{2}产量1500～2000千克；7月上旬夏播的，入冬前收完，每667米^{2}产量1000～1500千克；8月份秋播的，翌年4月上旬陆续采收，每667米^{2}产量2500千克以上，高产的产量可达3500～4000千克。收获时地上部茎留茬10～20厘米，其余茎叶全部割掉。顺垄边在株根两侧深挖20厘米的沟，并灌足水，待水渗后土壤不发黏时，将牛蒡拔出即可。也可在离株根更远一些的地方，再挖深一点，将根小心挖刨出来，去掉肉质根上的泥土、须根，保鲜，供应市场。

(七)留　种

牛蒡可自行留种。秋后选留根粗、叶少、根不露出地面、须根少、颈短缩、生长健壮、无病虫害、肉质根均匀、无杈子根的植株单独收藏入窖作种株。翌年春季土地解冻后(北京为3月中下旬),把种株取出,将经挑选符合标准的栽到畦里,根头埋入地下2厘米左右,可斜向埋根,行株距70～80厘米见方。栽后精心管理,20多天发芽出苗,5月下旬现蕾,6月下旬到7月下旬开花结实,7月下旬至8月下旬陆续采收种子。

十二、黄秋葵

黄秋葵,又称羊角豆(菜)、秋葵、咖啡黄葵。是锦葵科秋葵属中能形成嫩荚(果)的栽培种,以嫩荚(果)供食用。黄秋葵的原产地在非洲,2 000多年以前埃及首先栽种。现在世界各国均有分布,以非洲分布最普遍,东南亚、日本、美国也较多,是拉丁美洲广大消费者喜爱的蔬菜品种之一。我国各地早有种植,以台湾省为最多,还能向日本出口;我国大陆各地的种植面积也在不断扩大,已成为当前名特优蔬菜品种之一,发展前景广阔。

(一)形态特征

黄秋葵有矮株和高株2种。前者茎高1.3～1.5米,后者2米以上。茎圆柱形,粗5厘米左右,赤绿色。株型和叶片像蓖麻,掌状五裂,互生,叶缘有锯齿,有硬毛,叶柄长。花大,色黄,似蜀葵,生于主枝各叶腋,由下部逐渐向上开放,雌雄同株,单花。蒴果倒圆柱形,果形像羊角,下粗上尖,又似长辣椒状,果荚长12～18厘米,横径1.9～3.6厘米。嫩果有青绿色和紫红色不同品种,嫩果供食用;老熟果为褐色,横断面五角或六角形,还有的多角形,每个角有1个心室,内有种子10多粒。品种不同,单果荚种子数也不同,一般为50～180粒。种子为淡黑色,球形,外皮粗糙,上披细毛,千粒重55.3～74.3克。

(二)对环境条件的要求

黄秋葵属短日照蔬菜,性喜温暖,耐热力强,不耐霜冻,15℃以下生长速度十分缓慢。植株生长适温为28℃～30℃，种子发芽适温为25℃～30℃，12℃以下发芽缓慢。黄秋葵喜光照，若种植过密，枝叶互相遮阳则生长不良。对土壤要求不严，适应性广，但以排水良好和土层深厚、肥沃的黏土或沙壤土生长更好，植株高大、旺盛，产量高。

(三)营养价值与利用

黄秋葵的嫩荚(果)营养价值很高，含有能增强人体耐力的糖聚合体及维生素A、B族维生素及铁、钙等物质，风味独特。嫩荚(果)中有一种黏性物质，能助消化，治疗胃炎、胃溃疡和有保护肝脏及增强人体耐力的功效。目前黄秋葵已成为宾馆中常用菜之一，亦可鲜销和冷藏出口，是创汇蔬菜中的一个佼佼者。许多国家以它作为运动员食用的首选蔬菜，也把它作为老年人的保健食品。

1. 食用黄秋葵嫩果的方法

(1)凉拌　将嫩果去蒂，放入沸水中烫3～5分钟后捞出，迅速放入凉水中冷却，滤去水分，切成轮形薄片或丝，据个人爱好口味加入佐料凉拌食用。也可与熟虾肉凉拌食用。

(2)炒食　先在沸水中烫1分钟，捞起切丝或切片，可与辣椒、甜椒、猪肉、鱼丝或片等大火爆炒，或与虾仁、鸡蛋等大火爆炒。爆炒时先炒配料，待配料快熟时再放入黄秋葵丝或片，滴入几滴醋减少黏滑性，再加适当调味品如盐、葱、蒜、酱油、味精等，速炒后趁热食用，嫩脆可口，有类似麝香的香味，此菜色、香、味俱全。

(3)做汤　先将鱼、猪肉切成薄片，用适量的盐、酱油、白糖、胡椒粉、淀粉、料酒等腌渍数分钟，待水煮沸时，将鱼及猪肉片下锅煮至快熟时放进预先切好的黄秋葵片，再煮沸片刻便成为味鲜可口的黄秋葵汤。

(4)油炸　嫩果横切成圈或片，裹玉米粉油炸或嫩果撒上面包渣，或蘸上面糊油炸，其味鲜美，黏滑性减少。

(5)油煎　嫩果切片，与香肠、香菇、番茄片、洋葱、甜椒一起油煎，以盘菜或做成风味好的汤汁食用。

(6)蒸炖 可配小牛肉片或其他肉片蒸炖后食用。

(7)嫩荚腌制 可以像黄瓜、辣椒一样进行酱渍、醋渍，或做成泡菜食用。

2. 黄秋葵的开发利用

除了嫩荚(果)作蔬菜外，还有其他可开发利用的途径。

其一，黄秋葵的嫩叶含有丰富的维生素 A、维生素 C 和钙、铁、蛋白质，在西非等地也作为蔬菜食用。

其二，种子成熟晒干后，经烤熟再磨成细粉，可作为咖啡代用品，或掺入咖啡内饮用。中美洲人民用这种没有咖啡因的秋葵咖啡提神，气味芳香，酷似咖啡。

其三，黄秋葵种子营养丰富，含蛋白质 15%～26%。成熟的黄秋葵蒴果煮熟后，可直接取其种子食用，以代替豆类。据美国专家研究，从黄秋葵果实内可分离出高蛋白质、高油脂的粗粉，这种粗粉可直接烘制食品。

其四，黄秋葵种子含有较高的油分，经提炼的精制油可供食用和工业用。

其五，黄秋葵的花、根、种子均可入药，对恶疮、痈疖有疗效，并有一定的抗癌作用。

其六，黄秋葵的茎秆高达 1 米以上，纤维可作优良的造纸原料；未熟的黄秋葵富含胶质，很黏稠，可用作蛋白黏着剂；黄秋葵的茎秆完全干燥后，可作燃料使用，是解决农村廉价能源的一条途径。

(四)黄秋葵的生育周期

1. 种子发芽期 从播种到 2 片子叶开展，需 10～15 天。发芽适温为 25℃～30℃。直播时发芽出土约 7 天，播后盖地膜可提前 2～3 天出土。

2. 幼苗期 在 25℃～28℃温度条件下，从子叶开展到第一朵花开放前为幼苗期，需 40～45 天。通常是从播种到 2 片子叶充分开展需经 15～25 天。第一片真叶先展开，以后每 2～4 天展开 1 片真叶。第一、第二片真叶呈圆形。此期幼苗长得较慢，尤其在地温低、湿度大的情况下，幼苗生长更慢。

3. 开花结果期　从第一朵花开放到采收结束，约需 120 天。黄秋葵出苗后 50～55 天第一朵花便在主茎第三至第五节处开放。花在早晨开放，10～11 时完全展开，12 时后开始闭合，下午 3～4 时完全闭合。植株开花结果后生长速度加快，长势增强。茎叶继续生长，尤其在高温下生长更快。7 月份高温时平均 3 天长 1 片叶，9 月份 4～5 天长 1 片叶。正常情况下，播后 70 天左右始收，第一、第二朵花从开花到采收荚果时间稍长，以后随气温的升高，收获天数缩短，适温下（白天 18℃～20℃）开花后 4 天便可采收荚果。

(五)栽培技术

1. 土地和茬口选择　黄秋葵的根系发达，需选土层深厚、土质肥沃、保水保肥能力强的地块栽培。冬前收完前茬作物后，每 667 米^2 施 3 000～4 000 千克农家肥，深耕并耙平。注意黄秋葵忌连作，也不要选果菜类作物作前茬，否则会加重根结线虫的危害；宜选前茬为根菜、叶菜的地块。

2. 栽培方式与季节　黄秋葵生长期长，占地时间久。产品供宾馆、饭店较多，我国普通市民还不太习惯食用。生产面积和供应量尚待进一步开拓。多数地区只采用春播露地栽培、夏秋季节收获的方式。因黄秋葵有吸引蚜虫、棉铃虫的作用，有些产棉区常把它作为棉花的间作作物，以减少蚜虫、棉铃虫对棉花的危害。

3. 播种　黄秋葵可育苗移栽，也可直播。

(1)育苗移栽　以北京为例，北京地区于 3 月上中旬在改良阳畦或日光温室内播种。以菜园土 6 份、腐熟优质农家肥 3 份、细沙 1 份配制成营养土，把地整平后铺 10 厘米厚的营养土层，踩实、搂平、浇透水，等待播种。

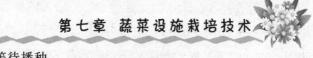

将种子倒入55℃的温水盆中，边倒边搅拌，至水温降至30℃～35℃时继续浸种24小时。用手搓洗后用清水冲洗干净，捞出用几层麻袋片包好，在25℃～30℃的温度下催芽，每天冲洗1～2遍，使麻袋片保持湿润，4～5天即可出芽。

在已浇水的营养土床上撒2厘米厚的细土，按10厘米见方划格，在中心部位点种，每格3～4粒，每667米^{2}用种子1.5～2千克。播后抓土堆2厘米厚盖严种子，再全面撒一层土盖畦面。盖上地膜保水增温，出苗后揭去盖膜，在气温25℃以上时4～5天即可出苗。也可将塑料钵装上营养土，每钵点种2～3粒，摆在日光温室中育苗，主要调控好水分和温度，出苗1周后间苗1次，每钵(穴)留2株健壮苗。待苗2～3片真叶时定苗，每钵(穴)留1株壮苗。当苗3～4片真叶、苗龄30～40天时即可定植。

(2)直播法　在当地晚霜期过后可进行露地直播。如北京地区可在4月中下旬播种。如冬前已选好了地块，应在冬前施肥、深耕、浇好冻水，稍平整后做畦；未做好冬前准备的，开春地解冻后每667米^{2}施农家肥3 000～4 000千克、磷酸二铵20千克，搂匀、翻耕，做1～1.2米宽的小高畦，加盖地膜，在离畦边8～10厘米的两边按40厘米距离破膜打孔，每穴播2～3粒种子，播后用潮土盖严种子和膜孔。也可按70厘米宽起单垄，按株距30厘米穴播，播种量大致与育苗移栽的相同。正常情况下7天左右出苗，盖地膜可提前2～3天出苗。第一片真叶期间苗，2～3叶期定苗。

苗期易发生立枯病，播前、定植前可用70%敌磺钠可湿性粉剂2 000倍液进行土壤消毒或灌根；防治黑茎病可用50%多菌灵可湿性粉剂500倍液灌根；黑斑病可选用75%百菌清可湿性粉剂、65%代森锌可湿性粉剂600倍液喷雾防治。

4. 定植　育苗移栽的可在当地晚霜后定植。如北京地区定植期可在4月中下旬。施肥、翻耕、整地、做畦、栽植及行株距同直播法。每 667 米^2 栽 2 700～3 300 株。

5. 田间管理

(1)中耕、除草及培土　定植缓苗后要连续中耕除草 2 次，以提高地温，促苗快长。第一朵花开放前中耕后蹲苗，促发根系。直播的 2～3 叶时定苗，选留单株壮苗。开花结果后植株生长迅速，每次追肥、浇水后中耕，配合适当培土，防雨季时植株倒伏。7～8 月份高温、多雨，杂草滋生快，要及时拔草，防止草荒。

(2)追肥　黄秋葵植株高大，根系发达，吸肥力强，结荚(果)期长，除施足基肥外，要多次追肥。苗高 30～40 厘米时结合中耕除草，每 667 米^2 施土杂肥、复合肥或粪稀水 500 千克，或施尿素 4～6 千克。以后每隔 10～15 天追肥 1 次，可以施入行间沟内。生长中后期应防脱肥早衰，应多追肥，缺硼的应喷施硼肥。

(3)浇水　发芽期防湿度过大，否则易诱发立枯病；幼苗期需水不多，防止过于干旱即可；开花结果期生长速度加快，抗旱力增强，时值 6～8 月份，又是收获盛期，要视天气状况合理浇水，一般 7 天浇 1 次水。雨多注意排水，防止因水淹而死苗。

(4)整枝与摘叶　栽培密度大时，应去掉基部侧枝，适当摘除老叶，改善下层受光状态，促进坐果。底部通风良好还可减少病害的发生，也可调节植株长势。一般在生育中后期摘基部老叶。稀植的一般放任其自由生长，如侧枝过多，应适当整枝，主枝 50～60 厘米高时摘心，促侧枝结果，以提高前期产量。

(六)病虫害防治

黄秋葵长势旺，抗病力强。生长的早、中期几乎无病虫害；到开花结果期以防治蚜虫、蚂蚁和根结线虫为主，可用低毒高效的农药如氰戊菊酯等防治。

(七)收　获

从定植到采收初期约 50 天。北京地区 4 月中下旬定植，6 月上中旬始收，比露地直播的可提前7～10天。6月中下旬至9月上旬为采收盛期，好的能延续收获至10月上中旬。采收宜在早晨用剪子剪断果梗，避免植株扭伤。宜采收嫩果，以果长10厘米左右、荚内种子未老时为准。老荚无法食用。黄秋葵嫩荚平均单果重15克左右，每株收40～80个果，单株产量0.6～1.2千克，每667米^{2}产量可达1 500～4 000千克。

（八）留 种

不同的品种要隔离留种。种株1.5米高时摘心，使水分、养分较为集中输送入果实和种子，促种子饱满。留种用果实在外壳干黄变为褐色、出现裂沟时采收。过早采收，种子未充分成熟；过迟采收，荚果裂开易失落种子。采收时剪下成熟果荚，晒干，剥出种子。不同品种要分开收藏并标记清楚。种子放在干燥、阴凉、通风处保存备用。

十三、荷 兰 豆

荷兰豆又称豌豆，属于豆科豌豆属。豌豆有粮用和菜用两大类。菜用豌豆由紫花、小粒、褐色的粮用豌豆演变而来。菜用豌豆也有2种：先演变出的是硬荚菜豌豆，以后又演变出了软荚菜豌豆。它们的区别在于：硬荚菜用豌豆内果皮的厚膜组织发达，纤维多，荚硬不可食用，以嫩豆粒为食用；软荚菜用豌豆内果皮的厚膜组织发生迟，纤维少，荚不硬，可食用（有的品种也可兼收嫩豆粒），故又称之为食荚菜用豌豆。北京地区通常称软荚菜用豌豆为荷兰豆。近年来国外又从中培育出荚的薄壁细胞组织极发达、含糖量更高的食荚甜豌豆。

荷兰豆原产于地中海沿岸及亚洲西部一些国家，现在在发达国家栽培极为普遍。例如，美国豌豆面积中有90%是这种软荚菜用类型。我国的广东、广西、云南、四川以及港、澳、台等地栽培较多，现在正逐渐向北方地区发展。北京的荷兰豆种植发展速度很快，市场已有周年供应。

荷兰豆营养丰富，每100克嫩荚中含碳水化合物14.4～29.6克，蛋白质4.4～10.3克，脂肪0.1～0.6克，胡萝卜素0.15～0.33毫克，烟酸2.8毫克，还有核黄素（维生素B_2）、多种氨基酸及人体需要的磷、铁、钙等多种营养元素。嫩荚色绿，脆嫩可口，味鲜，除供应宾馆、饭店外，也很受人民群众的青睐，成为比较高档的细菜。荷兰豆可炒食、做汤及制作罐头和冻速食品，可出口创汇。嫩茎叶及其豆苗也是很时尚的一种菜肴，老茎叶可作绿肥和青饲料。

（一）形态特征

荷兰豆直根发达，能深入土中1～2米，根系主要分布在20厘米的耕作层内，侧根多。根系上生有根瘤菌，固氮能力强；根系还能分泌出较强的酸性物质，故吸收难溶性化合物的能力较强。茎近方形，中空。叶互生，为偶数羽状复叶；小叶2～3对，顶端1～2对小叶退化或长成卷须，可互相缠卷；叶面略有蜡质或白粉；叶柄基部有1对耳状大托叶，包围叶柄与基部相连处。花单生或短总状花序，着生1～3朵花，有白色、紫色或多种过渡型花色；花的着生节位因品种不同而异，早熟品种着生于6～8节，中熟品种着生于9～12节，晚熟品种着生于12～13节；自花授粉，在干燥和炎热的气候下能异交，异交率10%左右。荚果绿色，圆柱形或扁平长形，荚长8～10厘米，宽2～3厘米，每荚含种子4～6粒或更多。种子球形，单行互生，形状为不规则圆形，表面光滑或皱缩，颜色有绿色、黄色、白色、褐色及杂色。小粒种千粒重150～200克，大粒种千粒重300克以上；使用寿命2～3年。

（二）生长发育过程

荷兰豆整个生长发育周期为100～150天，可分为营养生长与生殖生长2个阶段。

1. 营养生长阶段

(1)种子发芽期 从种子萌动到第一片真叶出现。

(2)幼苗期 从第一片真叶出现到抽蔓前。

(3)抽蔓期 植株茎蔓不断伸长,并陆续抽生侧枝。

2. 生殖生长阶段

(1)开花结荚期 从始花到豆荚采收结束。一般开花后 15 天内即为豆荚发育阶段,食嫩荚的此时即应采摘。

(2)荚豆嫩熟期 此期荚内豆粒开始膨大。开花 15 天后豆粒即迅速发育,在嫩熟期的荷兰豆也可采收青豆粒作为食用。

(3)荚豆老熟期 豆荚变硬,呈黄褐色。用于留种田采收老豆粒种子的进入此阶段。

(三)对环境条件的要求

1. 温度 荷兰豆耐寒而不耐热,全生育期生长适温为 16℃～23℃。不同生育阶段对温度要求不同。种子发芽期最适温度为 18℃～20℃,4～6 天发芽;温度降至 4℃～6℃时发芽极为缓慢;温度升高至 25℃时发芽虽快,但出苗率下降。苗期抗寒力强,能耐 -5℃的低温,但幼苗期和抽蔓期的适温为 12℃～16℃。开花结荚期不耐冻,也不耐高温,适温为 15℃～20℃。荚果成熟期的适温为 18℃～20℃;温度超过 25℃时,虽可促荚果早熟,但会降低产品品质和产量。

2. 光照 荷兰豆是长日照作物,日照长短对植株的发育会有重大影响。长日照低温条件下花芽分化节位低,分枝增多,产量高;长日照高温条件下,分枝节位高,花芽分化少,产量低。因此,春播太迟则分枝少,开花节位高,产量也低。生育期间如阴天过多、日照少,则植株生长细弱,结荚少。但有些品种对日照要求不严格,秋季栽培也能开花结荚,而光照充足,则有利于植株的生长与发育。

3. 水分 荷兰豆根系发达,有较强的耐旱力;耐湿性差,土壤积水时易发生烂种、烂根，空气大时易感白粉病。然而，抽蔓后的植株耐旱力下降，需水量逐渐增加，到开花结荚期需水量最多，若此时遇干旱，土壤和空气过于干燥，会影响授粉、受精和果荚的发育，故容易引起落花或形不成荚，导致产量、质量下降。

4. 土壤　荷兰豆自身有根瘤菌起固氮作用，对土壤肥力要求不高，当然也要有一定的肥料基础作保证。幼苗期以氮肥为主，若能采用根瘤菌拌种，则可提高产量。生育中后期要适当增施磷、钾肥，对增产更为有利。荷兰豆不耐酸性土壤，以 pH 值 6～6.7 为宜。若土壤 pH 值小于 5.5 时，可用石灰中和，否则根瘤菌发展受抑制，根瘤难形成，也易发生病害。荷兰豆耐碱性强，在 pH 值 8 的土壤上也能生长良好。荷兰豆的根部分泌物为酸性，会影响翌年土壤根瘤菌的活动和根系生长，还会使土壤变酸，易发生病害。所以，切忌连作，至少要实行 3～4 年的轮作。

(四)栽培季节与方法

荷兰豆适宜在较凉爽的春季栽培，在炎夏来临时收获完毕。在比较冷凉地区及山区，既可春夏播种，夏秋收获，也可在温室、改良阳畦、塑料大棚等设施园艺内进行春提前和秋延后两季栽培。

1. 设施园艺春提前栽培

(1)早春节能型日光温室栽培　宜采用中、早熟半蔓生品种，如草原 21 号、溶糖等。于 1 月下旬至 2 月上旬播种，4 月下旬至 6 月上旬收获。

(2)早春改良阳畦栽培　宜采用早熟矮生品种，如食用大荚豌 1 号、京引 8625 等品种。于 2 月中下旬播种，5 月上旬至 6 月中旬收获。

(3)早春大棚栽培　宜采用中熟半蔓生品种，如草原 21 号等。于 2 月下旬至 3 月上旬播种，5 月上中旬至 6 月中下旬收获。

2. 平原露地春季栽培　采用早熟或中熟品种。于 3 月中下旬播种，5 月中下旬至 6 月中下旬收获。

3. 冷凉山区露地春夏季栽培　采用草原21号、溶糖等中熟品种，也可采用适应性强的京引8625等品种。4月下旬至5月上旬播种，7～8月份收获。

4. 设施园艺秋延后栽培

(1)秋季节能型日光温室栽培　宜采用台湾11号、饶平中花蔓生等晚熟品种，或草原21号等中熟品种，8月下旬播种，10月中下旬至12月上旬收获。也可用适应性强的京引8625号，于9月上旬播种，11月份至翌年1月份收获。

(2)秋季改良阳畦栽培　宜采用京引8625等矮生品种。于8月中旬播种，10月上中旬至11月中下旬收获。

(3)秋季塑料大棚栽培　宜采用上述中熟品种。于8月上旬播种，10月上中旬至11月上中旬收获。

按照上述季节和方式安排，基本可保证全年供应不断档。

(五)栽培技术

1. 整地、施肥　荷兰豆栽培宜选择土层深厚、通透性良好、土质疏松的土壤和与豆科作物不连作的地块，但可与茄果类、瓜类作物和玉米间作。荷兰豆主根生长发育早且快，播后7～10天可长至6～8厘米长，有10多条粗壮的根系。苗期地下部分的根系生长速度比地上部茎叶生长快，但根群与其他豆科作物相比却较弱小。因此，整地要精细，基肥宜早施、多施。可在秋季前茬作物收获后进行灭茬、除草、秋耕、施基肥，每667米^{2}施基肥3 000千克以上，加施磷肥20～25千克、硫酸铵10千克、钾肥20千克。耕翻均匀后整平地面。如选用蔓生或半蔓生品种，宜做1.4～1.6米宽的小高畦或平畦；如选用矮生品种，宜做成1米宽的小高畦或平畦。做畦后，在土地上冻前灌足底水，以确保翌年春播时墒情充足。如果在未冬灌的地块上春播，应在做畦时一次性浇足底水，水渗后及时播种。

2. 播　种

(1)选种　要用粒大饱满、无病虫害的种子。可用 10 升水加 4 千克盐的溶液进行盐水选种。

(2)拌种与浸种　为除虫,可用二硫化碳熏蒸种子 10 分钟。按每 667 米^2 用种量 25～30 克根瘤菌的比例拌种,或用 0.01%～0.03%钼酸铵浸种,可促进播种后根瘤菌的生长发育,提早成熟,增加前期产量。

(3)播种时间　参照前述的不同季节和种植方式选择适宜的播种时间。

(4)播种方式　荷兰豆一般都采用直播;但为了促早熟,设施园艺栽培时也可采用育苗移栽。苗龄 25～30 天,苗高 12～15 厘米、有 4～5 片真叶时定植。

植株较高大、生长势较强的蔓生、半蔓生品种,如草原 21 号、台湾 11 号、溶糖等品种,还是穴播为好。穴播时,行距 70～80 厘米,穴距 20 厘米,每穴(丛)3～4 粒种子,每 667 米^2 穴(丛)数 4 760～5 550 穴。先按照行距挖浅沟 3～4 厘米深,按株距点播种子,每 667 米^2 用种量 4～5 千克。点种后覆土,顺播种行用脚踩 1 遍。

矮生品种如食用大菜豌 1 号等,可用条播。按行距 30 厘米开浅沟,撒入种子,株距 2～3 厘米,覆土后踩 1 遍,每 667 米^2 用种量 8～10 千克。

3. 田间管理

(1)水肥管理　荷兰豆较耐旱,只要播种前浇足底水,出苗前可不再浇水,待齐苗后适当浇水使土地不干裂即可,直至抽蔓期可酌情浇 1～2 次小水。在开花结荚期则不可缺水,浇 2～3 次水即可采收嫩荚。荷兰豆需肥量不大,栽培密度大、生长势强、植株高大的品种除施基肥外,追施 2～3 次肥即可。如发现苗期长势瘦弱,苗高 7 厘米时可追施 1 次复合肥,每 667 米^{2}8～10 千克;长势好的可不追肥。在抽蔓旺盛期和结荚期需各追施1次复合肥，每667米^{2}15千克。天气凉爽季节可每667米^{2}追施人粪尿500～1 000千克代替复合肥。结荚期还可喷施0.2%～0.3%磷酸二氢钾溶液，有显著增产效果。

(2)中耕、除草　荷兰豆的根系生长和根瘤菌活动需良好的土壤通气性，加之田中苗小时也易生杂草。因此，在为植株插架前应中耕1～2次，以保墒、增加土壤通透性和防止草荒。还可适当培土。

(3)插架　蔓生和半蔓生品种长至株高30厘米左右时，需进行插架，引蔓上架，以便保持田间通风透光，促高产。矮生品种不搭架，可在畦垄两边拉绳，把秧棵拢起来，防止植株趴地生长，影响嫩荚生长发育，影响产品品质和产量。

(六)病虫害防治

1. 病　害

(1)褐斑病　危害荷兰豆叶片、豆荚，病部形成深绿色、黑褐色病斑，病斑上有小黑点。

防治方法：选用70%甲基硫菌灵可湿性粉剂500倍液，或50%苯菌灵可湿性粉剂1 500倍液，或40%硫磺·多菌灵悬浮剂800倍液，或50%敌菌灵可湿性粉剂500倍液喷雾防治。7～10天1次，连喷2～3次。

(2)白粉病　该病在荷兰豆生长中后期危害叶、茎、荚，叶面先出现白粉状淡黄色小点，后扩大成不规则形粉斑，互相连合，病部表面被白粉覆盖，叶背呈褐色或紫色斑块。茎荚染病出现小粉斑，严重时嫩茎干缩，豆荚干小。

防治方法：可选用50%硫磺·多菌灵悬浮剂600倍液，或50%硫磺·甲硫灵悬浮剂500倍液，或50%苯菌灵可湿性粉剂和25%三唑酮可湿性粉剂1 500倍液，或2%春雷霉素水剂500倍液喷雾防治；或用5%春雷·王铜、5%百菌清粉剂喷粉防治。

(3)根腐病　对该病应重点做好预防。

①播种前种子消毒:用种子重0.3%的50%甲基立枯磷可湿性粉剂,或用种子重量0.3%的70%噁霉灵与50%福美双可湿性粉剂等量混合后拌种。先用水湿润种子后再拌药。

②土壤消毒:播种前每667米^{2}用50%多菌灵或70%噁霉灵可湿性粉剂3～5千克,撒于种子沟内。

⑧栽培防治:适时浇水、施肥,促根系正常生长;及时防治地下害虫,减少植株根系受伤害;发病时拔除病株,运到棚室外焚毁。

2. 虫　害

(1)豌豆潜叶蝇　苗高10厘米时开始选喷80%敌百虫粉剂500～1 000倍液,或50%马拉硫磷乳油1 000倍液和80%敌敌畏乳油1 500倍液,7～8天喷1次;还可用25%敌百虫粉剂,每667米^{2}用药1.5～2千克喷粉。

(2)蚜虫　参照绿菜花药剂防治法。

(3)豆秆蝇　这是苗期毁灭性虫害。该虫成虫产卵于刚出苗的幼苗基部,孵化后的幼虫即蛀食嫩茎,危害幼茎和根颈。

防治方法:幼苗出土后及时喷25%杀虫双水剂250倍液,6～7天喷1次。

(4)蓟马、豆荚螟　蓟马危害荷兰豆的枝叶和花,影响植株健壮生长和授粉、受精。

防治方法:用10%氯氰菊酯乳油2 000倍液喷杀。如危害豆荚,用溴氰菊酯喷杀。

(5)豌豆象　用作采种田的荷兰豆,应于花期喷施45%马拉硫磷乳油1 000倍液,杀灭豌豆象的卵和成虫。

(七)采　收

荷兰豆自下而上结荚,基部豆荚开始采收时,上部正在开花,采收期可延续1个多月。以嫩荚鲜食的,在开花后2周、谢花后8～10天、嫩荚停止伸长时采收。此时豆粒刚开始膨大,其荚鲜绿色,嫩脆。过迟采摘则豆荚纤维增多,豆粒已鼓起,品质开始变劣。一般每667米^{2}可产嫩荚750～1 000千克。有的品种除采收嫩荚外,还可兼收嫩豆粒供食用。采收嫩豆粒应在荚鼓胀成圆形、荚色仍深绿色时采收,即在花谢后15～18天采收豆荚,剥去皮,收取豆粒。

十四、豌豆苗

豌豆苗,又称豌豆尖、龙须菜。是豆科豌豆属。食用部分为其嫩苗、嫩梢。豌豆苗叶肉厚,纤维少,嫩苗、嫩梢质柔滑,味清香宜人。豌豆苗在国际市场上非常畅销。在我国南方地区栽培历史悠久,如广州早已把它列为主要的蔬菜,上海、四川等地也有食用习惯,在港、澳、深圳、珠海等地更是畅销,几乎是宴会必备之菜,被誉为菜中珍品。北方地区,特别是在大城市,生产、销售也很普遍,已逐渐进入普通居民的餐桌。

豌豆苗含有丰富的蛋白质、脂肪、碳水化合物,还含有17种氨基酸、胡萝卜素及维生素C等。常吃豌豆苗有健身作用,是一种很有发展前途的菜肴。豌豆苗可炒食、做汤和用作火锅涮料,是一种优质、高档鲜菜。例如,广州市一些饭店的菜谱中就有液龙须鸡、蟹丝扒豆苗、素炒豆苗等各种炒菜,深受消费者欢迎。

豌豆苗的生产方法很多,既可有土栽培,又可无土栽培。以整株幼苗或摘叶、摘嫩梢作为食用均可。

(一)豌豆苗的有土栽培

1. 栽培季节与方式　豌豆苗的适宜生长温度为18℃～20℃。北京地区春秋季实行露地栽培,早春、晚秋、冬季采用设施园艺栽培,夏季在冷凉山区或平原用设施遮阳栽培,以实现均衡供应。

2. 做畦与播种　做成1～1.2米宽的畦,施入农家肥,翻地,搂平,撒播。宽幅条播、穴播均可。凡食用嫩豆苗的,需随时间拔小苗，宜密集撒播，每 667 米^2 播种量 40 千克。不断采收嫩梢食用的，可宽幅条播，行距 25～30 厘米，播幅宽 10 厘米，每 667 米^2 播种量 10～15 千克；也可穴播，穴距 20～25 厘米，每穴播 4～5 粒种子。

3. 田间管理　播后覆土 2 厘米厚，浇透水，促发芽，适当施入草木灰和钾肥，有利于豆苗生长。整株间拔的，可不追肥，必要时只追一些速效氮肥；采摘嫩梢的，每采收 1～2 次后（约 10 天）可追肥 1 次，每次每 667 米^2 施入尿素 3～4 千克，并随水施入。天气凉爽季节，可用腐熟粪稀水代化肥施用。豌豆苗生长期间应保持田间湿润。

4. 采收　整株间拔的，当幼苗长至 3～4 片真叶、高 5 厘米以上随时可以间拔；采嫩梢的，当苗高 18～20 厘米、约播后 30 天、有 8～10 片叶时，可开始摘顶尖。春播的每 667 米^2 可采嫩梢 600 千克，秋播的每 667 米^2 可采嫩梢 800 千克左右。

（二）豌豆苗的无土栽培

1. 锯末、河沙栽培　将豌豆种子挑去破、碎、病虫伤害、瘪粒，放于清水中浸泡 4～5 小时后捞出，播在锯末或河沙培育床上。播种后覆盖一层锯末或河沙（不用红松木锯末，因其有特殊辛辣味），浇足底水。豆苗拱出后再分次覆盖锯末和河沙，当豆苗长至 15 厘米高时停止覆盖锯末或河沙，待苗尖长出 1～2 片小叶时让其见光变绿，此时即可把豆苗挖出、洗净，捆把或装塑料袋上市。

2. 用育苗盘培育　此法省工、省事、干净、无污染，豆苗新鲜，经济效益高，是一种无土栽培豌豆苗的好方法，应用很广。

（1）选种　选用豆苗产量高、生长快、苗粗壮、品质嫩、价格便宜、豆粒光滑、皮青色或花褐色、千粒重 150 克左右的种子，并用当年生产或存放不超过 1 年的新鲜种子。剔除残破、虫咬或蛀食、畸形、瘪籽等劣质粒，以防播后烂种、腐臭等，影响产品质量。

（2）种子处理　将挑选好的种子放在 55℃的温水中浸泡并搅

拌，待其自然冷却后，浸泡4～5小时捞出，再用高锰酸钾溶液200倍液浸泡30分钟，然后用清水洗净，用湿布包好，在20℃～25℃温度条件下催芽，当70%种子破嘴时即可播种。

(3)播种　播种前先备好播种设备，用塑料育苗盘、马口铁盘、瓷盘、铝盘均可，一般育苗盘的长×宽×高为60厘米×25厘米×5厘米。将盘洗净后垫吸水纸2层，然后把催好芽的种子撒入盘中，每盘播种(干)225克，每平方米1 500克。

(4)播后管理　最适生长温度为18℃～20℃。无土栽培只要满足温度要求，则一年四季都能生产供应市场。栽培过程中育苗盘底要经常保持浅水层，以不淹没种子为准。干燥时应喷洒清水。为保水，播后可盖膜，出苗后撤膜，让幼苗见光变为绿色。播后4～5天以内、苗高2～3厘米前应把不发芽的种子挑出，以防腐烂、变臭。

(5)适时采收　在温、光、湿适宜时，12～15天即可长成。豌豆苗茎为近方形、中空，叶绿色，叶面略显蜡粉。苗高15厘米内为采收适期。采收时可在靠近豆粒的基部剪下，捆把或装塑料袋上市；也可整盘出售，以盘定价。收获量一般为种子量的2倍左右。为节省培育场地，特别寒冷季节在棚室内栽培时，可搭架进行多层立体栽培。

十五、佛手瓜

佛手瓜，又名合掌瓜、菜肴梨、梨瓜、丰收瓜、洋丝瓜等。系葫芦科佛手瓜属中的栽培种，多年生攀缘性草本植物。原产于墨西哥和中美洲。19世纪初传入我国，在我国云南、广东、广西、福建、浙江等南方地区均有分布。近年来在山东、河北、北京等地也已引种成功，正在扩大应用，成为一种新兴的蔬菜。

佛手瓜的适应性强，高产，耐贮运，栽培成本低，经济效益高。以嫩果(瓜)供食用，富含人体所需的各种养分。据测定，其所含蛋白质与瓜类中的黄瓜相似，维生素和钙是黄瓜的2～3倍，铁的含量是黄瓜的4倍多。其所含的磷、粗纤维和其他多种成分也都高于许多瓜类。

其食用方法有多种，切片、切丝可荤炒、素炒、凉拌、做汤及做饺子馅、腌制品、罐头品等；西餐中有蒸制、烘烤、油炸、嫩煎等做法，其风味独特。其嫩梢的热量低，含蛋白质、铁、钙、磷等明显高于果实，且味道鲜美，所以也采摘嫩梢及叶食用。

佛手瓜在我国南方为多年生植物，其根部能形成像薯块一样的块根，也能与马铃薯一样用作烹调食用，当然更可以用作家畜的饲料。

（一）形态特征

佛手瓜为宿根攀缘性草本植物，在热带或温带地区种植，于栽培第二年根部形成块根。但在寒冷的北方地区栽培不能越冬，只作当年栽培，不能形成块根。其蔓和叶与丝瓜相似，蔓的分枝能力极强，生长旺盛，长达10～13米，1棵植株之蔓叶的覆盖面积可达10米^{2}多。蔓的横切面近圆形，绿色，有不明显的纵棱，不着生茸毛，基本上每节均有分枝，分枝又能2次、3次分枝；除基部几节外，每节都着生叶、侧枝及卷须，到一定节位后着生雌花和雄花；卷须和叶对生。叶为互生，掌状，五角，中央一角特别尖长；叶绿色到浓绿色，全缘，叶面粗糙，略显光泽，叶背的叶脉上有茸毛。花为雌雄同株异花。雄花着生节位低，较早出现在子蔓上；雌花则多着生在孙蔓上而出现较迟，主蔓上也能结瓜，但很迟才能出现。雄花序为总状花序，轴长8～10厘米，一般着生雄花10朵；雌花一般单生，偶有着生2朵或3朵的。果实形状似梨，所以又称梨瓜。果实表面有5条纵沟，把瓜分成大小不等的5个大瓤，看起来像拳曲之佛手，所以又名佛手瓜；每一个大瓤又分成2个小瓤；先端有一条缝合线，线的两侧各排列着2个大瓤；另一个大瓤正对着缝合线，具有这一个大瓤的一面称为正面，相反的一面称为反面，好似两掌相合，所以又称为合掌瓜。瓜的表面粗糙，不光滑，长有小肉瘤和刚刺。每个瓜只有1颗种子，当种子成熟时几乎占满整个子房腔，致使种皮与果肉紧密贴合而不易分离。种子扁平如纺锤形，且是肉质膜状，沿子叶周围形成上、下种皮结合的边缘，没有控制种子内水分损失的功能。因此，当种子离开果实后易失去水分而干瘪，失去生命力。同时，种子无后熟期与休眠期，成熟后不能及时采收时，种子可在瓜秧上就在瓜中萌发，从瓜中长出芽来，这种未离母体就萌芽的现象叫“胎萌”，是佛手瓜的一个特性。所以，佛手瓜果实成熟时应及时采收，种子连瓜一起保存留种。种子未萌动前的子叶长约4厘米，宽约2厘米，萌发后子叶逐渐变厚，迫使缝合线开裂才顺利出苗，整个贮存期间温度不能低于10℃。

(二)对环境条件的要求

佛手瓜喜温暖并较耐高温，20℃以上温度才能正常生长，地温在5℃以下时根就枯死。我国长江流域以北地区必须在设施园艺内育苗，在温度合适生长时(20℃～23℃)种植，初霜来临前采收完毕。对土壤要求不严格，适应性强，但喜肥水，以富含有机质、保水保肥性能良好的壤土、沙壤土、黏质壤土较好。积水易烂根；干旱时生长不良，要常保持土壤湿润。

(三)栽培季节及方式

佛手瓜，在南方温暖地区为多年生栽培；长江以北广大地区冬季严寒，早春寒冷，只能作1年生栽培。下面介绍几种北方栽培佛手瓜的方式，供参考。

1. 露地零散坡地种植　育苗移栽或直播。行株距5～6米×4米，每667米^{2}栽25～30株，爬地、棚架均可。定植时间主要取决于当地气温条件，如北京地区4月中下旬定植，5月下旬初花，7～8月份盛花及果期，9～10月份采收，然后地上部逐渐萎蔫死亡。

2. 庭院立体栽培　佛手瓜适于园林及家庭栽培。可在庭院中先栽植蔬菜或耐阴的花草等作物，于4月中下旬靠边沿地方定植佛手瓜苗。株数视庭院大小而定，株距5～6米。院内搭设棚架，到7月下旬瓜蔓爬满棚架以前不影响院内种植的蔬菜或花木生长。秧蔓爬满架后，蔬菜已收获完毕，可再栽培食用菌等耐阴喜湿的作物。结果多的佛手瓜每株可收400千克，加上其他蔬菜等，经济收益相当可观。

3. 春播芸豆套种佛手瓜　芸豆平畦穴播，北京地区4月中下旬播种；同时在畦背上套种佛手瓜，每667米^{2}栽25～30株。芸豆需架设高大的塔式架，芸豆采收后佛手瓜蔓爬上豆架。各地播种期视当地气候而定。芸豆每667米^{2}产值1 500～2 000元，佛手瓜每667米^{2}产值2 000～2 500元。

4. 大蒜、洋葱套种佛手瓜　按常规栽培大蒜、洋葱。北京地区于4月中下旬于畦埂上套种佛手瓜，每667米^{2}栽20～25株，也搭高大棚架。每667米^{2}所产大蒜、蒜薹、洋葱加上佛手瓜，产值可达4 000元以上。

5. 小麦、佛手瓜、叶菜间作套种　在麦田畦埂上栽种佛手瓜，每667米^{2}栽25～30株。麦收后搭高大棚架，将佛手瓜蔓引爬上架，棚架下栽种油菜、菠菜、香菜、早熟萝卜等，利用佛手瓜蔓未爬满棚架、遮阴不太严重前的间隙生产蔬菜，每667米^{2}全部收入可达4 000～5 000元。

6. 节能型日光温室、大棚春作物间种佛手瓜　温室、大棚内的春作物如黄瓜、番茄、辣（甜）椒、生菜、绿菜花等间种佛手瓜。上述主栽春作物及佛手瓜均需提前育苗，同一时间定植。主栽作物按常规栽培；佛手瓜栽于日光温室南、北或大棚东、西两面，每667米^{2}栽15～20株。佛手瓜前期生长速度慢，到7月中旬以后才迅速生长，此时主栽作物已是收获后期，处于拉秧撤膜阶段，主栽与间种作物互相影响不大。在主栽作物拉秧后将佛手瓜的蔓引上棚架或屋顶。这种种植方式每 667 米^2 收益可达 1 万元左右。

7. 佛手瓜秋延后栽培 佛手瓜在北方地区若进行夏季种植，因 6～7 月份气温高，对其生长不利；到 10 月份进入盛瓜期以后，很快就要出现霜冻天气，不能充分发挥其生产潜力。进行秋延后栽培，结瓜期约能延长 2 个月，产量可提高 2～3 倍。做法是：搞立体栽培，即将佛手瓜栽于日光温室内与春作物间种，在距温室屋顶 50 厘米处另搭瓜架(不能将瓜蔓引上屋架或屋顶)，使瓜蔓攀爬另搭的支架。7 月份瓜蔓爬满架后结瓜至 10 月份，当旬平均温度下降到 15℃～18℃时，需重新盖好薄膜以保温。如春作物使用的是长寿膜，则春作物拉秧后不撤膜，只将边脚膜卷起，使室内大通风即可；10 月中旬前后温度下降至不能满足佛手瓜的生长温度要求时，再把卷起的脚膜放下至封闭，以使室内温度能保证瓜的正常生长，即白天室温不得超过 30℃，夜间不得低于 15℃。当室外夜温降至 12℃以下时，棚室上应加盖草苫保温。因棚室内温暖潮湿，结瓜多，瓜膨大迅速，具有较好的丰产条件。但应注意的是室内昆虫少，需进行人工辅助授粉。如管理得当，佛手瓜可延续收获到元旦才拉秧，加之冬季瓜贵，收入比其他种植方式可增加 1/3 以上。

(四)栽培技术

1. 培育壮苗

(1)种瓜繁殖 佛手瓜 1 只瓜有 1 颗种子，要选瓜大、重 0.5 千克左右、瓜皮光滑、润薄、蜡质多、微黄色、茸毛不明显、芽眼微突、无伤疤、无破损和充分成熟的瓜留作种瓜，贮存期间温度不低于 10℃。北京地区于 3 月初用塑料薄膜把种瓜逐个包好，放在 15℃～20℃温度下催芽，15 天左右种瓜顶端开裂，生出幼根和发出幼芽，即可进行育苗。如用苗量不太大，可用花盆或塑料钵装营养土(园田沃土和沙土各半混匀)育苗，1 盆(钵)1 瓜；发芽端朝上，覆土厚 5 厘米左右；保持营养土湿润，放在温室或日光温室内育苗，保温 20℃～25℃。瓜蔓长出分枝时留 2～3 个分枝，适当通风，防止徒长，4月中下旬定植。

(2)光胚繁殖　即是将去掉种皮的种子作为播种材料，体积小，保存和播种方便，出苗率高。做法是：在瓜刚裂开时取出光胚，用光胚播种。播种时平放、斜放、直放均可。播种时间和方法同种瓜繁育。

(3)茎蔓扦插育苗　北京、山东、河北等地于3月下旬至4月上旬，截取种瓜繁育幼苗的蔓，2～3节为一段，将最下端的1个叶片去掉，放在100毫克/千克萘乙酸或吲哚乙酸中浸泡20～30分钟取出，然后插入营养钵中，避光、保温5～7天，使其发根恢复生长，10天后长出次生根，开始见光培养。每2天浇1次营养液，5月初将苗定植于大田。

(4)块根育苗　南方栽培的佛手瓜，多年生的地下部能形成块根，采收果实后于霜降节气前刨出地下块根，用潮沙贮存，防止受冻。翌年4月初取出，在29℃温度下催芽，出芽后按2～3个芽切块，切口处涂上草木灰。然后将带芽块根栽于苗圃中，5月初苗高20厘米左右时，移栽到正常生产田。

2. 挖穴、施肥、定植　佛手瓜适于种植在pH值5.2～6.5、富含有机质的湿润土壤环境中。一般先挖1米见方的坑，施入农家肥后适当回土，并使肥土混合均匀，压实后待定植。定植前苗盆(钵)浇透水，在已挖好的坑内再挖深30厘米、宽20厘米的小穴，填入7～8厘米厚的细土，于4月底至5月初将幼苗带土移栽到穴内，覆土约10厘米厚压实，浇足定植水。大田栽培或套种的行株距为4米×5～6米，每667米^{2}栽25～30株；棚室内每667米^{2}栽15～20株。

3. 生长期间的水肥管理　北方地区种植佛手瓜，定植后约1个月，气温还较低，主要抓好保温防寒，防冻苗。可覆盖保温材料，不追肥，只可酌情浇小水。

蔓爬架后，视长势情况，分枝少的可摘心促分枝。适当追肥、浇水。如缺肥，可以150克尿素对水50升的浓度浇肥1～2次。

花果期应勤浇水和追肥，促进高产。7～8月份进入盛果期后，气温又高，耗水量大，需勤浇水，保持土壤经常湿润。追肥以750克过磷酸钙和150克尿素对水50升的浓度，叶面喷肥2～3次；或施入腐熟优质农家肥。

4. 设施园艺内间作佛手瓜的管理　设施园艺内种有春菜等，一般施肥较多，设施内种植的佛手瓜前期肥水不缺。但春作物拉秧后，佛手瓜的秧蔓也已旺盛生长，耗肥增加，7月份要重施1次腐熟农家肥；10月份再施1次腐熟鸡粪水、人粪尿水；6～8月份气候炎热，秧棵已长满架，注意保湿、防涝、防旱，追施少量化肥即可。秋延后栽培的，夜温降至15℃时盖膜防寒，白天温度保持在28℃，夜间保持15℃；夜温降至12℃时开始加盖草苫防寒保温。

5. 因地制宜设架，控制茎蔓生长　佛手瓜虽然前期生长缓慢，但中后期生长迅速，茎蔓茂密，易互相覆盖遮阴。夏季每昼夜瓜蔓可长15～20厘米，若任其自由生长，则可能出现枯蔓、落花、落果。因此，当主蔓长至40厘米时，就要因地制宜、就地取材搭设支架，引蔓上架。又因佛手瓜每节茎蔓均能萌发侧枝，故上架后可适当摘心，促发侧枝，并尽可能使枝蔓分布均匀一些，减少互相遮阴，才有利于保花、保瓜，实现高产、优质栽培。

（五）适时采收与贮藏

佛手瓜在5月下旬至6月上旬为初花期，7～8月份为盛花期，生长正常的9～10月份可陆续采摘收瓜。秋延后栽培的，采收期可延续到12月份，甚至延续到翌年元旦。就是连续开花结果的佛手瓜，也需分批采摘收瓜，可7～10天采摘1次；留作种瓜的要在生理成熟期后25～30天才可采收。种瓜要在10℃左右的温度条件下贮存，室内、地窖、地下室均可。种瓜或光胚也可用沙子埋藏，即用箩筐装一层沙码放一层瓜，不留空隙；每层相隔10厘米左右，最上一层盖沙15厘米左右。放于7℃～10℃的温度条件下保存。种瓜数量大时,可在窖内用沙堆形式贮存,期间不能浇水,不可用园田土、农家肥等进行覆盖,只能用干净沙子覆盖;若无干沙也可用干煤灰覆盖贮存。北方地区贮藏时间以 11 月份开始较适宜。

十六、香 芹

香芹又称荷兰芹,别名洋芫荽或洋香菜、旱芹。伞形科,欧芹属。原产于地中海沿岸,欧洲栽培历史悠久,欧美各国及日本普遍栽培。我国在港、澳、台种植较多。20 世纪 80 年代初我国大陆许多大城市郊区开始引种,如北京、上海、广州等。现在主要供应宾馆、饭店,需求量逐年增大。

香芹是香辛类叶菜,含有大量的铁、维生素 C 和维生素 A,其营养价值较高。食用部分为叶片,质地脆嫩,芳香爽口,在西餐中需用较多,中餐用得少。因为它叶色鲜绿,形状美观,是西餐盘菜和其他菜肴上的装饰品;也可作肉类、鱼类及其他蔬菜的辛香调料;也可生食,特别是吃葱蒜后咀嚼一点香芹叶可消除口中异味;也可做汤。

(一)形态特征

香芹是浅根性植物,根群主要分布在表土以下 20 厘米的土层内。叶自根头部发生,称根出叶,不断发生,形成强大的叶丛。叶色浓绿,三面羽状复叶。叶分为皱叶和光(平)叶 2 种:皱叶种叶缘缺刻细裂并卷缩,外形美观;光叶种叶缘缺刻粗大,不卷缩。叶柄长 10 厘米、粗 0.5 厘米。伞形花序,花小,虫媒花,异花授粉。果实(种子)小,种皮褐色,粒小,有香味,千粒重 0.4 克。

(二)生长发育过程

1. 幼苗期　种子播种后吸足水分,在温度 25℃时 7 天可出苗。幼苗长出 5～10 片叶前为幼苗期。

2. 发棵生长期 这时植株已有一定叶面积，根吸收力增强，心叶继续生长，营养体迅速增加，基部短缩茎上的叶芽陆续分化抽生叶片，植株呈叶丛状，可长50多片叶，不断供采摘。

3. 抽薹开花期 香芹在2℃～5℃低温条件下通过春化后就开始分化花芽，在长日照和较高温度条件下促进抽薹，将进入开花期。

4. 开花结实期 香芹有顶花序和若干个由叶芽分化的侧花序。随着抽薹，侧花序由下而上依次伸长，并开花结实。从开花到种子成熟需50～60天。

(三)对环境条件的要求

香芹属半耐寒性蔬菜，喜温暖而凉爽的气候，生长温度为5℃～35℃，最适温度为15℃～20℃，低于10℃或高于28℃生长缓慢，冬季能短期耐受－2℃的低温，夏季能耐受中午短期35℃以上的高温。幼苗在2℃～5℃低温条件下经10～20天可完成春化。香芹是绿叶蔬菜，整个生长期都要有充足的光照，叶片才能旺盛生长，产品产量高、质量好。在遮阴弱光下，叶片生长缓慢、细弱，质量和产量降低；长日照能促进花芽分化，开花结籽。香芹喜湿润环境，不耐干旱，需充足的土壤水分和潮湿的空气，在生长旺盛期要不断浇水。但是，香芹也怕涝，雨季田间积水极易造成根腐烂病。香芹栽培要选土质肥沃、疏松、保水保肥力较强的沙质壤土或壤土，土壤pH值6～8范围均能良好生长。香芹的生长期长，且是不断劈收，所以基肥要充足，并要分次追肥。除施用氮、磷、钾肥外，补充一些硼肥能防止叶柄基部开裂。

(四)栽培季节和方式

香芹占地时间长，供应要均衡，但需求量较小，一个单位生产面积不需太大，可采用春季露地栽培和秋冬季日光温室栽培，分期分批播种，实现周年生产和均衡供应。

1. 春季露地栽培　1月下旬至2月中旬播种，3月下旬至4月中旬定植，5月中下旬至11月上旬收获。

2. 秋冬季日光温室栽培　7月上旬至9月上旬播种，8月上旬至11月上旬定植，10月中下旬至翌年4～5月份收获。也可以11月上旬将露地香芹的老根移栽到日光温室中恢复生长，也能连续收获3～4个月，即收获到翌年4～5月份。

（五）栽培技术

1. 育　苗

（1）春季　1～2月份育苗，利用改良阳畦或不加温温室。有2种方式：一种是育子苗后分苗。栽667米^{2}香芹需15米^{2}子苗畦，播种量60～70克。幼苗长至3～4片叶时分苗，栽在50米^{2}分苗畦内。另一种是直接育子母苗（不分苗）。栽667米^{2}需30米^{2}的子母苗畦，播种量70～80克。不论哪种方式育苗，其整地、施肥、播种方法均可参照西芹的育苗方法。只是香芹浸种只需12～14小时，在25℃～28℃温度条件下催芽，80%的种子出芽后播种。苗床温度白天保持在20℃～25℃，夜间保持15℃以上，出苗后分别保持在20℃和10℃～15℃。小苗1～2片真叶时间苗，保留苗距1～2厘米；3～4片真叶时分苗，以2～3株苗栽1穴，穴距6～7厘米。子母苗可留苗2～3厘米见方。寒凉季节育苗，苗龄60～70天，栽前10天要炼苗，使幼苗移栽后能适应当地大田的气候。

（2）秋季　可露地育苗，用子母苗移栽。7月上旬至9月上旬分批播种，应有遮阳防雨设施保育苗。注意浇足底水，种子出苗后分次覆土保墒，比春天育苗浇水次数多；到11月份前后，北方地区要预防天冷冻苗，可将幼苗分植在日光温室、改良阳畦内。

2. 定　植

（1）整地、施肥、做畦　春露地栽培选地势高、排水好的地块。与秋冬设施栽培一样，每667米^{2}要施腐熟农家肥3000～4000千克，耕翻2遍，做成1.5米宽的平畦，等待定植。早春、晚秋定植

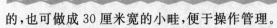

的，也可做成30厘米宽的小畦，便于操作管理。

(2)定植方法和密度 春季定植的，定植前1天把苗畦浇透水，第二天起苗定植；早秋定植的，当天早晨将苗畦浇透水，傍晚挖苗定植。1.5米畦栽5行，穴距20厘米。分苗时已按2～3株苗一丛的，定植按穴栽，即每穴有2～3株苗。雨水多的地区也可做小高畦，每畦栽2行。以土坨表面略低于畦面为栽植深度。

3. 田间管理

(1)春季露地香芹田间管理 浇好定植水，5～6天后浇缓苗水。接着中耕蹲苗10天左右，当新叶已加快生长时结束蹲苗。随水追施1次化肥，促生长。以后随天气变化灵活浇水，夏季高温少雨时3～4天浇1次水，雨多时少浇或不浇。注意排水，防止高温高湿引发烂根。肥料可半个月左右追施1次，每667米^{2}追施硫酸铵15～20千克。其间可多次中耕除草。为防止植株老化，除追肥外还可叶面喷肥，如喷施复合微肥、0.3%磷酸二氢钾等，每20天左右喷1次，促长、防病效果好。

(2)日光温室香芹 秋季定植正值高温之时，除浇定植水外，过2天即浇缓苗水，再隔3～4天浇第三次水。接着中耕蹲苗7～10天。结束蹲苗后每667米^{2}随水追施硫酸铵15～20千克。有雨时少浇水，无雨时5～7天浇1次水；每隔15～20天追1次肥，用量同前。早定植的露天生长50～60天后，在10月中旬需盖农膜。室内栽培的白天室温超过20℃时加大通风量，夜间关闭通风口，使最低室温保持在10℃以上；11月上中旬上好蒲席，并要白天卷起夜间覆盖以保温。上膜至上蒲席之间追肥浇水1次，可每667米^{2}追施硫酸铵20千克，12月中旬再浇水追肥1次；12月至翌年2月上旬是严寒之季，应少浇水，2月中旬至3月下旬10天左右浇1次水；4月初以后7～10天浇1次水；2月上旬至收获结束前，最好隔1次水追1次肥，每次每667米^{2}施硫酸铵10～15千克。

（六）病虫害防治

香芹的主要病害如下。

1. 根腐病　参照球茎茴香的根腐病防治方法。

2. 根结线虫病　防治方法：土壤消毒，即在播种前7天以上用80％二氯异丙醚乳油防治，每667米^{2}用量4～6千克，拌细土50千克，施于栽培沟10～15厘米的土层内；或用98％～100％棉隆微粒剂防治，每667米^{2}用量5～7千克，施于20厘米的土层内。施药后洒水，封闭或盖膜。几天后松土通气，然后播种。

香芹极少发生虫害。

此外，香芹还容易出现缺钾症和缺硼症，栽培管理上应注意使用或喷施钾肥、硼肥，以预防症状的发生。

（七）采　收

香芹定植后50多天，长出15～16片叶时即可开始采收。每次以摘取中部叶3～4片为宜。最好用剪取方法，以避免损伤嫩叶和新芽。为保护腋芽不受伤害，剪取时留叶柄基部2厘米。基部老叶质差，可留作功能叶；嫩叶未长成，所以采收时剪取中部叶片。夏季或早秋栽培可3～4天采收1次；日光温室栽培，在初冬时可7天采收1次，严冬时10～15天采收1次；春季栽培则可5天采收1次；春露地栽培5月中下旬始收，管理精细的可延续收获到11月上旬，然后将老根挖下，栽到日光温室中，2个月后，仍可连续采收3～4个月。日光温室栽培于8月上旬至11月上旬定植，自10月中旬开始采收，可连续采收到翌年4～5月份。

十七、苋　菜

苋菜是苋科苋属中以幼苗或嫩茎叶为食的1年生草本植物。我国自古以来就栽培苋菜，印度也有悠久的栽培历史。我国以长江流域以南栽培最多，是一种主要的绿叶菜。苋菜营养丰富，每

100克嫩茎中含蛋白质1.8克;碳水化合物5.4克;钙的含量高达180~200毫克,在蔬菜中仅次于荠菜和榨菜;铁3.4~4.8毫克,比菠菜高1倍;磷为46毫克;胡萝卜素1.87~1.95毫克;维生素C 28~38毫克。苋菜可以炒食、做汤,茎可腌渍和蒸食。苋菜的味道有特殊的鲜美感。

(一)形态特征

苋菜根系发达,分布深、宽。茎高80~150厘米,肥大而质脆,分枝少。叶互生,全缘,先端尖或钝圆,卵状椭圆形至披针形,平滑或皱缩,长4~10厘米,宽2~7厘米,有绿色、紫红色、绿色和红色嵌镶或杂色。穗状花序,花单性或杂性,花极小,顶生或腋生。种子极小,圆形,色黑而有光泽,千粒重0.72克。

(二)对环境条件的要求

苋菜喜温暖气候,耐热力强,不耐寒。生长适温23℃~27℃,20℃以下植株生长缓慢,10℃以下种子发芽困难。苋菜在高温短日照条件下极易抽薹、开花、结籽。在气温适宜、日照较长的春季栽培,抽薹迟、产量高、质量好。苋菜对土壤的要求不严,但以在偏碱性土壤中生长较好,并要求土壤湿润,对空气湿度要求不严。苋菜具有一定抗旱能力而不耐涝,所以要选排灌方便的地块种植,以便管理。

(三)栽培季节及方式

1. 塑料大中小棚、节能型日光温室栽培 苋菜为叶类蔬菜,生长快,可在塑料大棚、中棚、小棚中进行春、夏、秋季栽培,也可以在塑料大棚及节能型日光温室中进行春、秋、冬季栽培。在主茬作物如茄果类、瓜类、豆类蔬菜中可间作或边缘种植苋菜,以充分利用土地,提早供应市场;也可与其他喜温蔬菜混种,分批采收。

2. 露地栽培 全国各地,只要在无霜期内均可露地栽培,可陆续播种,分期采收。华北、西北地区露地栽培可在4月下旬至9

月上旬播种，5月中旬至10月中旬陆续采收。生长期因品种不同而不同，由30至60天的均有。

(四)栽培技术

苋菜的栽培技术比较简单。

1. 播种　播前选择排灌方便、杂草较少的地块。翻耕，施农家肥作基肥，做畦，搂平。畦宽1～1,2米。然后浇足底水，水渗下后撒一层底土再播种。凡采收嫩苗和嫩茎的均可撒播，播后稍撒一些土覆盖即可。春季气温较低，出苗时间稍长，出苗率较低，播种量应多些，每667米^{2}播种量4～5千克；晚春或晚秋播种的，播种时气温较高，出苗时间短，出苗率相对较高，每667米^{2}播种量2～3千克；夏季、早秋播种的，播种时气温高，出苗好而快，生长快，仅采收1～2次，每667米^{2}播种量1～2千克。播后可用重物镇压畦面，或用脚踩1遍，让种子和土壤能紧密接触，以利于更快出苗。

2. 田间管理　春播苋菜由于气温还较低，出苗需8～12天；夏、秋播种的只需4～6天。当幼苗2片真叶开展后，进行第一次追肥浇水；过12天左右进行第二次追肥浇水；第一次采收后进行第三次追肥浇水；以后每采收1次追1次少量速效氮肥，每667米^{2}可追施尿素5千克。天凉季节也可浇腐熟粪稀水，但不宜浇大水，也不可浇得过勤，只是以水送肥即可。夏秋高温季节，则可视天气和土壤干湿情况浇水，可适当多浇一些，以促生长。

苋菜的播种量大，出苗稠密，采收前杂草不易生长。在采收后(一般间拔)，苗距变稀，杂草容易生长，因此在第一次采收后7天左右，就要进行田间除草工作；以后每次采收时都要把田间杂草同时拔除，以免杂草太多而影响苋菜生长。

苋菜的病虫害少，主要病害有白锈病。此病在6月上旬至秋季发生，高温、潮湿条件下蔓延迅速。苋菜被害后叶面呈黄色病斑，叶背群生白色圆形隆起的孢子堆，菜农称其为“白点”。因病斑为硬块，影响苋菜质量，炒食时难于咀嚼。可用1∶1∶200波尔多液、0.2波美度的石硫合剂或65%代森锌可湿性粉剂500倍液防治。每10天喷药1次，连喷2～3次。主要虫害为蚜虫，注意防治即可。

(五)采　收

苋菜是一次播种分批采收的叶菜。春季栽培时因气温较低，从播种至第一次采收需40～45天。当株高达12～15厘米、5～7叶时即可采收。采收可与间苗结合进行，应掌握拔大留小，努力做到留苗均匀，以增加产量。高温季节栽培的，生长速度快，易老化，应及时采收。第一次采收约在播后30天；第二次采收则应刈收上部嫩茎叶，留茬5厘米以上；待侧枝萌发长成商品标准时(有食用价值的嫩茎叶)进行第三次采收。第一次采收量每667米^{2}可收300～500千克，第二、第三次每667米^{2}可采收500～600千克。一茬苋菜每667米^{2}的总产量1 500千克左右。秋播的每667米^{2}可产1 000千克左右，且只收获1～2次。

(六)留　种

苋菜采种比较容易，多数是在直播地采收时留一定数量的种苗，让其自然生长。如春播地4月中下旬播种，5月中下旬间拔小、劣、杂株上市后，按行株距25厘米见方保留种苗，种苗到7月上中旬即可抽薹、开花，8月下旬种子即可成熟，从播种至采收种子需100～120天；秋播的6月下旬至7月初播种，9月下旬至10月上旬种子成熟。每667米^{2}可收种子70～100千克。

十八、蕹　菜

蕹菜原产于印度和我国热带多雨地区，现已广泛分布于热带、亚热带的许多国家。我国的西南、华南地区和台湾等地普遍栽培，华东地区也有较多栽培。因其喜温、湿，更宜于北方地区夏季栽培,对北方8～9月份的蔬菜淡季有很好的补充作用。

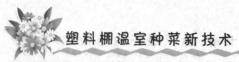

蕹菜以嫩茎、梢和叶为食用部分。其茎中空,因而有的地方称其为空心菜、通菜;叶形像竹叶,故也称竹叶菜。据测定,每100克鲜蕹菜含蛋白质1.9～3.2克,碳水化合物3～7.4克,并富含多种维生素。蕹菜与番茄相比,维生素A高出4倍,维生素C高出2倍,维生素B_1高出1倍,维生素B_2高出7倍;无机盐、蛋白质、糖类物质比番茄高出1～11倍。蕹菜还含有人体所不可缺少的多种氨基酸,被视为保健蔬菜之一。蕹菜性寒,味甘,有清热解暑、凉血利尿、解毒和促进食欲等功效。

蕹菜可荤、素炒食,也可做汤,还可凉拌和腌制泡菜,又可作涮火锅的原料,口感清爽。

(一)形态特征

蕹菜为须根系,再生能力强,每个叶节均可长根。有旱生和水生2种类型,南方水、旱栽培均有,北方多为旱栽。旱生类型的节间短,茎近圆形,中空,绿色至浅绿色;水生类型的节间长一些,叶节上更易长根,适于扦插繁殖。子叶对生,马蹄形,真叶互生,长卵形,基部叶似心脏形或似披针形,先端渐尖,全缘,叶面光滑,浓绿色或浅绿色,有叶柄。花腋生,漏斗状,白色或部分带紫色,完全花,子房2室。蒴果,卵形,内有2～4粒黑褐色种子,近圆形,种皮厚且坚硬,千粒重约35克。

(二)对环境条件的要求

蕹菜要求有较高的温度,种子发芽需15℃以上,10℃以下发芽困难,以15℃～28℃出苗快。子叶展开至4～5片真叶为幼苗期,幼苗期适宜的生长温度为20℃～25℃,10℃以下生长受阻;腋芽萌发初期需30℃以上高温,在较高温度条件下生长旺盛。采收间隔时间短,15℃以下生长缓慢,10℃以下停止生长,遇霜时茎叶即枯死,但能耐受35℃～40℃的高温。种藤窖藏时温度宜保持在

10℃～15℃，且要求较高湿度，否则易干枯冻死。

生长期间喜湿润的土壤和湿润的空气，但遇高温多雨甚至在暴风雨下也能正常生长；土壤干旱、空气干燥情况下，藤蔓纤维增多、粗糙、老化，口感发艮，很难食用，大大降低产量及产品质量。

生长期间要求阳光充足，开花结籽时要求短日照，但要求充足的阳光。

对土壤要求不严格，因其喜肥、水，以比较黏重的土壤和有较强的保水、保肥能力为好。其耐肥力强，茎叶生长期需肥量大，尤其是氮肥需要量更大。水大、肥多产量高，且产品质量好。

（三）栽培季节及方式

北京地区栽培蕹菜以露地种植的面积较大，也有少量用设施园艺栽培的。

1. 春夏季露地栽培　宜于4月中旬至7月初分期播种。播种后40～50天开始采收，连续收获期达2～3个月。

2. 日光温室、改良阳畦、大棚等设施栽培

(1)春季提早栽培　可于2月份、3月中下旬和3月下旬至4月上中旬分别在日光温室、改良阳畦和塑料大棚等设施内进行春提早栽培，以满足市场需求和增加菜农的经济收益。

(2)秋延后栽培　可分别于7月中下旬在塑料大棚内、于8月上中旬在改良阳畦内、于9月下旬至10月下旬在日光温室内播种栽培。

（四）栽培技术

蕹菜增加采收次数及每次的采收量，对增加产量有直接的关系，栽培上应尽可能做到满足其对环境条件的要求，并做到早栽种、多浇水、勤追肥、勤采收。

1. 播　种

(1)播种时间　蕹菜喜温喜湿，耐热不耐寒。各地应根据实际

情况，并参照前述栽培方式，使其有足够的生长时间，利用栽培设施和光、热等条件，在适期内早播种，尽可能拉长收获时间。如北京地区春季露地栽培应力争早播种，以充分利用夏季及初秋高温时期增加采收次数，使茎叶达到最大生长量。

(2)播种方法

①直播法：在蕹菜栽培中常采用直播法。撒播、条播、点播均可。因蕹菜种皮厚而硬，播种前先将种子浸泡5～6小时，置于30℃温度环境下催芽，待种子露白时播种。

蕹菜是一次播种可收刈多茬、收获期长达3个月以上的蔬菜，要求一次性施足基肥，每667米^{2}施用优质农家肥3000～4000千克，翻耕均匀后做成1～1.5米宽的平畦。浇足底水，水渗后撒一层底土再播种，然后覆土盖严种子。撒播的每667米^{2}播种量15～20千克，幼苗期可将过密的苗间拔掉作移栽或食用，直至保持行株距13～16厘米为止；条播的按行距13～16厘米播种，每667米^{2}播种量10千克，苗期间拔下的苗仍可作移栽和食用；点播的按行距30厘米、穴距20厘米，每穴点种子4～5粒，每667米^{2}用种量5千克。春天早播的应盖地膜防寒保温，促早出苗和快长。在设施内播种的，白天室温应保持在25℃～28℃，夜间15℃～18℃；幼苗长至3厘米、外界气温高于15℃时，应逐渐通风炼苗，待苗适应自然气候以后揭去棚膜。

②移栽法：为节省栽培时间和少占地，或加茬赶茬时，可提前育苗，播后30～50天、苗高17厘米左右时即可起苗移栽；也可从栽培田内分株移栽；水田则可刈取老秧直接扦插栽培。一般移栽时按16～20厘米见方规格穴栽，每穴栽双株。育苗移栽时每667米^{2}好苗能移栽0.67～1公顷大田。

2. 田间管理　直播或育苗期间，苗高3厘米左右时，可喷施1次0.3%～0.5%尿素液肥；待苗高17厘米左右时，定苗后随水追肥1次，每667米^{2}用尿素5千克；采收期每次采收后随即浇水，并每 667 米^2 追施尿素或硫酸铵 10～15 千克，以满足幼苗萌发新芽及幼茎生长发育所需的养分。若追肥不及时产生脱肥现象，会影响产量及产品品质。注意，夏季追肥应在每天早、晚进行，并随即浇水。因蕹菜喜湿，所以浇水要勤，以保持田间较高的湿度；尤其是夏季高温，蒸发量大，又是植株生长盛期，更不能缺水。

（五）病虫害防治

1. 病害　主要是白锈病。发病表现为叶正面产生浅黄色至黄色、边缘不明显的病斑，叶背面形成白色隆起的疱斑，疱斑破裂后散出白色粉末状物。发病严重时病斑密布，叶片畸形，叶片增厚、黄化、坏死而脱落；茎秆受害时肿胀、畸形、增粗，有时也产生白色隆起疱斑，散出白色粉末状物。

防治方法：发病初期选用 65%代森锌可湿性粉剂 500 倍液；发病中期选用 72%霜脲·锰锌可湿性粉剂 800 倍液，或 72.2%霜霉威盐酸盐水剂 800 倍液和 40%三乙膦酸铝可湿性粉剂 2 500 倍液喷雾，也可每 667 米^2 用 5%百菌清粉尘剂或 5%春雷·王铜漂浮粉剂 1 千克喷粉防治。

2. 虫害　主要有蚜虫、红蜘蛛、小菜蛾。注意观察发生情况，适时用农药防治。

（六）采　收

蕹菜密撒播和条播的，当幼苗长至 10 多厘米时即可开始间拔作食用或移栽。间拔时要按要求保持行株距，以后则采收嫩茎叶或嫩梢。穴播的每穴留苗 2 株，其余的可间拔掉。第一次采收主蔓的嫩茎叶是在播种后 40～50 天、苗高 30 厘米左右时，截留基部 2～3 节（4～5 厘米高），以使植株保持一定的营养积累，促发侧蔓。以后植株长至 30 厘米左右时采收 1 次，留 1～2 节即可。留节过多，侧芽发生也多，养分供给分散，嫩茎叶生长细弱而缓慢，产量较低，产品品质也较差。注意采收时不要踩踏株丛，采收后随即浇水、追肥促发侧蔓，争取快长，天气正常时一般生长前期每隔10天可采收1次，生长盛期每隔7天左右采收1次。每次每667米^{2}可产1 000千克左右，一茬蕹菜每667米^{2}总产量可达3 000千克左右。

（七）子蕹留种

选择瘦瘠的地块作为留种田，以避免营养过剩而推迟开花结籽、后期易遇低温使种子不能充分成熟。一般选用春播并已采收过几次的老茬植株，于6月底栽种，行距66厘米，株距33厘米，每穴栽2株，然后搭支柱或“人”字形架，让蔓爬上架，并摘除下部老叶。种株生长到秋天会陆续开花、结籽、成熟。要分期采收成熟的种子，每667米^{2}可产种子30～50千克，将收取的成熟种子充分晒干后用麻袋装好，放阴凉干燥处贮存备用。

十九、荠 菜

荠菜属十字花科。原为野生种。由上海郊区菜农经多年驯化培育而成。随着人们生活水平的提高，对各种营养保健蔬菜需求量不断加大。为此，各地都不断引进及逐渐扩大种植面积，以满足市场需求。

荠菜的营养价值很高，含有蛋白质、脂肪、淀粉、维生素A、B族维生素、维生素C和钙、铁、磷等。每100克可食部分含胡萝卜素3.2毫克，超过胡萝卜和菜苜蓿；含核黄素0.19毫克，在蔬菜中仅次于菜苜蓿；含铁6.3毫克，比苋菜多；含钙420毫克，在蔬菜中是含量最高的；维生素A和B族维生素超过菜苜蓿；维生素A、维生素C比萝卜、白菜、苋菜都多。

荠菜还有药疗功效，具有明目、清凉解热、利尿、治痢疾等作用。其茎叶清香，风味鲜美，可做汤、炒肉丝和作馅用，也可晒荠菜干。

(一)形态特征

荠菜种子细小,主根入土浅,须根不发达,需用种子直播,而不适宜育苗移栽。茎为短缩茎,通过发育阶段后抽出花薹,长达30～60 厘米;薹叶无叶柄,互生,羽状深裂或羽状全裂,裂片狭长,叶面平滑,浅绿色或绿色;塌地簇生。花小,呈白色,总状花序。角果扁平状,呈倒心脏形。种子细小,金黄色,发芽年限 2～3 年。

(二)对环境条件的要求

荠菜属耐寒性蔬菜,喜冷凉气候,在严冬季节能耐受短期−8℃的低温。其种子发芽最适温度为 20℃～25℃;营养生长期适温为 12℃～20℃,并要求较短的日照条件。温度过高则光合作用弱,植株营养生长不良,长势瘦弱,叶小,质量差。在 2℃～5℃时经 10～20 天可在萌动中的种子或在幼苗生长中通过春化阶段。

荠菜生长期短,播种密度大,几乎铺满地面,且叶片柔嫩,因而水分消耗量大。因此,栽培荠菜需要经常供给充足的水分才能很好地生长;但是,如果水分过多、土壤氧气不足时,又会致使荠菜根系发黑,失去吸收能力。所以,荠菜虽然对土壤要求不严,但还是以土质疏松、排水良好的沙壤土种植较好,最适宜的为肥沃、疏松的黏质壤土,pH 值以 6～6.7 为宜。

荠菜生长要有充足的氮肥。因其植株密集又是浅根性作物,只要表土层内保持足够的水肥,就能健壮生长。

荠菜生长需要较多的日照,以利于促进光合作用,使植株茎叶生长良好。忌多雨和阴湿天气,否则光合作用速率降低,植株生长细弱,产量和产品质量均受影响,并容易遭受病害。

(三)栽培季节与方式

北京地区的荠菜栽培面积也在逐渐扩大之中。主要是春、秋季以露地栽培为主,夏季以凉爽的山区种植为主,近几年也逐渐发展到矮型小拱棚等设施园艺栽培。

1. 春季露地栽培　于3月中旬至5月上旬分批播种,4月下旬至7月上旬陆续采收。

2. 秋季露地栽培　8～9月份分批播种,9～11月份分期采收。

(四)栽培技术

1. 播种　选土地肥沃、排灌方便的地块,少施基肥后进行翻耕,做1～1.2米平畦,搂平畦面,浇足底水。

春播时选耐热性强、抽薹晚的散叶品种,于3月中旬至5月上旬分期播种。若过早播种,因气温较低,容易通过春化阶段而出现茎叶未充分生长就早早抽薹,失去食用价值。因种子细小,每667米^{2}播量0.75～1千克,掺入细沙进行划区均匀撒播,避免播种过密。要防止后期因高温、湿度大而烂秧、缺肥和早抽薹。播后稍加镇压,使种子与土壤紧密结合,保墒保温,促使种子尽快萌动出苗。最好在播后加盖地膜,在出苗后撤除地膜。也可先盖地膜按规格采取穴播,既省种子,生长又较整齐。

秋播宜选用耐热性比较强、生长快速、产量较高的板叶型品种,于8月间分批播种。注意选用隔年陈种,直接播种。如果采用当年收获的种子或夏季高温季节播种,必须进行种子处理,在打破休眠期后播种,才能正常出苗。打破休眠期的方法:将干燥的种子放在2℃～7℃的温度条件下(或冰箱内)冷藏48小时以上,即可取出使用。播前将种子用纱布(内层)和麻袋片包好,用清水浸泡1～2小时后放在20℃～25℃温度条件下催芽,每天早、晚清洗种子各1次,其间要保持种子湿润和受热均匀。待50%的种子露白时,即可掺入部分潮湿细沙进行撒播,以利于出苗整齐而均匀。秋播播种量每667米^{2}1千克以上,气温越高播量越大,最高适温时播量可达2.5千克。同时,秋播处于高温时期,为保证出苗,除增加播量外,最好用苇帘或麦秸等物在畦面上薄薄地覆盖一层,以防高温、曝晒,又保持表土湿润,有利于早出苗和避免过高地温灼伤嫩芽，也能防止因雨后土壤表土板结而阻碍幼苗破土出苗。如天气高温、干旱，播后可每天早、晚各喷水1次，直至出苗，3天便可齐苗。

2. 田间管理　荠菜为叶用蔬菜，生长以氮肥为主，生长期又较短，追肥宜少施、勤施，追2～3次肥即可。第一次肥在出苗10天后追施，第二次在第一次后的7天，第三次在第二次后的7天，每667米^{2}追施硫酸铵10～15千克。如植株长势差、叶片黄细，可酌情追施第四次肥；如土地肥沃、长势旺，也可追2次肥，分别在2叶期及8～9叶时追施。在早春、晚秋温度低时，为加速荠菜生长，可在收获前15～20天喷施20～30毫克/千克赤霉素，或分次喷施优质复合微肥，以增强抗逆力和促进增产。

浇水要依据天气情况而定，以使土壤保持湿润为度。高温、干旱宜小水勤浇，雨季注意排水防积水。此外，要随时注意拔除田间杂草。

（五）病虫害防治

病害主要是霜霉病，害虫主要是蚜虫。药剂防治请查看绿菜花的防治方法。

（六）收　获

荠菜收获要及时，以防茎叶老化，导致产品品质下降。在苗长至10～13片叶时即可收获。但不同季节所需天数有所不同，从播种到收获需40～50天，始收后可陆续收获2～5次。一般是用刀刈收，每667米^{2}产量750～1 000千克。

二十、豆瓣菜

豆瓣菜又名西洋菜、水生菜、水田芥、水蔊菜。是十字花科豆瓣属草本植物。原产于欧洲地中海东部和南亚热带地区，以后陆续传入美国、南非、澳大利亚、新西兰、日本等许多国家。我国澳门地区种植较早，后推广至广西、广东及其他南方各地，近20多年才扩展至我国北方各地。开始时北方各地是以“名特优稀新”品种引种，可以说是我国改革开放在北方地区开发的成果之一，极受各大宾馆、饭店、酒楼的欢迎，目前市民也已习惯食用。因其容易栽种、生长迅速、采收期长，产量又高，经济效益也好，北方地区也很有发展前途。当前普通菜市场也能见到此菜的出售。

豆瓣菜以其嫩茎和叶为食用部分，质脆嫩，微带清苦，风味独特，富含营养。每100克鲜菜含蛋白质0.9克，纤维素0.3克，维生素C 50毫克，钙40毫克，磷17毫克，铁0.6毫克，还含有多种氨基酸和其他维生素。可作素炒、荤炒、做汤、盘菜配料，也是中餐火锅、西餐沙拉极好的配菜之一。此外，豆瓣菜还具有药用价值，对人体有清热解燥、润肺止咳、通经利尿、消除疲劳等特殊功效。

(一)形态特征

豆瓣菜的匍匐茎向上丛生，无主根，须根多，根系浅，根细小；幼根白色，老根黄色。茎高30～40厘米，横径0.6～0.8厘米，圆形，色青绿，节间短，一般为3～4节，茎节萌芽力强，每节均能萌发不定根和腋芽，能从茎节自下而上的叶腋中抽生侧枝，采用扦插繁殖很容易成活。叶为奇数羽状复叶，小叶片1～4对，卵圆形或圆形，宽约2厘米，顶端小叶较大，叶色深绿，但遇低温时易变为紫绿色。总状花序，花为完全花，花细小，花冠白色。果实为荚果，含种子多粒。籽粒细小，扁圆形，黄褐色，千粒重约1克。

(二)对环境条件的要求

1. 温度　豆瓣菜性喜冷凉，怕热，耐寒力较强，能耐受短时间的霜冻。生长发育适温为15℃～25℃，以20℃为最好，低于15℃生长缓慢，超过25℃虽然生长快，但植株细弱，叶片易黄化，节上长不定根多，品质变差。

2. 光照　豆瓣菜要求有较强的光照，每天最好有7～8小时的光照；若连阴天多，光照不足，植株又互相遮阴，茎叶则徒长，叶片变得细薄、黄化，品质差。

3. 水分　豆瓣菜喜潮湿条件，可以在水沟内种植，也可进行水培(营养液无土栽培)。但夏季高温、通风不良时也容易出现烂秧现象。

4. 土壤　豆瓣菜对土壤的适应性广，壤土、沙壤土、黏土都能栽培并生长良好，但以土质肥沃、中性或微碱性黏壤土或壤土种植最为理想。适于水田种植，也可在旱地栽培，但旱地栽培要经常保持土壤湿润才能生长良好。

(三)栽培季节与方式

南方地区以水田栽培为主，一年四季均能生产与供应。北方的北京等地区为能做到周年生产与供应，可采用以下几种方式。

1. 春秋季露地栽培　分别于4月中下旬和8月上中旬栽种2茬，分别于5～6月份和9～10月份采收。

2. 夏季冷凉山区栽培　5月上旬至6月上旬栽种，6～9月份连续采收供应市场。

3. 设施园艺栽培　每年10月份至翌年3月份，采用秋延后及春提早栽培，于中、小棚内生产2茬，也可用日光温室、改良阳畦生产1茬。分别于11月份至翌年6月份连续采收供应市场。

4. 利用水沟、坑塘栽培　5月中下旬利用闲散的水沟、坑塘种植，可收多茬。但要注意：不要在有污染的、含有有毒物质的水沟、坑塘种植，以免污染产品，造成危害；坑塘不能太深，要保证人员安全。

5. 水培　水培又叫营养液栽培。如北京市小汤山特种蔬菜基地，已引进日本生产的成套玻璃温室水培设备，可进行周年生产；中日合作设施园艺农场，在大、中塑料棚内自建水培床，也种植豆瓣菜，能周年连续生产，多茬次收获。其营养液由日方提供专用水耕1号、水耕2号肥液；上海市嘉定县长征乡中日合作设施园艺农场，自己配制栽培叶类菜、果类菜等蔬菜使用的不同营养液生产各类蔬菜（包括豆瓣菜），取得了同样好的效果。

（四）栽培技术

1. 培育壮苗　用种子繁殖的需培育壮苗，用嫩茎扦插繁殖时只需刈茎插植。

（1）种子繁殖　栽培前1个月播种育苗。早春、冬季在设施园艺内育苗，其余季节在露地育苗。选择肥沃地块，施入一定基肥，做成1.5米宽的育苗畦。畦面平整后浇透底水，水渗下后播种，每平方米播种量3～4克，15米^{2}苗床可供667米^{2}地栽种。因种子细小，为使播种均匀，50克种子先与半脸盆细沙土拌匀后一起撒播，播种后覆细沙土约半指厚，并注意保持畦土湿润，以利发芽和出苗。出苗后若发现肥力不足，可追施少量速效化肥，以促发壮苗。幼苗长至12～15厘米时即可移栽。

（2）扦插繁殖　利用豆瓣菜茎节再生不定根能力强的特点，截取其茎扦插很容易成活，这对不开花不结籽的品种的繁殖极为方便。留种母茎在冬季能在温室内越冬，栽植前只需刈取有5～6个节的、长12～15厘米的粗壮嫩茎扦插即可。种苗不足时甚至只有2～3个节的也可使用。每667米^{2}留种田能栽0.27～0.33公顷生产田。如在温暖季节，可直接从生产田取茎移植，以便扩大生产面积。

2. 整地、施肥、做畦　旱地栽培豆瓣菜，应选排灌方便的地块。栽种前结合翻耕土地施足基肥，每667米^{2}施优质农家肥3 000～4 000千克。做成1～1.5米宽的平畦，整平畦面。

3. 定植　根据不同栽培方式和确定的栽植时间，选取苗高12～15厘米的壮苗或截取的嫩茎、壮茎，栽入土中3～5厘米，每穴3株，最好是半卧式栽苗。行株距15厘米×10厘米或12厘米×12厘米即可。

4. 田间管理　旱地栽培时，定植后要使土壤经常保持湿润；

高温炎热天气时，避免在午间阳光下浇水，应早、晚浇水；遇大雨时要及时排出积水，防止淹泡植株后出现烂茎。设施园艺栽培，主要控制好温度，尽力保证适温和增加光照，防止受冻害。不论旱地、水田栽培，移栽成活后都要立即追施速效氮肥，以后每刈收 1 次追肥 1 次。每 667 米^2 每次追施尿素 5～7.5 千克。旱地栽植的追肥后立即浇水。冷凉季节也可追施腐熟人粪尿等粪稀肥，每 667 米^2 每次 1 000～1 500 千克。生长期如杂草较多，应及时拔除。

（五）病虫害防治

豆瓣菜很少发生病害，几乎不用防治病害。虫害主要有蚜虫、菜青虫、小菜蛾。防治可参照绿菜花等蔬菜的相关防治方法。也可用灭幼脲、氟啶脲乳油等生物农药喷雾防治，效果好且无药害。

（六）采　收

豆瓣菜新茎叶的生长过程就是产品形成的过程，从定植到始收 20～30 天，嫩茎长 25 厘米左右便可收刈 1 次。收刈时用手直接揪断或用刀刈下嫩茎，捆成小把，将下端截齐即可上市。每 667 米^2 每次约收刈 1 000 千克。第一次收刈后每隔 10～20 天收刈 1 次。在 6～7 月份遇植株开花时，对不留种的地块可把植株上部刈除，留中下部匍匐茎，以促进萌发新茎，继续生产和连续收获。

（七）留　种

豆瓣菜因品种不同和栽培方式不同，可分为 2 种留种方式。

1. *种子留种*　留种田的植株嫩茎不能收获，让其充分生长。6 月份植株开始开花，7～8 月份种荚开始变黄时便可收获，若收获不及时，种荚会开裂而种子散落。将陆续采收的果荚晒干，收取种子贮藏备用。每 667 米^2 留种田可收取种子约 2 千克。

2. *种苗留种*　豆瓣菜的老茎抗逆性强，能耐盛夏的不良环境。可采用老茎作种苗就地留种；或移栽留种，即无性繁殖。如在露地栽培，到夏季需将老茎移栽到有遮阳、防雨设施的场所，晚秋季节则需将老茎移栽到保温、防寒的设施园艺内培育种苗，或在收获嫩茎时留茎长1/4的范围留作种苗用。

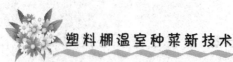

二十一、羽衣甘蓝

羽衣甘蓝是十字花科芸薹属甘蓝的另一个变种。原产地希腊。我国最初从欧美、日本等地引进试种，以后种植面积不断扩大，市场供应量不断增加，发展前景看好。

羽衣甘蓝不能结球，以采收其羽状嫩叶供食用。其叶片厚，叶柄长占全叶的1/3，叶片长椭圆形，边缘羽状分裂，裂片互相覆盖似皱褶。叶色因品种不同而异，有紫红、红中间绿等，状如莲花座，是一个观赏品种。作为食品栽培的多是叶为深绿色的。

据测定，每100克鲜品叶片含维生素C 112～154毫克，还原糖1.68毫克，粗蛋白质4.11毫克，钾367毫克，钠21.7毫克，钙108毫克，镁30.1毫克，铁1.6毫克。在甘蓝类蔬菜中，它除了蛋白质和维生素C的含量稍次于绿菜花外，其他营养成分，尤其是维生素A居甘蓝类之冠，而平均含热量仅208.4焦，适于欲减肥者食用。

其叶可炒食、凉拌，烹饪后能保持鲜美的绿颜色，配上其他颜色的蔬菜，能拼合成各种图案的拼盘。

羽衣甘蓝性喜凉爽气候，极耐寒，能经受短暂时间的霜冻条件，既耐肥又耐瘠薄，抗高温，极易栽培。北方多在春、秋、冬3季栽培。

(一)栽培季节及方式

羽衣甘蓝，由于耐寒耐热耐肥水性均较强，适应性广泛，因而，我国南方、北方地区一年四季均可利用设施园艺和在露地栽培，而且管理较其他蔬菜简单，极易获得成功。现以北京为例进行介绍。

1. 春播露地栽培　2月中下旬于设施内播种育苗，苗龄35～40天，3月下旬至4月上旬定植，定植后25～30天即4月中下旬至5月上旬始收。

2. 秋季露地栽培 6月下旬遮阳、防雨播种育苗，苗龄30天，于7月下旬至8月上旬定植，8月中下旬至9月上旬始收。

还可根据市场需要，夏季可以适当遮阳或在凉爽山区栽培；而北方地区的冬季仍可在不加温温室或能适当保温的改良阳畦内种植。

（二）栽培技术

1. 育苗移栽 种植面积较大时，可采取机械直播，但我国还较少大面积生产。一般667～3 300米^{2}生产规模的多为育苗移栽，可根据种植季节，在定植前30～35天播种育苗。播种不可太密而宜稀播，出苗可分次覆盖过筛细土以弥缝、保水，覆土厚1厘米左右。当苗长至2～3片真叶时进行分苗，苗距可6厘米见方，也可制成6厘米见方的营养土方，扎穴点播不分苗，直接带土坨栽种。羽衣甘蓝种子发芽适温为25℃左右，播种至1片真叶显露需7～10天，长至5～6片真叶即可移栽定植。其具体育苗、移栽方法与绿菜花、芥蓝等同类作物基本相同。

2. 定植 羽衣甘蓝耐瘠又耐肥，在瘠薄之地虽然能正常生长，但产品质量差，容易老化，所以要获得优质高产的产品，还是选择腐殖质丰富并较疏松、肥沃的沙壤土或壤土地块栽培为好。若土质瘦薄，定植前应多施优质腐熟的农家肥，如猪、鸡、牛、羊、人粪尿等混合堆沤的农家土杂肥等。采用100～120厘米宽的小高畦，覆盖银灰色地膜更好。每畦栽2行，打孔定植。根据栽培季节，适合生长的季节栽稀一些，气候冷凉时可适当栽密一些，行距50～60厘米，株距可30～40厘米，每667米^{2}栽3 000～4 000株均可。

3. 田间管理 其田间管理在实际操作上比较简单和粗放，只要定植时浇足定植水，以后经常保持土壤湿润，夏季防积水沥涝，生长期间适当追肥，并在采收期采1次追1次少量速效化肥即可。同时注意防治菜青虫、蚜虫、黑斑病等。

(三)采　收

播种后55～65天采收(从定植到采收需25～30天)。外叶开展10～20片时,采摘还未充分长大的嫩叶供食用;长大后的叶片老化,质地粗糙、质硬,只能作畜禽饲料之用。每次每株可收取5～6片嫩叶,留上部心叶继续生长,陆续采收,一般10～15天可采收1次。春夏季种植的如果管理得好,又无菜青虫等危害,可以陆续采收到初冬时节。夏季高温季节,叶质容易硬化,纤维稍多,质地和风味较差些,此时要早采收。春秋冬等冷凉季节栽培的,叶质、风味均佳。

二十二、西　芹

西芹是西洋芹菜的简称,原产于地中海沿岸,是西方国家普遍栽培的品种之一,故称西洋芹菜,并用以区别我国原产的本地芹菜。西芹是芹菜中的一个品种类型,植株高大,纤维少,质脆味甜,香味淡,营养价值较高。每100克鲜芹菜含碳水化合物2克,蛋白质2.2克,脂肪0.22克,多种维生素和矿物质钙、磷、铁等含量丰富,并含有挥发性芳香油,具健脑、清肠利便、养胃等功效,对高血压、糖尿病、尿血、小儿吐泻等病有疗效。食用部分为叶柄(肥厚粗长),可生食、炒食、榨汁和制作罐头。由于其产量高、品质优、较易栽培、经济效益较好,我国已普遍栽培,早已成为广大百姓餐桌上的大路菜之一。

(一)形态特征

西芹与我国本地芹菜基本相同,根系发达,主要分布在20～30厘米的耕作层内。茎短缩。叶簇生于短缩茎上,叶片羽状复叶,叶柄宽可达3厘米以上,长可达100厘米。伞形花序,白色小花,为虫媒花。果实为双悬果,棕褐色,由2个分果组成,每个分果内有1粒种子。生产上使用的种子实际是果实,含挥发油,具香味，透水性差，发芽慢，千粒重 0.4～0.5 克，种子使用年限 2～3 年。

(二)西芹的生长发育阶段

西芹的生长发育进程可划分为 6 个时期。

1. 种子发芽期　从种子吸水萌动至子叶展开为种子发芽期，需10～15 天。

2. 幼苗期　1 片真叶露心到 4～5 片真叶为幼苗期，需经50～60 天。

3. 外叶生长期　从幼苗定植后 30～40 天，又生出 2～3 片新叶为外叶生长期。此期新生叶由于营养面积大，呈倾斜状态生长。

4. 立心期　外叶迅速生长后，由于叶面积增加，群体密度加大，叶片(柄)由倾斜生长逐渐转向直立生长，故称立心期。

5. 心叶生长期　从立心期开始，心叶迅速生长，直到心叶形成肥大的叶柄可收获食用为心叶生长期，需经 50～60 天。

6. 生殖生长期　西芹进入幼苗期后，体内已有一定营养基础，在低温、长日照下，便可开始花芽分化，自此时起进入生殖生长期，便能抽薹、开花、结实。

(三)西芹对环境条件的要求

1. 温度　西芹喜凉爽湿润的气候，属半耐寒性蔬菜，其耐热抗寒性不如原产于我国的本地芹。种子发芽最低温为 4℃，最适温度 15℃～20℃，25℃以上发芽率下降，30℃以上几乎不发芽。而夏季经赤霉素处理后或用低温变温处理后，可促进发芽。幼苗能耐受－4℃～－6℃的低温。营养生长期生长适温为 15℃～20℃。高于 25℃则生长不良，品质也差；低于 10℃生长缓慢；0℃以下易受冻害，叶柄出现空心；－0.4℃时叶片会被冻僵，－1.5℃时叶柄即被冻倒(塌)，但温度回升后能慢慢复原。西芹 3～4 片叶时，在 2℃～5℃的低温条件下经历 10～20 天可通过春化阶段，在长日照下更有利于花芽分化。

2. 光照　种子在相同的温度、湿度条件下，有光比黑暗时容易发芽，特别是有光、低温的条件更有利于发芽。光照时数长短对其营养生长的影响差异很小，但光照强度对其生长影响较明显。如生长前期光照充足，植株开展度增加，有利于横向生长，纵向生长受抑制；生长后期若短日照和弱光照则对纵向生长有利，开展度小。纵向生长有利于叶柄伸长，产品外观、品质均好，产量又高。秋冬季是栽培西芹的好季节，可大量发展设施园艺种植西芹。

西芹的幼苗在低温、长日照下，花芽分化快；而在高温、短日照下则有利于迅速抽薹、开花和结籽。

3. 水分　西芹是绿叶蔬菜，根系分布浅，吸收能力弱，栽植密度又大，因此要求多施肥和有潮湿的土壤及湿润的空气条件，才能获得高产优质。但西芹幼苗怕涝，水分不能过多。夏季育苗需勤浇水，主要为了降温，为幼苗创造阴湿的环境。移栽缓苗阶段需勤浇水以促缓苗，缓苗后适当控水进行蹲苗。进入心叶生长期需水增多，要有湿润条件，缺水会降低产量，产品质量差。

4. 养分　西芹生长需要充足的肥料，缺氮时叶数减少且细小，生长受抑制，棵小、重量轻；但氮肥过多时，叶易徒长，植株易倒伏，延迟心叶生长，收获推迟，影响商品价值。适当施磷肥，有利于叶片分化和发育，特别是前期不能缺磷。但磷肥过多时，植株生长细长，维管束增粗，叶柄纤维多，品质差。钾肥对叶柄增粗和增重的影响很大，钾肥充足，叶柄有光泽，纤维少，质地脆嫩。微量元素肥料也不可缺少，充足的微量元素供应可进一步提高产量和质量，减少各种病害的发生。除磷肥要在前期多施外，氮、钾肥和微量元素肥要经常施用。如缺硼，会引起植株腐烂，叶柄横裂，发生心腐病等，使生长发育受阻。栽培中应注意多施用农家肥和叶面喷施复合微肥。

（四）栽培季节和方式

西芹属半耐寒性蔬菜，抗热能力弱，不能作夏季露地栽培，春秋可以露地栽培，但最好是利用设施园艺栽培为主要形式。因西芹生育期较长，设施园艺栽培能更好地满足西芹充分生长要求的各种条件。现将几种栽培方式介绍如下。

1. 秋冬茬西芹

（1）露地栽培　6月上旬播种，苗龄60天，8月上旬定植，10月中旬至11月上旬收获。

（2）秋冬改良阳畦或不加温温室栽培　7月上旬至8月上旬播种，9月上中旬至10月上中旬定植，12月下旬至翌年2月份收获。

2. 冬茬西芹　冬季气温低，若仍用改良阳畦或不加温温室栽培，有时已不能满足幼苗对温度的要求。因此，通常是利用日光温室或有加温条件的保暖温室栽培，于8月中下旬至9月初播种，10月下旬至11月上旬定植，翌年2～3月份收获，以接替秋冬茬西芹供应市场。

3. 冬春茬西芹

（1）冬春季用不加温温室、改良阳畦栽培　9月上中旬播种，11月上旬定植，翌年3～4月份上市；或12月上中旬播种，翌年2月中下旬定植，5～6月份上市。

（2）春露地栽培　1月上旬至2月上旬播种，3月中下旬至4月中下旬定植，5月中下旬至7月上旬收获。

按以上茬口安排生产，可基本实现周年生产与供应。

（五）栽培技术

前述3茬西芹栽培方式的栽培技术如下。

1. 秋冬茬西芹栽培技术

（1）培育壮苗　这茬西芹的育苗期正处在夏季强光照、高温或多雨天气，而西芹则喜凉爽气候，因此均需采用遮阳育苗，并用小水勤浇等措施来降低地温和注意防雨防涝等，以保证幼苗茁壮生长。壮苗的标准是：苗高 14～16 厘米，5～6 片叶，茎粗 0.3～0.5 厘米，叶色鲜绿无黄叶，根系发达和粗大色白，苗龄 60～65 天。

①浸种催芽：这茬西芹以 3 天出齐苗为佳。播种前浸种催芽的目的是为了促进种子提早出苗。一般在播前 7～8 天用凉水浸种 24～48 小时，让种子吸足水分。其间早晚换水，用掌心轻揉种子几次，洗净，用纱布包好，放在 15℃～20℃的冷凉处（如电井房、地下室、黄瓜架下、吊在水井水面上等）催芽，每天早、晚各淘洗 1 次，待 50％种子露白时播种。

②做好育苗畦（床）：因西芹种子细小，拱土能力差，出苗及苗期有喜湿怕涝、喜凉怕热、喜肥怕烧根的特点，夏季又处于高温、强光、多雨天气，育苗时如采用露地播种，宜选择地势较高、排灌条件好的沙壤土做苗床。做成东西向苗床，畦长 10 米，宽 1.5 米。每 1 苗床设 1 畦沟，宽 0.7～0.8 米，沟底与排水沟底相平或略高，作为排水用，苗床面略向排水沟倾斜。浇水时将水放入畦沟内让水慢慢溢渗到畦面。每栽 667 米^2 西芹需准备苗畦 15 米^2。畦做好后，每畦施优质农家肥 100～150 千克作基肥，翻 2 遍，使肥土掺拌均匀，搂平畦面，踩实后再搂平，以保证浇水均匀和小苗生长整齐。

③精细播种：播种期如前所述，各地可根据实际气候情况进行前后推移。畦面先浇足底水，出苗前不再浇水。水渗下后畦面撒一层过筛细土，约 0.3 厘米厚。因西芹种子细小，每 50 克种子可掺入潮湿细沙土半盆（4～5 千克），种和细沙掺匀。选晴天下午 4 时以后播种，尽量播均匀。15 米^2 播种量 50 克。播后覆细潮沙土 0.3 厘米厚。畦面喷洒 48％氟乐灵除草剂，每 667 米^2 用原液 0.15 千克，对水 60 升喷畦面。搭 1.2 米高的凉棚，上盖旧农膜用于遮阳、防雨，四周大通风，造成凉爽小气候。也可用中棚育苗。

④加强苗期管理：种子拱土时如土壤不干可不浇水，可撒一层

0.1～0.2 厘米厚的细潮土；如畦土较干，可在早晨浇 1 次水。以后每隔 2～3 天早晨浇 1 次水；保水能力差的土壤也可隔 1 天浇 1 次水，以利降温防烤苗。苗高 6～7 厘米时适当控水，防止幼苗徒长。小苗长出 1～2 片真叶时，浇水后要撒一层细潮土，把露出地表的根埋严。西芹苗龄 60 天左右，其间可追施 1～2 次肥。在苗高 3 厘米时，如苗长得细弱，可追施磷酸二铵，每畦 150～200 克，随水施入或溶化后喷洒；再过 10 天左右每畦再追施 250 克。

幼苗 2 叶 1 心时间 1 次苗，保苗距 2 厘米见方；3～4 片叶时 2 次间苗，保苗距 6 厘米见方。同时，注意防治蚜虫、红蜘蛛。

8 月上旬立秋后要加强苗床通风，8 月中下旬应撤去覆盖薄膜炼苗，使其栽后能适应外界环境。

(2)适时定植

①整好地，施足基肥：西芹根系浅，应每 667 米^2 施入腐熟优质农家肥 5 000 千克以上，再加施 25～40 千克复合肥，耕入土层，做 1～1.2 米宽的平畦。

②合理密植：秋露地栽培时天气仍处于高温阶段，要在下午 3～4 时后栽植，随取苗随定植。栽单株，不宜深栽，以心叶露出地表为宜。根系要顺埋，大小苗分开栽，栽后及时浇水。

西芹生长期较长，秧棵高大，每棵重达 1 千克以上，设施园艺栽培以每 667 米^2 栽 6 000～7 500 株为宜，行距 40 厘米、株距 20～25 厘米。或按 33 厘米×25～30 厘米规格栽培。露地栽培生育期较短，行株距 30 厘米×25 厘米或 25 厘米见方。

(3)加强定植后管理

①肥水管理：定植后即时浇足定植水，过 1～2 天浇第二次水，再隔 3～4 天浇第三次水。水渗后要浅中耕 2 厘米深，然后蹲苗 7～10 天，促根系发展，至茎叶膨大时再浇 1 次水。随水追施硫酸铵 15 千克或冲施碳酸氢铵 20 千克。以后保持土壤见湿见干，4～7 天浇 1 次水。秋季露地栽培西芹在定植后 1 个月，至 9 月上旬

苗高 27 厘米左右时，进入生长高峰，要肥水齐攻，一般 4～5 天浇 1 次水，隔 1 次水追 1 次肥，每次每 667 米^2 用 15～20 千克氮素化肥。10 月份天气已凉爽，可灌粪稀水加少量化肥，直至采收前 10 天。其余茬口(春茬、冬春茬等)参照此法适当管理。

②防寒保温：西芹生长适温为 15℃～20℃。秋冬设施园艺栽培的西芹，入冬前生长不充分，以入冬后生长为主，需保证温度才能充分生长。10 月中旬应盖好薄膜，但温度不得超过 25℃，通过通风量的大小来调控温度。11 月中旬要加盖草苫。外界温度不低于－15℃时，设施园艺内的西芹一般不会受冻害，晴天可早揭晚盖草苫。12 月中下旬开始，草苫要晚揭早盖，并要注意根据天气变化情况灵活掌握，抓好覆盖保温，在保证西芹正常生长的情况下，进行通风换气，排出湿气，减少病害发生。

③防治病虫害：病害主要是斑枯病，覆膜前后要用农药防治。可用 5%百菌清粉尘剂，每 667 米^2 用药 1 千克，或用 75%百菌清可湿性粉剂 600 倍液，或 70%代森锰锌可湿性粉剂 500 倍液喷雾防治。在防病药物中加入兼治蚜虫等虫害的农药。虫害主要是蚜虫、红蜘蛛，应彻底防治。

(4)收获　秋露地栽培的西芹在 10 月中下旬至 11 月上旬收获，每 667 米^2 产量 5 000 千克左右；改良阳畦、不加温温室早西芹 12 月底至翌年 1 月下旬收获，每 667 米^2 产量 6 000 千克左右，高产的可达 8 000 千克以上；晚播的翌年 1 月底至 2 月下旬收获，每 667 米^2 产量 4 000 千克以上。

2. 其他各茬(春茬、冬春茬等)西芹栽培技术　其他茬口的西芹栽培管理技术，可参照上述秋冬茬西芹管理方法执行，但要依据各地气候的实际灵活运用，不能死搬硬套，以免栽培失败。

二十三、囤栽香椿

香椿是我国独有的木本特菜，主要食用部分为越冬休眠后春天抽生的嫩芽。香椿芽色泽鲜美，脆嫩多汁，浓郁芳香，甘美可口，营养丰富。每100克鲜嫩香椿芽含蛋白质9.8克，有"植物蛋白"之美称；并含维生素C 100毫克，以及其他各种维生素、钙、镁、磷等，还含有油脂，常食用香椿有益于健康。香椿芽有凉拌、炒食、油炸、干制、腌制等多种食用方法，能开胃，增进食欲。芽、种子、树皮、根还能入药治病。香椿芽是一种高档蔬菜，在春节前上市，每500克有时可卖到40～60元，经济效益可观。

北方寒冷地区的山东、河北、山西，辽宁、北京等地，用日光温室囤栽香椿，已成为一种高效益的栽培方式，推广应用面积不断扩大。日光温室囤栽香椿，控制在春节前上市，不仅能增加节日市场供应，调节蔬菜品种，而且经济效益极佳，一般可比露地栽培增收10倍以上，每667 $米^2$ 产值高的可达4万～5万元，纯收益超过黄瓜、番茄、茄子、辣椒、豆角等茄果类、瓜类、豆类蔬菜。

（一）生长发育和对环境条件的要求

1. 香椿是多年生、植株高大的落叶乔木　香椿在自然条件下生长，树干高达10米以上，直径0.5米以上。主根、侧根入土较深。幼苗主根生长快，侧根生长慢，再生能力差。茎木质化早，幼苗3叶时开始木质化，正常条件下4～5叶时茎木质化程度已很明显。

2. 香椿树喜温而不耐寒　香椿原产于我国长江与淮河流域之间、年平均温度12℃～14℃的地区。在－13℃的条件下，1年生的苗木有90%会抽条干枯，2年生苗木也有50%～70%会抽条干枯。以后随着树龄的增加，抗寒力增强，但在－20℃的温度下，成年树枝条的顶芽也会有冻死现象，尤其是抗寒力不强的品种冻芽更甚。香椿芽生长对温度有以下要求：只要高于5℃、积温达到200℃时就能打破休眠而发芽，芽生长最低温度5℃～7℃，适温15℃～20℃，高于20℃时芽品质下降，着色差，纤维变粗；昼夜温差宜在10℃左右。

3. 香椿喜肥、喜光、怕阴　香椿对土壤的适应性较强，在壤土、沙土、黏土、酸性、微碱性的土壤中均能生长良好。但在石灰质、富含磷和土层深厚、肥沃的沙壤土中生长尤为良好。成株的香椿树耐涝又耐旱，而幼苗不耐涝。肥水充足时树体生长速度快。茎粗，椿芽产量高，品质优良。但香椿树忌种植在背阴的地方。

4. 香椿种子的寿命　种子扁平，内含营养物质较少，而且只有树龄在 7 年以上的当年生顶芽才能开花结籽，摘除顶芽后萌发的侧枝不开花结籽。深秋季节果实变褐色时要及时采收，否则果实开裂，种子飞散。采摘后的果实和种子都不能曝晒，贮存期间种子上的膜翅不能摘除，否则将严重影响发芽率。采收的种子要放在透气性好的麻袋或布袋内，挂在或放在通风干燥的地方，严禁用不透气的塑料袋贮存。香椿种子寿命只有 1 年，超过半年发芽率下降，超过 1 年几乎丧失发芽能力。新采种子呈鲜红黄色，种皮无光泽，种仁黄白色，有香椿的特殊香味；当种子呈黑红色、有光泽、有油感、无香味时为陈旧种子，丧失发芽能力。香椿种子平均千粒重 11 克，饱满的有 16 克，秕籽只有 3～4 克。

5. 香椿芽的种类和生长特性

(1)顶芽　着生在 1 年新枝或当年生苗木顶端的芽。顶芽头年形成第二年萌发。第二年采收的顶芽肥大，品质好，是产量的主要组成部分。

(2)侧芽　侧芽是上年枝条或苗木顶芽下边萌发的芽。它是上年叶轴基部形成的芽。叶轴脱落前叫叶芽。一般只有摘除顶芽后或顶芽受伤时，侧芽才能萌发形成香椿芽，并长成侧芽。

(3)叶芽　当年生枝条或苗木叶轴基部形成的芽。在自然条件下，叶芽很少当年萌发成为二次枝，但当年生顶芽受伤或摘除时，叶芽可在当年萌发成枝条。在无化控手段时，为了培育矮化苗木，或想使当年生苗木分枝，进行多头化栽培，就是利用这一特性。

(4)隐芽　2 年生或 2 年生以上枝条或当年在苗木主干上生

的侧芽，在落叶后的第二年或2年以上没有萌发，就形成潜伏状态的隐芽。隐芽一般很少萌发，只有枝干或苗受短时刺激时才能萌发。利用这一特性，人们可以用各种手段更新苗木，使树型矮化、紧凑，适应设施园艺空间矮、需要集约化栽培的要求。

（二）栽培技术

1. 种子育苗技术　香椿虽然可以用根蘖分株、种根插条、枝条扦插等繁殖方法育成苗木，但均因繁殖系数小，整齐度差，而且要求在当地有母株条件下才能进行繁殖。因此，无法满足温室香椿对种苗的需求。温室香椿属于集约化程度极高的囤苗栽培，需大量生长比较整齐、健壮的苗木，一般采用种子繁殖才能达到要求。由于香椿种子有其独有的特性，在育苗时要抓好如下工作，才能保证顺利出苗，并育成壮苗。

(1)播种方式、播期和苗龄　香椿的播种方式有以下2种：一是露地直播法。香椿种子发芽最低温度为13℃左右，一般在当地晚霜期前10天左右、外界最低气温1℃～5℃时开始播种，晚霜期过后出苗。这种方法管理分散，树龄较短。二是育苗移植法。这种方法是在设施园艺内育子苗，晚霜期过后移植到苗圃田。此法管理比较集中，到深秋时易育成整齐、高大、粗壮的苗木。温室囤栽香椿多用此法育苗。一般在35～50天苗龄、苗高5～7厘米、4～5片真叶时移栽较好。

(2)苗床准备　根据香椿的特性，苗床要选背风向阳、光照好、地温较高、排灌方便的地块和土质肥沃疏松的沙壤土；土质太沙或太黏都不利于香椿生长。在茬口安排上，最好选上茬未种过黄瓜、番茄、棉花的地块，以防发生立枯病和猝倒病。苗床做成宽1米、长5～16米的平畦。因香椿种子拱土能力差，播种早的整地前要先浇底墒水，忌种后浇蒙头水，否则土表板结，地温低，易诱发烂种，降低出苗率；但也要防止表土失墒、种子落干而影响出苗。每平方米苗床要求施用优质农家肥7.5千克、磷酸二铵或复合肥75

克、50%辛硫磷3克、硫酸亚铁15克，使土、肥、药混合均匀深至15厘米。每667米^{2}苗床可培育6万株苗左右，可种0.67公顷大田苗；0.6～0.67公顷大田苗可囤栽667米^{2}温室。

(3)浸种、催芽　必须用当年新种子，净度要达98%以上，发芽率60%以上，并且要种子饱满、颜色新鲜、香味浓、种仁黄色。每667米^{2}用种量3千克。浸种前不要晒种，用手轻搓去掉种翅，用清水漂去种翅和秕籽，用30℃～40℃温水浸种12～24小时。捞出用清水淘洗干净，用透气性、保湿性好的干净湿布或几层麻袋片包好，包厚不超过3厘米，以防烂种。在24℃温度下避光催芽，种子包受热要均匀。每天用温水清洗1遍，中午翻包1次，4天能露白。20%种子露白时掺2～3倍湿细沙，即可播种。

(4)播种　北方地区早播的地温还低，在造墒前提下，用镐在畦内按20厘米行距开3～4厘米深、8厘米宽的小沟，每畦开5条；或用蒜搂子(小农具)按10厘米小行距开4～5厘米宽、2～3厘米深的小沟，每畦开10行。趁墒情好时顺沟撒播掺沙子的种子，下种量以3厘米见方有1粒种子为宜。播后可用笤帚顺沟扫平，不要镇压；墒情不好的搂平后稍加镇压。注意覆土厚度1厘米左右，用地膜覆盖保墒。晚播时气温已升高，苗龄也短，除用上述方法播种外，整地前不造墒，可将肥、土、药混匀并踩实，搂平床面，浇0.66厘米(2寸)深底墒水。水渗后撒一层细土，按3厘米见方1粒种子播种，盖1厘米厚细潮土，一般不盖地膜。

(5)苗期管理　一般播后3～4天出苗，15天齐苗，30天左右可长出2～3片真叶，50天可长出4～5片真叶。

①水肥管理：当20%种子拱土时揭去地膜，上覆0.2厘米厚细潮土，防种子带帽出土；齐苗后再覆1次土。开沟撒播的，幼苗长出2片真叶时进行间苗、除草，使苗距为6～8厘米，及时浇1次水后中耕。幼苗长至2～3片真叶到定植前喷0.2%尿素液肥2～3次，促幼苗生长。

②温度管理:播种后至出苗前一般不通风,力争使地温保持在20℃以上。种子20%拱土时撤膜、覆土降温,保持白天室温25℃,夜间15℃;齐苗后白天室温维持在22℃~23℃,防高温烤苗、徒长;而地温要在12℃以上。定植前7~10天炼苗,白天室温20℃,夜晚8℃,使苗硬化,积累养分,促定植后快成活。

③病虫防治:对立枯病、根腐病可用40%多菌灵悬浮剂400倍液灌根;对白粉病可用15%三唑酮可湿性粉剂1 000倍液喷雾防治。苗期随时注意防治红蜘蛛。

2. 培养符合囤栽用苗的技术　香椿温室囤栽,实际是在露地培育出符合温室生产、矮化粗壮的苗木,以高密度囤栽在温室内,靠苗木肥大的顶芽和饱满的侧芽以及茎中贮存的养分生产香椿芽。因此,在同等密度条件下,香椿芽的产量与新苗木的质量直接相关。温室生产香椿芽的苗木要求是:当年生苗木高0.5~1米,苗干直径1厘米以上;多年生苗木高1~1.5米,直径1.5厘米以上。木质化好,组织充实,顶芽肥大,侧芽饱满,根系发达,无病虫害和冻害。为生产上述标准的苗木,必须抓好以下几项工作。

(1)培肥地力　选地势较高、不旱不涝、排灌方便、土质肥沃疏松的沙壤土,地要干净,最好上茬是种叶菜类蔬菜的地块。每667米^{2}施优质农家肥5 000千克、磷酸二铵40~50千克或三元复合肥50~60千克。然后深翻30厘米,翻拌1~2次,使土、肥掺拌均匀。

(2)适时定植　定植太早,气温、地温均低,缓苗慢;定植过晚,则高温干旱,影响成活率。定植时间应在当地晚霜期过后及早定植,如北京地区定植适期为5月初。

(3)合理密植　栽植过密,苗木质量差;栽植过稀,苗木量小,用地多。一般应以当年生产苗每667米^{2}栽6 000株为宜。平均行距50厘米,株距20厘米。

(4)定植方法　起苗前2~4天,把苗床浇1次水,然后挖取苗木。将入土10厘米以下的根切断，用5毫克/千克(1 500倍液)3号ABT生根粉溶液浸根1～2小时后再定植于大田；不用ABT生根粉处理的，要在取苗前1天或当天浇水，用平头花铲取苗，尽量多带土、少伤根系。定植时，要避开中午高温时间，深度以埋到子叶下为宜，深浅要一致。随取苗、随定植、随浇水，防止幼苗脱水、晒干、死苗。

(5)肥水管理　香椿根系再生能力差，挖苗时又会伤一些根，因此定植后要浇2～3次小水促缓苗。缓苗后，及时中耕促根系生长；中耕除草要勤，直到雨季来临，以保证田间不旱不涝。一般不追肥，可叶面喷施0.2%～0.3%尿素溶液；但是，如施基肥不足、苗情差的，可适当追肥，每667米^{2}施氮肥15～20千克。6～8月份是香椿生长高峰期，要保证水肥充足，6月下旬应追1次肥；进入8月下旬后应严格控制追氮肥，不旱不浇水，使苗木顶端生长放慢，长成短粗茎，不再生长新叶，有肥大的顶芽、饱满的侧芽和充实的枝条，养分积累更好，不是贪青的苗木。

(6)苗木矮化处理　为防止雨季苗木徒长，影响养分积累，需人为控制苗木徒长和株高。对生长正常的当年苗木在其长到50厘米时开始处理，对多年生苗木从6月底开始处理。即用15%多效唑可湿性粉剂200～300倍液喷苗木顶端叶、心，喷药要少，只能一扫而过，每隔10～15天喷1次，连喷3～4次。8月中旬以后最后一次处理，用15%多效唑可湿性粉剂150～200倍液喷心叶，药量可多些，使生长点封顶。到挖苗前可用0.3%磷酸二氢钾喷叶片，使叶片变黑绿色，以提高光合率，积累大量养分。

(7)病虫害防治

①病害：病害主要是根腐病。防治的关键是及时排涝，用40%多菌灵悬浮剂500倍液灌根。

②虫害：红蜘蛛、茶黄螨用杀螨剂除治；刺蛾、毛虫、天牛、金龟子等虫害，可用75%辛硫磷乳油1 000倍液，或80%敌敌畏乳油

1000倍液喷雾防治。

(三)温室囤栽香椿的技术

1. 人工促进休眠　香椿幼龄树苗不耐霜冻,受冻后顶芽易干枯,皮层冻坏。冻害轻的会严重影响产量,冻害重的甚至造成绝收。因此,在秋末严霜来临前对苗木要进行短期假植,人工促进休眠,使叶片营养回流到茎内,以便按时入室,防止冻害。假植时间一般在严霜期前15天左右(北京约10月下旬),当香椿树苗开始落叶时挖取苗木。墒情差的挖苗前浇透水,需深挖,以尽量保留较长、较多的粗壮根系,根要保留20厘米以上,然后栽在背阴处(如温室后墙处)。假植坑东西走向,宽1～1.5米,深40～50厘米。将苗木斜放到坑内,根部培严土,浇大水。苗木假植后要用玉米秸等防寒物盖严,防止受冻和风抽干枝条。经15～20天,苗木全部叶片脱光后,养分已回流到茎内,进入休眠。不经过假植人工促进休眠的苗木,其香椿芽产量不如处理过的高。日光温室囤栽香椿的时间应在当地外界日平均温度3℃～5℃时进行,北京地区约在11月中旬。

2. 整地施肥　苗木入室前将温室清扫干净,做1.5米宽的南北向平畦,畦埂要上2遍土并踩实。每畦施入农家肥30～40千克、磷酸二铵和钾肥各10千克,或三元复合肥50千克,深翻30厘米,翻1～2遍,搂平畦面。

3. 高密度囤栽　温室囤栽香椿芽的产量,除了与苗木芽的质量、茎内贮存养分有关外,还与囤栽密度密切相关,在每667米^{2}栽3万～10万株范围内,香椿芽产量与密度成正相关。当年生苗木,每平方米可栽100～150株;多年生苗木,每平方米可栽80～100株。栽前将苗木按高矮分级,矮的栽温室南边,高的栽温室北边。囤栽时在畦内先挖1行东西向沟,沟深5～10厘米。将苗木一棵挨一棵紧栽沟内;根系可互相交叉重叠,但要自然伸展,别窝根。栽完第一行按20厘米行距再栽第二行,一直栽至完毕。栽苗时要将后一行的开沟土培到前一行苗木根部，栽的深度可比苗圃内深一些，并适当踩实。栽完后立即浇大水，囤栽3～5天后，温室盖薄膜保温。

4. 囤栽后的管理　囤栽后香椿苗木要经历解除休眠期、芽萌动期和芽生长期才能成为商品香椿芽。这3个时期所要求的环境条件各不相同，按各时期对环境条件的要求调节好温室内温度、湿度、光照，加上合理的肥水管理，适时采收，是争取早上市、优质高产的重要措施。

(1)解除休眠期的管理　扣膜后的30天是苗木解除休眠期的时期，此期应尽力提高室温，促地温升高，白天尽可能使室温达到30℃，晚上力争15℃以上。如白天和夜晚室外气温分别低于20℃和5℃时，温室内要进行补温，使地温升至15℃以上，如此经过30多天、积温超过200℃时才能解除休眠期。此期间要尽量保持室内潮湿，土干可补浇水，晴天可3天左右用喷壶向苗木树干、芽喷水，使室内空气相对湿度达85%以上，以防止苗木因缺水而干枯，若冬暖日、阳光好、温室内温度太高时，可适当回苫，遮光降温。

(2)芽萌动期的管理　顶芽萌动后要及时降温降湿，白天室温15℃～20℃，夜间10℃左右，最低不得低于5℃；空气相对湿度降至70%左右，湿度过高，发芽迟缓。

(3)芽生长(采收)期的管理　室温以白天18℃～25℃为宜，温度过低，芽生长慢，收芽晚。据观察，室温15℃时嫩芽1昼夜长1厘米，25℃时可长3～4厘米。温度过高，芽生长虽快，但色泽差，香味淡，渣多，品质下降。所以，白天室温超过25℃时要开始通风，最高温不能超过30℃；夜间室温以10℃～15℃为宜，低于10℃要临时生火加温。采芽后期即侧芽采收期，如遇强光，如通风后温度仍偏高，可短期盖苫遮阳降温。

温室香椿芽可7～10天采收1次，可连续采收4～5次。每次采芽前3～5天应浇水、追肥1次，每667米^{2}追施氮肥25千克，使鲜芽水灵且嫩又增重。温室香椿扣膜后50天可采芽。采芽早的元旦上市，采芽晚的春节前上市，最好安排在元旦始收，春节前处于产量高峰期。头茬顶芽长到10～15厘米长、呈玉兰花状并着色良好时及时采收。这茬香椿的芽色、品质最佳，产量占总产量约1/3。春节上市的头茬芽更是上品，价格昂贵，采收和包装都要讲究一些。采芽应早晚进行，采下的芽立即整理，捆成100～200克1把，装入塑料袋防止失水。不能及时上市的，可放在8℃～10℃温度下暂存，可存放10～20天。头茬顶芽要从芽基整朵掰下，以刺激侧芽萌发成二茬芽；二茬芽长到20厘米左右时采收，留芽基部2～3片叶作辅养叶，以便制造养分供给后生长的嫩芽，可提高总产量。由于芽的生长绝大部分养分是靠苗木贮存养分的转化，因此到第三、第四茬芽时数量锐减，品质和风味也明显下降。

(四)适时平茬移栽露地

当苗木上部侧芽全部采完、苗木内所存积的养分已快消耗完毕时，外界气温也已回升，露地香椿已开始上市，香椿价格已大幅回落，北京地区约4月中旬，此时温室香椿已生产一个冬季，无再生产的价值。可将苗木再平茬移栽回大田中，以养好苗木为冬季再入温室生产做准备。平茬前3天撤除棚膜，炼好苗木。当年生苗木留茬10厘米；2～3年生苗木留茬15～25厘米；多年生苗木留茬要逐年提高，以保证有一定数量的隐芽。平茬时视苗木壮、弱情况将根剪去1/3～1/2，用ABT生根粉溶液浸根处理或用磷肥泥浆蘸根后回植大田，密度为每667米^{2}栽4 500～5 000株，行距60厘米，株距25厘米。定植后要浇足水，并适时中耕保墒。隐芽萌发后，选留其中一茬芽培养成下一年囤栽用的苗木，其余的芽不断掰掉。

二十四、籽香椿芽菜

人们常食用的香椿芽，一般是由木本香椿树早春发出的嫩芽或是囤栽（北方地区）的香椿芽，此种靠自然气候或囤栽发出的香椿芽供人们食用，具有采收季节性强、供应时间较短的局限性。为满足人们周年对香椿芽食用的需求，采用香椿的种子来培育香椿芽，就像培育各种豆芽菜一样简单易行。单位、个人、家庭都可做到流水线式的生产，不断产出香椿芽以满足消费者的需要，具有生产快速、无污染、风味又无太大差别的特点，可周年生产与供应市场。现介绍几种生产籽香椿芽菜的方法。

（一）用瓦盆生产香椿芽菜

选用红香椿种子，用 30℃ 的温水浸泡 8～10 小时后控干水分，放在瓦盆内用厚湿布盖严，在 25℃～30℃ 温度条件下促进发芽，2～3 天后可发芽，8～10 天后即可长成供食用的香椿芽菜。应注意的是，要经常保持种子湿润。在自然气温达不到 25℃～30℃ 的季节里，可将瓦盆放在炉火旁或暖气片附近，并经常调整瓦盆方向，使种子受热均衡。或置于其他高温场所，以促进发芽。这是一种既经济又有效的方法。

（二）用快速增生剂 2 号促生香椿芽菜

选用红香椿良种，备好清水、木棍、大缸或其他容器和快速增生剂 2 号。在备好的容器中放入 20℃ 的温水，放入香椿种子，用木棍搅拌，捞去浮在水表面上的不饱满种子和杂质；然后放入快速增生剂 2 号。保持水温 20℃，并在早、晚各换 1 次水，至种子开始出芽时把水温调至 25℃～30℃ 的恒温下生长，待香椿芽长 15 厘米左右时即可出售供食用。此方法在夏天 5～6 天可生产出一批香椿芽菜；冬季等低温气候季节，只要保持水温，7～8 天也可生产出一批。每千克香椿种子可产 6～8 千克优质香椿芽菜。此方法投资少，见效快，产出时间短，不占地，不分季节，技术又简单，只要贮备足够的种子和增生剂 2 号（按要求浓度使用，见包装说明），便可随时分批生产，源源不断供应市场，经济效益极好。

(三)育苗盘基质生产香椿芽菜

1. 准备育苗盘和基质　按计划生产规模，购置足够的塑料育苗盘，规格为60厘米×25厘米×5厘米。先将育苗盘洗净，内铺一层报纸，再铺一层厚2.5厘米的基质。基质可选用珍珠岩、水洗砂、蛭石、高温消毒后的草炭土等，最好用珍珠岩。

2. 选种与浸种、催芽　选用红香椿类良种，去掉种翅和杂质。将种子放入55℃温水中浸种，搅拌至手感不热时停搅，再浸种12小时。捞出并漂洗干净，控干水分，在22℃～24℃的恒温下催芽，2～3天后当大部分种子露出胚根1～2毫米时即可播种。

3. 播种　将催好芽的种子均匀地撒播入已准备好的塑料育苗盘内，盖1.5厘米厚的相同基质，喷水洇透基质并覆盖湿布。播量按每平方米240克干籽计算，即每个育苗盘内播种量36克。要求种子发芽率达90%以上。

4. 播后管理　这种生产方式可视生产规模大小，安排在室外或塑料棚、温室等场地。室外平均气温达18℃以上时，可露地摆盘生产，必要时适当遮阳、避光，喷水保湿。盛夏高温强光或炎热多雨季节最好不在露地摆盘生产。

此方法只要温度、湿度达到要求，播后5天种芽便可长出基质，10天后种芽下胚轴可长至8～10厘米，粗2～3毫米，根长5～7厘米。喷水时水需雾化，不冲击芽苗，育苗盘内不积水，空气相对湿度经常保持在80%左右，以促进生长和保持芽苗鲜嫩。

(四)采　收

在适宜温湿度条件下，播后15天左右，种芽下胚轴长10厘米以上、未木质化、子叶完全开展时，即可连根从基质内拔起，清洗干净，按要求包装上市。

香椿种子平均千粒重11克，单株香椿芽菜约0.11克，单株产量为种子重的10倍左右，即每个育苗盘可产360克香椿芽菜，每平方米苗盘可产 2 400 克左右。但产量高低与种子质量、环境条件、管理水平、培养天数等因素有密切关系。

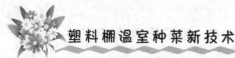

利用种子直接生产香椿芽菜，其营养成分、品质、风味等均不比香椿树芽差，且不需施肥，不需用农药防治病虫害，既无污染，又清洁卫生，生产周期短，形式可多样，能架式培育，极少占地，不论单位、家庭、个人均能生产出优质、高产、高效益的芽菜。

二十五、萝卜芽菜

萝卜芽菜，是用萝卜种子培育出来的一种新鲜、幼嫩的蔬菜，有的地方又称娃娃菜，即为幼嫩的蔬菜之意。

萝卜芽菜营养成分高，除蛋白质、糖分、淀粉、酶外，还含有多种维生素，如维生素 A、维生素 B_1、维生素 B_2、维生素 C 的含量比结球甘蓝、大白菜的含量高数倍至十几倍。萝卜芽菜品质鲜嫩，风味独特，口感好，具通气、助消化的功能。萝卜芽菜可凉拌、热拌、爆炒、做汤等，也是中餐火锅、西餐沙拉的重要原料。

培育萝卜芽菜的方法很多，利用保护地和露地相结合方法可实现周年生产与供应。此外，萝卜芽菜还能无土栽培。

（一）萝卜芽菜的地苗生产

1. 品种选择　我国培育萝卜芽菜尚无专用品种，通常是选用籽粒饱满、发芽率高的普通萝卜品种的种子来进行生产。日本等国，因人们喜欢食用萝卜芽菜，生产面积大，需种量多，已培育出专用品种，如贝割萝卜籽、福叶 40 日萝卜籽、理想 40 日萝卜籽、大阪 4010 萝卜籽等。

2. 栽培季节及方法

（1）露地生产　各地气候条件不同，露地生产的时间也不同。北京地区可在 5 月初至 9 月底进行。

（2）设施园艺生产　北京地区可在 9 月下旬至翌年 4 月下旬进行。

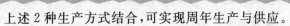

上述2种生产方式结合,可实现周年生产与供应。

3. 栽培技术

(1)整地　宜选择通气性良好且肥沃的沙质土壤为好,不能选连作地块。前茬作物收获后,清除掉田间枯枝残叶、根茬,翻耕后平整地块,做1～1.5米宽的平畦。也可在茄果类、瓜类、豆类蔬菜地中间作。

(2)播种　播种前先浇足底水,水渗下后撒一层过筛细土,再均匀撒播种子,覆细土一层把种子盖严。播种量因季节不同而有所不同,凉爽季节宜密,高温炎热季节宜稀。每平方米播种量0.75～1千克。

(3)管　理

①追肥:萝卜芽菜主要靠种子自身的营养生长,不需大量追肥,可在苗高3～5厘米时喷施1～2次0.3%磷酸二氢钾或氮素化肥水。

②浇水:只需保持土壤湿润,视天气状况浇水。晚春、夏季、早秋时气温高,蒸发量大,芽菜幼嫩,每天早、晚需各浇水1次;早春、晚秋、冬季,气温较低,蒸发量小,可视苗情适当喷水,补充缺水即可。

③温度:萝卜籽发芽及幼苗生长的适温为10℃～30℃,以25℃为最好。可据此需求,在不同季节、不同栽培方式中进行人为控制温度,以满足其发芽和生长的需温要求。

4. 收获　萝卜芽菜从播种至收获一般只需7～10天,最多不超过15天。通常在此时间范围内,苗高15～20厘米时为最佳收获时期,此时收获产量高、质量好。一旦发现有部分苗的叶片上有"麻点",或拔出萝卜芽的根呈黄色时,是萝卜芽菜腐烂的前兆,应马上收获;根色白嫩的可晚收1～2天。一般每播种0.5千克萝卜籽可产7～8千克萝卜芽菜。

(二)萝卜芽菜的无土栽培

萝卜芽菜除前述地苗生产外,也可用无土栽培,实行长年生产。日本式生产是用一种长60厘米、宽40厘米、高5厘米的特制白色塑料育苗盘培育萝卜芽菜。盘内可放入特制海绵块,海绵块按2.5厘米×2.5厘米×3厘米大小切成半连接式小块。播种前将海绵块用水浸透,铺在盘内(平底、无孔),把种子均匀播在海绵块上。播完后育苗盘多个重叠在一起,最上面一个用空育苗盘照样叠上,并用砖或重物压好,放在适温下催芽。注意:夏季要适当遮阳,秋季、冬季、早春应用塑料薄膜把育苗盘密闭好,以防止移动、灰尘污染和水分散失等。待出苗后把育苗盘分散单摆,适当补水,使幼苗见光绿化,并随秧苗不断生长。苗长至15厘米时即可出售。按要求分装塑料盒、袋或捆把销售。无论袋、盒或捆把均带海绵块,可保幼苗鲜嫩、挺拔不萎蔫。同时,意味着这是无土栽培、无污染的绿色食品,其价格高于其他方式栽培的萝卜芽菜。

如没有特制育苗盘和海绵块,可直接在设施园艺内使用普通塑料育苗盘,垫上2层湿报纸栽培萝卜芽菜。先将种子浸泡1～2小时,捞出沥干再播于备好的育苗盘内。育苗盘重叠放置在适宜温度下发芽,注意其间要抓好温湿度管理。出苗后把育苗盘摆开见光,使幼苗绿化,10天左右达成品标准时即可出售。

无土栽培方式多种多样,除上述日本方式外,还可进行沙培和以珍珠岩、蛭石、炉渣等为基质的栽培,有利于就地选材,开展多样化培育萝卜芽菜的生产。

第八章 嫁接技术

第一节 黄瓜嫁接技术

一、嫁接目的

黄瓜枯萎病是黄瓜的主要病害。据调查，连茬栽培 3～5 年，黄瓜枯萎病发病率高达 30％～50％，减产 30％～50％，严重地块甚至绝收。选用优良砧木嫁接，可以有效地防止黄瓜枯萎病的发生。嫁接后的黄瓜抗逆性增强，具有耐低温、耐高温、耐涝、耐旱等特点。嫁接苗根系发达，生长势强，所以嫁接黄瓜苗可以提早定植。嫁接后所生产的黄瓜无异味。

二、嫁接前的准备

(一)砧木选择

黄瓜嫁接应用最多的砧木是黑籽南瓜和白籽南瓜(玉瓜)。黑籽南瓜在低温条件下亲和力较高，多应用于早春嫁接；白籽南瓜在高温条件下亲和力较高，多用于延晚栽培条件下嫁接。此外，如新土佐南瓜亦多应用于延晚栽培嫁接。

(二)嫁接工具

1. 切削工具　剃须刀片数枚。使用时纵向分成 2 片。每片可削接 200 株左右。

2. 剥插工具　可用竹片自制成不同粗细的竹签。用砂纸磨光后，把竹签尖端放在酒精灯上烧烤片刻，使其变硬，但不能烧焦。

3. 缠绑工具　采用嫁接夹或不干胶带、地膜带缠绑。

(三)砧木育苗及接穗育苗

1. 砧木育苗　浸种12小时后放在温度30℃左右条件下，经约36小时出芽，当芽长0.5厘米时播种。最好条播，播种密度以每平方米1 500～2 000粒为宜。出芽一批，播一批。

2. 接穗育苗　接穗的种子和育苗土要消毒处理。浸种6～8小时后放在25℃～30℃条件下催芽。待芽长0.3厘米时播种。播种密度以每平方米2 000～2 500粒为宜。

三、嫁接方法

黄瓜常用的嫁接方法有靠接法和插接法。

(一)靠接法

靠接法接穗比砧木早播种5～7天。取砧木1株，用竹签去掉生长点及两腋芽。在子叶下0.5厘米处，使刀片与茎成30°角向下切削，深至茎粗的1/2，切口长0.5～0.7厘米。取接穗1株，从子叶下1.2厘米处，向上切削与砧木切口长短相等、方向相反的切口，切口深达茎粗的2/3。用左手拿砧木，右手拿接穗，由上向下使两舌状切口相吻合，用嫁接夹子夹住或用塑料带缠好。然后把砧木与接穗同时栽到营养钵中，经10天左右，两切口愈合后，切断接穗的根。

(二)插接法

取砧木1株，用竹签去掉生长点及两腋芽。然后使竹签与子叶成70°角，从子叶中脉与生长点痕交界处，沿茎的内表皮把一侧内茎切开，以不划破外表皮为宜。取接穗用左手拇指和食指捏住双片子叶，使刀片与接穗茎成30°角，距子叶1.5厘米处切削接穗，切口长0.5～0.7厘米。然后用左手拿砧木，用右手取出竹签，随即把接穗斜面朝下插入孔内，使砧木与接穗两切口吻合，用嫁接夹子夹上或用塑料带缠好。

四、嫁接后的管理

一般嫁接后24小时便可形成愈伤组织，嫁接后12～14天开始正常生长。此时可摘掉嫁接夹或拿掉缠绑塑料带。嫁接后20天即可定植。

(一)湿度管理

嫁接苗移栽到营养钵后，要喷透水。用塑料拱棚保湿，使棚内空气相对湿度达100%，过3～4天可适度通风降湿。

(二)温度管理

嫁接后3天内是形成愈伤组织及交错结合期。床温应控制在25℃左右，小棚内温度应保持在25℃～28℃。嫁接后3～4天开始通风，床温可降至20℃～25℃，棚内白天温度保持在25℃～30℃，夜温15℃～20℃。定植前7天，床温可降至15℃～20℃。

(三)遮　阴

嫁接后3天内要用草苫、牛皮纸遮阴，防止棚内温度过高，防止接穗失水而萎蔫。早晚可去掉遮阴物，使嫁接苗见光。随着通风时间的加长，可逐渐去掉遮阴物。

(四)去腋芽

嫁接时，由于生长点和腋芽去得不彻底，有时砧木会萌出新芽，要及时去掉，以保证嫁接苗的成活率和正常生长。

黄瓜嫁接技术不难掌握，但初学者最好从靠接法入手逐步过渡到插接法。一般每人每天可嫁接800～1 000株，熟练后，每天每人可嫁接1 500株左右。按上述4种方法管理，一般黄瓜的嫁接成活率可达90%以上。

第二节　西瓜嫁接技术

一、嫁接目的

西瓜连茬栽培，枯萎病发病率年递增10%左右，这样连茬3～5年的地块就很难种西瓜。枯萎病严重的地块，需种其他作物7～8年后才能种西瓜。为了解决这个问题，可采用嫁接栽培，能有效地防止枯萎病的发生。嫁接苗对外界条件有较强的适应性，苗根系发达，侧枝发育正常，结瓜稳定。一般嫁接西瓜比自根西瓜增产30%左右，西瓜糖度不降低，无异味。

二、嫁接前的准备

(一)砧木选择

目前国内应用最多的是瓠瓜，沈阳市农业科学研究所选育的西砧1号和大连市农业科学研究所选育的瓠砧1号已广泛得到应用。这些选育的砧木与从日本引进的瓠瓜砧木无差异。

南方进行早熟栽培的地区，多应用南瓜作砧木，如金丝瓜、玉瓜、新土佐等。

初次进行嫁接的地区，最好使用科研单位选育成功的砧木进行嫁接，以防由于砧木选择不当，而影响成活率和西瓜品质，降低产量。

(二)嫁接工具

同黄瓜嫁接技术的嫁接工具。

(三)砧木育苗及接穗育苗

同黄瓜嫁接技术育苗。

三、嫁接方法

西瓜常用的嫁接方法有插接法、靠接法和贴接法。插接法和靠接法在黄瓜嫁接技术中已介绍，现仅介绍贴接法。

取砧木1株，使刀片与砧木子叶成70°角，切削去生长点与1片子叶。将接穗削成30°的斜面，切口长0.5～0.7厘米，接穗长1.5厘米。使砧木与接穗切口相吻合，用嫁接夹子夹上。

砧木长出1片真叶1心期是嫁接适期，一般情况下，砧木出苗后15天为嫁接适期。

四、嫁接后的管理

同黄瓜嫁接技术的嫁接后的管理。

第三节　茄子、番茄嫁接技术

一、嫁接目的

茄子和番茄连茬栽培，土壤中病原菌逐渐积累，常引起茄子的黄萎病和番茄的凋萎病等。这些病害的发生，严重影响产量和品质。通过嫁接可以减轻或防止上述病害的发生。尤其是保护地嫁接栽培，可以解决轮作倒茬的问题。

二、嫁接前的准备

(一)砧木选择

1. *茄子砧木*　茄子砧木目前国内主要用日本红茄及野生茄子，抗病的番茄也可以作为茄子的砧木。

2. *番茄砧木*　国内主要用野生番茄及龙葵作砧木。

(二)嫁接工具

同黄瓜嫁接技术的嫁接工具。

(三)砧木育苗及接穗育苗

1. 茄子砧木育苗及接穗育苗

(1)砧木育苗　浸种36～48小时,放在25℃～30℃温度条件下催芽,经72小时左右可出芽。当芽长0.1厘米时,即可撒播。每平方米播25克种子。

(2)接穗育苗　种子和育苗土要进行消毒。浸种36～48小时后,放在25℃～30℃温度条件下进行催芽,经72小时出芽。芽长0.1厘米时进行播种,每平方米播25克种子。

嫁接方法不同,接穗与砧木的播期亦有所不同。一般插接法砧木先播7～10天;贴接法砧木与接穗同期播种。嫁接适期为:插接法在砧木1片真叶期进行;贴接法,为砧木1片真叶1心期进行。

2. 番茄砧木育苗及接穗育苗　番茄砧木育苗及接穗育苗与茄子基本相同,只是种子浸泡时间为6～8小时,出芽时间为24～36小时。

三、嫁接方法

茄子和番茄的嫁接方法有插接法和贴接法。插接法同黄瓜的插接方法,贴接法同西瓜的贴接方法。

四、嫁接后的管理

同黄瓜嫁接技术的嫁接后的管理。

第九章 无土栽培技术

无土栽培具有省土地、产量高、质量好、城乡都适用的优点，可用来种植蔬菜、花卉、苗木、水果等。无土栽培节水、省肥、省种，产品清洁卫生，病害轻，是目前和将来农业集约化经营的最佳出路。关于无土栽培技术在此仅作简单介绍。

第一节 NFT 水耕设备、组装及应用技术

一、水耕装置基本结构及其功能

NFT 水耕栽培是利用营养液循环系统进行农作物栽培的新型技术，其设备和组装比较简单，设有贮液池、输液装置、营养液回流装置、供水装置和栽培床(槽)等。

(一)贮液池

贮液池是配制、贮存、供给和回收营养液的主要装置。在栽培床的中央部位地面以下建 3 米^2 左右的贮液池，可供 300～400 米^2 生产面积的需要。

(二)输液装置

输液装置是由潜水泵、输液管道和阀门等组成。潜水泵通过输液管道将营养液提送到栽培床高坡一端，并分别注入床面的各槽内，用阀门调控输液量。另外，在池内水泵出口处，还需另设 1 个回液管，装上阀门以调节水泵供液压力和增加营养液氧气含量。

(三)营养液回流装置

在床面低的一端横向安装回流槽，以接收由床面流液槽流回

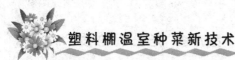

的营养液，再通过管道流回贮液池内。

(四)供水装置

接通水源，通过供水管道向贮液池供水，并安阀门操作开闭。

(五)栽培床(槽)

栽培床是用砌墙支撑床面，床面长 15 米，高坡一端距地平面 80 厘米，低坡一端为 65 厘米，形成坡度，使营养液沿斜面回流到池内。根据设施栽培面积的大小和方便作业，设计栽培床的床宽和床数。一般床宽 90 厘米，床面用厚胶合板制作，床面上每隔 15 厘米钉 1 根 2 厘米×2 厘米的木条，每个栽培床隔有 6 个流液槽，其上铺薄膜，再放一层打好定植孔的泡沫板，板上再盖一层不透明的薄膜。栽培床和泡沫板是固定植株的装置，床上的流液槽是根系伸展和吸收养分、水分、氧气的场所，要求床面平整，流液畅通。栽培床一般用于叶菜栽培。

栽培槽与栽培床的作用和原理是一样的，是适合栽培果菜的构造形式。在地面用砖土筑成坡面。一种是坡面宽 40 厘米，每个坡面设 2 个流液槽，槽宽 20 厘米，深 15 厘米左右；另一种是整个栽培场地地面筑成坡面，每隔 40 厘米设 1 个栽培槽，槽宽 20 厘米，深 15 厘米。在槽内铺一层聚乙烯薄膜，营养液在膜上流动。定植时在槽上铺一层不透明的薄膜，按株距打好定植孔定植。

二、生产技术及营养液的使用与调控

(一)无土育苗

1. 栽培床叶菜育苗　栽培床一般生产叶菜。育苗基质选用 2.5 厘米×2.5 厘米×3 厘米的海绵块。海绵消毒后用水浸透，放在育苗盘内，将干籽或浸泡过的种子播在育苗盘内的海绵块上，然后将育苗盘层叠放置在遮阴适温处，用塑料布把育苗盘盖好，周围压严，防止移动、灰尘污染、水分散失。待出苗后把育苗盘逐个散开见光，使之绿化，随着秧苗的生长适当补水，达到预计苗龄即可定植。此间不必供给营养液。海绵块育苗不但秧苗质量好，而且便于植株固定。

2. 栽培槽果菜育苗　栽培槽一般生产果菜。育苗基质选用岩棉、草炭、炉灰渣经清洗或消毒后用作育苗，北京地区多用此法。上海等地用熏炭（炭化稻壳）作基质效果很好，可用一般稻壳或制醋等用过的稻壳自行熏制。熏制时不能用明火，并要不断翻堆，防止将稻壳烧成灰末。熏制后的熏炭需用清水冲洗3次以上，冲掉灰粉和碱性物质，以稳定正常酸碱度。上述基质都比较理想，原料来源充足、便宜，制作简单，并且透气性、保水性良好，有利根系生长，秧苗健壮，减少病害。

育苗时，将种子按1～1.5厘米株行距，点播于装有基质的育苗盘内。从播种到移植，只浇清水。当子叶拉平时，要及时移苗，移在装有基质的塑料钵或塑料筒内，育苗钵的底部要做成3～4个长形孔，以便根系伸展，然后将育苗钵平摆在铺有塑料膜的苗床上，钵中基质要浇足水，以上下部基质吸足水为止。移苗次日即可浇营养液。一般上午浇1次营养液，下午浇1次清水。苗期营养液浓度电导度(EC)以0.8～1.2毫西/厘米为宜。

秧苗长至4～6片真叶期即可定植，在育苗场地比较宽松的条件下，也可采用浸种催芽的种子，直接播在装有基质的育苗钵内，这样无须移苗，效果更好。

（二）栽培管理

栽培床上的叶菜栽培，一般比较简单，定植后只要注意营养液的调控，保证光照和温湿度，即可获得高质量的产品，但也应注意室内病虫害的防治。

栽培槽生产果菜，从育苗到定植后的管理是一项技术性较强的工作。在水耕栽培条件下，由于蔬菜生长较快，植株柔嫩，空间湿度较大，容易产生病害，而且传播较快，所以在管理上要比有土栽培细致得多。在水耕栽培条件下,对随时打掉老叶、摘去病叶、整枝绑秧、通风换气和喷药防病尤为重要,一旦发病,借水流传播,传染很快,很难控制,在管理上不能有丝毫疏忽。

(三)营养液的使用与调控

水耕栽培的重要技术内容是营养液的调控,白天间断供液,晚间停止供液 6～8 小时,以调节植株养分和氧气的供给。同时,要根据不同的作物、不同的生长阶段和不同的栽培季节调节营养液的浓度和酸碱度。

1. 上海中日合作设施园艺试验场调控方法　该场对不同作物和不同生育阶段营养液的浓度和酸碱度的调控方法见表 9-1 和表 9-2。

表 9-1　不同作物不同生育阶段的营养液浓度和酸碱度管理

蔬菜种类	氢离子浓度（纳摩/升）	不同生育阶段营养液浓度(电导度)				
		育苗	移植	定植初	始花	第二穗开花
番　茄	316.3～1000 (pH 值 6～6.5)	0.8	1.1	1.3～1.6	1.7	2.2～2.4
黄　瓜	316.3～1000 (pH 值 6～6.5)	0.8	—	1.6～1.8	—	1.6～2.4 (开花坐果)
草　莓	1000 (pH 值 6)	0.8	-	0.8～1.5	—	1.6～2.2 (果实膨大)
荷兰芹	316.3～1000 (pH 值 6～6.5)	0.8	—	1.1～1.6	—	1.6～2.4 (采收期)

注:电导度的单位为毫西(门子)/厘米。

表 9-2　配制 1 吨不同浓度营养液所需水耕肥料数量　(克)

水耕肥料	营养液浓度(电导度)							
	0.8	1.0	1.2	1.5	1.7	2.0	2.2	2.4
1 号肥	500	600	750	900	1050	1200	1350	1500
2 号肥	330	400	500	600	700	800	900	1000
3 号肥	11	13	17	20	23	26	30	33

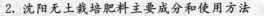

2. 沈阳无土栽培肥料主要成分和使用方法

(1)主要有效成分比例

1 号肥料:全氮 9.95～10.05,磷 3.48～3.50,钾 19.9～19.95,微量元素 3.28～3.36。

2 号肥料:全氮 12.95～13.05,钙 16.42～16.46,微量元素 0.15～0.16。

(2)使用方法

①配制标准液:称取 1 号肥料 1.5 克和 2 号肥料 1 克,分别溶于 200 毫升水中。把两种溶液混合后加水到 1 升(1 千克)。此为标准液,即 1 千克标准液含 1 号肥料 1.5 克和 2 号肥料 1 克。将此液保存于低温避光处备用。

②营养液的使用浓度和用量:生育初期用 1/2 个标准液加1/2 水,生育中期用 2/3 个标准液加 1/3 水,生育后期用 1 个标准液。假设配 1 000 升水的上述 3 种浓度,就应分别加 1 号肥料 0.75 千克,2 号肥料 0.5 千克;1 号肥料 1 千克,2 号肥料 0.67 千克;1 号肥料 1.5 千克,2 号肥料 1 千克。也可将 1 号和 2 号肥料按上述浓度要求分别溶解混匀后直接倒在贮液池或混液筒内,然后提取使用。

蔬菜生长对营养液浓度和酸碱度要求相对稳定,但因环境条件或管理条件的影响,会有变化,如果变化过大,容易伤根死苗。因此,营养液浓度和酸碱度应经常检测和调节。营养液浓度和酸碱度检测方法是用电导度(EC)装置和酸碱度测定仪测定,当 EC 低于该种作物生育阶段所需浓度时须加 1 号和 2 号肥,加到适度为止,若高于所需浓度时则应加水调节。当氢离子浓度过低(pH 值过高)时,可适量注入硫酸、磷酸或硝酸,以提高氢离子浓度(降低 pH 值),如氢离子浓度过高时则应适量加入氢氧化钠加以调节。这些检测和调节是水耕栽培最关键的技术措施之一,不可忽视。

配制营养液时要特别注意不可将1号、2号或3号水耕肥料预先混合在一起，然后加水溶解。必须是将水耕肥料分别放在容器内加水溶解，然后混合使用，否则会发生反应而沉淀、失效。

三、水耕栽培的茬口安排

(一)栽培床的叶菜茬口

叶菜生长快，周期短，可根据市场需要和秧苗准备情况随时换茬。冬春季大棚可生产头茬油菜、生菜、芹菜、小葱、芥蓝、菜心和香料等。春夏季可生产3茬油菜、生菜和头茬蕹菜。夏秋季可生产3茬油菜、生菜或2茬蕹菜、芹菜、小葱等。如果秧苗准备及时，南方一年可栽培4～5茬，北方可达3～4茬。

(二)栽培槽的果菜茬口

果菜类水耕栽培生长速度也很快，在南方冬春头茬栽培草莓，春夏栽培2茬番茄，夏秋栽培3茬黄瓜，秋冬接栽草莓。在北方春夏栽培头茬黄瓜或番茄，夏秋栽培2茬黄瓜或番茄，如有较好的保护措施，在提高棚温和水温条件下，可在春提早和秋延后栽种1茬芹菜或油菜等叶菜类。

第二节　基质、营养液栽培设施和配套技术

一、基质、营养液栽培设施

基质、营养液栽培与NFT水耕栽培的主要区别是：后者植株根系舒展在营养液中，靠营养液流动供给植株根系养分和氧气的栽培方法；前者植株根系伸展在基质之中，靠含在基质中的营养液供根系养分和氧气。所以，基质、营养液栽培的设施与NFT水耕栽培设施稍有区别。基质、营养液栽培要点是：一要选择来源丰

富、制作简单和透气性、保水性、保温性良好的基质。目前应用较多的是炭化稻壳、炉灰渣、岩棉、草炭、珍珠岩等。二要有装基质的设备，可在地面上用砖、土筑成槽式栽培床，或用特制硬质塑料槽，其上铺不透明塑料膜，将基质放入其中，再用原垫底的不透明塑料膜将基质包好，然后按定植株行距打孔定植秧苗。或用不透明塑料制成塑料筒，装满基质，放在地面或吊挂于室内，在筒上打孔定植秧苗。三要有供液设备，基质内要铺设供液带，室内设有输液管道和贮液池。贮液池可安装在比栽培床高出 1～1.5 米处，用压差供液。此外，还要有小拱棚、保温幕和遮阳网等保温、遮阴、降温等设备。

二、生产技术

（一）育苗和栽培管理

育苗方法和栽培管理技术参照本章第一节 NFT 水耕栽培有关内容。

（二）栽培床、栽培筒或栽培槽的要求

基质栽培床、栽培筒或栽培槽均需平整，装的基质多少要均匀一致，避免高低不平或多少不均。

（三）定　植

定植时将包基质的塑料袋按一定株行距打孔，并将基质浇透水，然后将秧苗脱去营养钵，带坨定植。定植次日开始供营养液，一般供液初期电导度控制在 1.3～1.6 毫西/厘米，生育中期为 1.7～2 毫西/厘米，后期逐渐加大到 2.2～2.4 毫西/厘米。

（四）酸 碱 度

基质栽培的一个重要问题，是要随时注意调节氢离子浓度，使之保持在 316.3～1 000 纳摩/升（pH 值 6～6.5）之间。

第三节　几个蔬菜品种无土栽培的技术要点

一、叶菜 NFT 水耕大棚栽培

油菜等叶菜类，春季大棚栽培，须在 3 月上旬播种育苗，4 月上旬定植，苗龄 30 天左右。葱、芹菜、蕹菜等春季栽培，须在 2 月下旬育苗，4 月上中旬定植，苗龄 40～45 天。在前茬收获前，及早准备下茬秧苗，苗子准备及时，可随时换茬。

二、果菜大棚无土栽培技术要点

（一）黄瓜水耕栽培

1. 育苗　早春大棚黄瓜无土育苗，一般在 2 月下旬播种育苗，4 月上旬大棚定植，苗龄 40～45 天。播种前要进行种子消毒和浸种催芽，瓜芽长至 0.5 厘米左右时播种在装有基质的育苗钵内。注意保温保湿。待瓜芽长出子叶拉平时，开始供营养液。其浓度掌握在电导度 0.8～1.2 毫西/厘米。上午浇营养液，下午浇清水，交替进行。如果是育苗移植，移苗前不用浇营养液，移植后开始补给营养液。

2. 定植及其管理　定植时将有黄瓜苗的育苗钵放入栽培槽内，株距为 30～35 厘米。定植较早，要在大棚内设置天幕和小拱棚等多层覆盖。外界温度稳定在 15℃左右时撤掉小拱棚，开始搭架、引蔓、绑秧。整个生育期营养液浓度控制，定植初期电导度为 1.6～1.8 毫西/厘米，开花坐果后逐渐升高到 1.8～2.4 毫西/厘米。营养液的氢离子浓度控制在 1 000 纳摩/升（pH 值 6）左右，如果浓度过高，可加水稀释；浓度过低，加水耕肥料调节。氢离子浓度可用硫酸或氢氧化钠调节。

为预防病虫害，黄瓜无土栽培要选用抗病品种或采用嫁接栽培，生育期间应及时打掉老弱病叶和引蔓绑秧，以加强通风换气，降低棚内湿度等技术措施。

如是夏季栽培，要注意遮阴，避免高温危害。还要特别注意营养液浓度调节，因为夏季温度高，蒸发量大，易造成营养液浓度过高而伤苗。

（二）番茄水耕栽培

1. 育苗　早春大棚无土育苗，一般在 2 月上旬育苗，4 月上旬定植，苗龄 60 天左右。

采用草炭或熏炭育苗。种子经过浸种、催芽后，均匀地条播在育苗床或育苗盘内，浇透底水，温度控制在 25℃～28℃，待子叶拉平，真叶出现时进行移苗。移植在装有岩棉、熏炭、草炭等育苗钵内，次日开始浇营养液。随着秧苗的生长，逐渐加大营养液浓度，电导度维持在 0.8～1.2 毫西/厘米。营养液的氢离子浓度控制在 316.3～1 000 纳摩/升（pH 值 6～6.5）之间。温度应保持 15℃以上，当叶片长至 6 片左右时定植。

2. 定植及其管理　定植前准备好栽培槽和供液供水设施。栽培槽上紧紧地盖上一层不透明薄膜，防止过量蒸发水分和产生绿藻，定植株距 30 厘米左右。

（1）营养液浓度和酸碱度的调节　定植初期营养液电导度控制在 1.3～1.6 毫西/厘米。开花坐果期逐渐升到 1.7～2 毫西/厘米。第二至第三穗开花坐果期应上升并维持在 2.2～2.4 毫西/厘米。定植后氢离子浓度一般稳定在 316.3～1 000 纳摩/升（pH 值 6～6.5）之间，如果氢离子浓度过低，用 98％浓硫酸或磷酸加以调节，如过高用氢氧化钠调节。

（2）栽培管理　水耕栽培番茄养分充足，生长速度较快，可采用单秆或双秆整枝法。单秆整枝一般早春栽培可在 3 穗果以上留 2 片叶摘心，争取早期产量。如双秆整枝，选择第一花序以下第一分枝留用，其余分枝全部打掉，以集中养分供应。在整枝同时，结合进行打老、弱、病叶，引蔓绑秧，疏果和喷蘸番茄灵等。同时，注意病虫害的防治。

第十章 商品化蔬菜产后处理技术

各种蔬菜含有人体所需的多种营养成分，而且属于碱性食品，可使血液酸碱度保持弱碱性，维持人体健康。

我国地域辽阔，蔬菜的生产季节性很强，各地均存在淡旺季问题，必然导致蔬菜产品的大范围流通。远距离调运蔬菜，往往造成蔬菜的大量变质、腐烂。所以，蔬菜的产后处理技术，是蔬菜进入商品市场必须掌握的一门科学技术。

第一节 商品化蔬菜产后处理作业

商品化蔬菜产后处理作业，包括适时收获、按等分级、清洗加工、包装、初步预冷、短期贮藏、长短途运输、市场销售的系列过程。其最终目的是使商品蔬菜从产地到市场，不论路途多远，在一定时间内使商品蔬菜保持新鲜、不变质，保持不同品种的特有风味。使产品在市场上有竞争力，获得较高的经济效益。

一、采收前各因素对蔬菜贮藏保鲜的影响

采前因素包括品种、气候、施肥、灌溉、病虫害防治等。

（一）品　种

不同品种的耐贮性差异很大，各品种有不同的适宜贮存条件要求和范围。如贮藏条件合适时，蒜薹能贮 10～12 个月，豇豆、青豌豆只能贮存 1～2 周，大白菜可贮藏 3～4 个月。

（二）气　候

蔬菜生产过程中，光照、温度、湿度、雨量等因素，对产品的耐

贮性影响也很大。光照充足，雨水偏少，空气较干燥，昼夜温差大的地区的产品，耐贮性较好。

另外，昼夜温差大、海拔高、山区生产的产品，相对地比较耐贮藏，而且品质好。选择贮藏时可作为参考条件之一。

(三)施　肥

多施农家肥和富含氮、磷、钾的复合肥，增施钙肥和铁、硼、锰、锌、铜、钼等微量元素肥料，不仅能提高商品菜的品质，还可增强贮藏性能，亦能减少贮藏过程中生理病害的发生，延缓衰老过程。

(四)灌　溉

土壤水分不足，蔬菜生长不良，产量降低；土壤水分过多，降低产品质量，耐贮性变差。例如，大白菜为了保持良好贮存性能，要求砍收前1周停止浇水。

(五)防治病虫害

商品蔬菜生产，发生病虫害是客观自然现象，贮藏前必须剔除有病虫害的产品，以免在贮存期间造成病虫害继续蔓延。夹杂病虫害商品，必然影响商品的等级和价格，甚至造成销售困难。

二、商品蔬菜的收获

主要依据品种特性、成熟度、贮存期长短、气候条件等因素考虑。如番茄采收过早，果实尚未充分发育，个小，色青，糖分积累少，坚硬，无番茄特有风味；采收过晚，已成熟，果皮松软，无一定硬度，不耐挤压，运输、贮存损耗率大，贮藏期缩短。所以，要在个头发足、果皮开始由白变粉时及时收获。各种产品按各自标准适时采收。同时，注意轻轻采摘，防止产品机械性损伤，以免影响耐贮性能，也可减少病菌感染机会。

第二节 采收分级标准

目前,我国蔬菜商品的产销,是以就近生产就近销售为主,外埠调剂为辅的方针。商品蔬菜的分级原则:果菜按大小一致、颜色统一、形状无大差别、质量等进行分级。如茄子,可按颜色分为紫皮、绿皮;圆形、长形;150～180 克、181～210 克、211～240 克、241～270 克及 271 克以上质量等级;一般外观分级凭感观和经验,简单的方法是按方、圆孔眼限制进行分级,质量则可过秤分级。设备先进的,可用机械化自动清洗、分级、过秤、包装等流水线作业。如荷兰蔬菜拍卖市场,农户送来的番茄、甜椒等,倾入自动流水线作业机后,自动清洗,清洗干净后用微热风风干,用电子眼监视器把大小一致、颜色同一的分在一起,把有病虫果,不成熟的青、小果剔出。按质量分级,包装,预冷,进入冷藏室或冷藏运输车的集装箱。整个过程只需少数人辅助劳动,便能完成清洗、分级、包装、拍卖过程。大椒分级,也可按单个大小,红、绿颜色,质量进行分级,也可凭感观、经验分级,也可自动化机械分级,视条件设备而定。叶菜类分级,则按质量同等、大小一致、捆绑整齐、美观,按一定重量标准分级。总之,商品菜品种多,各有自己的分级标准,一般是按外形大小一致、颜色统一、不同质量等次、捆绑整齐美观、去掉病虫杂劣产品等标准进行分级。分级的目的是争取优质优价,提高产品的竞争力。

第三节 清洗加工及包装技术

一、清　洗

商品蔬菜清洗的目的是为了使商品蔬菜外观干净,去掉泥土、杂质,外形美观。但不同品种清洗程度要求不同,如黄瓜,清洗不能过度，不要把瘤刺都洗刷掉，不要损伤产品原来自然风貌。如韭菜，只要不带泥土、干尖、烂叶、黄叶，捆绑整齐，外观鲜嫩即可。

二、包 装

产品实行包装标准化，是保证安全运输、贮藏的重要措施。尤其是名特优蔬菜商品，在包装表面还要印记上产地、品名、生产厂家、等级等字样，可提高产品知名度和信誉，提高商品竞争能力。

包装对产品不仅起到保护产品，在运输、周转、搬动中减少摩擦、碰撞、挤压等造成的损伤，还能减少病害蔓延，避免产品呼吸发热和温度剧变造成损失。所以，合理包装也是商品菜贮、运、销过程中的重要环节。

(一)包装容器

种类很多，如木箱、条筐、竹筐、塑料筐和纸箱等。对容器要求，其材质要有一定的硬度、不易变形，能承受一定压力，质轻，无不良气味，价廉易得，大小适宜，规格一致，有利于搬运、堆放等。用纸箱时以每箱装蔬菜15～20千克为宜，用其他材质的箱、筐时以每箱、筐装蔬菜20～25千克为宜。

(二)包装填充物品

为减少商品菜摩擦，要考虑包装容器内壁光滑平整，还可用垫衬物和填充物。特别是远途运输时，要考虑途中的气候，防止热伤腐烂或受寒冷冻，要有针对性地采取加冰块防热和保温防寒等措施。运输是产、供、销3个环节中的纽带，要求快装快运、轻搬轻放，以减少损失。

第四节　简易预冷及短期贮藏技术

蔬菜贮藏方法主要依据不同蔬菜本身采后生理变化、对环境要求和运销情况而定。如大椒、番茄等果菜是喜温蔬菜，广东、福建等产地，产后运销北方地区，时间在11～12月份前后，采收装筐后要尽快装车发运。如集装冷藏车发运，则要装筐预冷后装入冷藏车，由公路运输，无须采取其他措施。如用火车铁路运输，装车后在菜筐周围要适当加冰降温，以防运输途中造成热腐烂，到长江以北地区后天气渐冷，可维持正常贮存温度，若偏冷时要加覆盖保温。总之，要看蔬菜品种本身耐冷热程度、当时天气状况和途中时间长短等条件，采取适当保护措施，用以保证把商品蔬菜运到销售地后仍能保持产品品质、外观状态不变。

一、简易预冷

采收后在装车发运或入库贮藏以前，有条件的都必须进行简易预冷，使蔬菜产品的温度降至贮藏适温的范围内，以减少呼吸消耗或引起变质。预冷程度视不同品种的耐冷性而定。预冷方法：一是自然预冷。利用自然气温变化，使蔬菜降温至适合贮存温度，再进库贮藏。如北方大白菜，10月底至11月初砍收后，需要堆放，让其自然降温，到寒流来到前或适合贮存时，再入库存放。二是用水洗降温。清凉井水一般有一定恒温，清洗或喷洒蔬菜，也有适度降温作用，但水分要风干后才能进行贮藏。也可用冰降温，但不能直接接触蔬菜。三是用机械制冷进行预冷。此法在发达国家普遍采用。

二、贮藏技术

蔬菜的贮藏方法归纳起来可分为2大类。

第一类是低温贮藏，就是前面已介绍到的用各种方法预冷后送进冷藏车、冷藏库。冷藏场所是利用自然冷源或人工机械制冷和加冰降温的方法。

第二类是人工控制贮藏场地的气体成分，达到抑制产品呼吸消耗作用，叫气调贮存法。

蔬菜贮藏前，要了解各种蔬菜的适宜贮存温湿度条件和可能贮存的时间，才能有计划地控制贮存条件，达到预期的目的。各种蔬菜的贮藏条件可参考表 10-1 加以控制。

表 10-1 各种蔬菜的适宜贮藏条件及贮藏时间

蔬菜种类	贮藏温度(℃)	相对湿度(%)	贮藏时间(天)
黄 瓜	12～13	95～99	20～25
番 茄	8～12	85～90	30～80
甜 椒	9～12	90～95	30～45
菜 豆	8～11	95 左右	10～20
菠 菜	－4～0	95～100	85～90
茄 子	7～10	85～90	20～25
芹 菜	－2～0	98～100	60～120
花椰菜	0～1	90～95	60～90
莴 苣	0	90～95	20～30
蒜 薹	0	95 左右	150～180
大 蒜	0	65～70	180～250
洋 葱	0	65～70	180～250
西葫芦	10～13	70～75	60～180
扁 豆	4～6	85～90	20～25
豇 豆	5	85～90	15
南 瓜	8～10	65～70	70～120
西 瓜	10～16	80～85	7～30
芦 笋	0	90～95	20～30
蘑 菇	0～2	85～90	7～10
青豌豆	0	85～90	10～15
马铃薯	3～5	90～95	200～360

续表 10-1

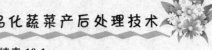

蔬菜种类	贮藏温度(℃)	相对湿度(%)	贮藏时间(天)
芋　头	5～10	80～85	180
甜玉米	0	90～95	7
草　莓	0	90～95	7～10

(一)利用自然冷源进行贮藏

我国现阶段,采用自然冷源进行贮藏较为普遍。方式如下:

1. 堆藏　一般在菜地地面上或浅坑中堆放蔬菜,根据气温变化分次加厚覆盖物,达到遮阴或防寒保温目的。覆盖材料可就地取材,如苇席、草苫、秸秆、土等。堆藏量要依当地气候而定,堆量不能太多、太厚,以防中间部分积热造成烂菜,如大白菜多采用此法。

2. 沟藏　我国地处北半球,各地从秋到冬气温、地温不断下降,但气温比地温下降快、变幅大,土层越深,地温越高。可利用这一变化特点和蔬菜贮藏适温要求,贮藏蔬菜,既经济,又实用,效果也好。例如,北方冬季普遍采用沟藏大红萝卜、心里美萝卜、胡萝卜、菠菜、芹菜等,沟藏要选高燥、排水良好的地方。深度一般在当地冻土层深度以下。宽度以 1～1.5 米为宜。埋放时要一层萝卜一层土,在沟内每隔 1.5 米立秸秆 1 把,约 20 厘米径粗,直插沟底,作通气孔。埋藏管理,要注意土壤湿度,不要太干或太湿。其次是随气温下降逐渐加盖覆盖物或土,用于保温防冻;当温度高时可设荫障,太冷还可加设风障。

3. 窖藏　多为半地下式的大窖,用自然温度进行通风控温。一种是棚窖,是当年建造的临时窖,商品菜出窖完毕后填平,仍可种植。例如,北京贮存大白菜的棚窖,宽 4～5 米,深 3～4 米,长按贮藏量而定,每立方米可贮大白菜 250 千克。一半在地平面以下,一半在地面以上，打 1 米厚以上的土墙帮，设气孔，上面盖好棚，中间留 50 厘米宽左右气道，据天气变化而灵活地调节窖内贮藏温度，可通过棚窖上面气道的覆盖物的厚薄、留缝大小和旁边气孔的堵塞来调温。

另一种是永久式砖墙、钢材屋顶的贮藏室，贮藏量可达几百吨，也多为半地下式，通过门窗或排风机调节窖内温度。

（二）冷库贮藏

用机械制冷的大型冷库贮藏。根据各种蔬菜的适宜贮藏温度，在大型冷库某区域设定某种蔬菜的贮藏区，以达到最适的贮藏条件和目的。

（三）气调贮藏

是把产品放在一个相对密闭的环境中，通过改变贮藏环境中的氧气、二氧化碳气、氮气等气体成分比例，达到贮藏保鲜的目的。例如，气调冷藏库、塑料薄膜大帐气调贮藏、塑料薄膜小袋气调贮藏、硅窗袋贮藏等。这些均有专门材料介绍，在此就不一一介绍了。

第五节　贮　运

贮运，是商品蔬菜从产地运输到销售基地的贮运过程。商品蔬菜采收后经过一系列加工、贮藏后要进行销售。如果产地与销售地距离较近，贮运过程比较简单，把整修好的商品菜运送到接收站就行。如果产地距离销售地很远，贮运就比较复杂。因为商品菜品种多，有不同的保鲜要求条件，且多为鲜嫩易腐产品，途中过冷、过热，都极易引起产品的变质或腐烂，而降低商品价值或失去食用价值。所以，商品蔬菜远途贮运，必须抓好下面几项作业，做到产品保持原有的鲜嫩品质及风味。

一、整修加工

采后或经过贮藏的商品蔬菜，装车远运前，必先去掉黄帮、烂叶、病虫果和畸形果，力争做到产品均匀一致，没有等外品，或按标准分级。其次要选坚硬材料的筐箱容器，用垫物隔开空隙，以减少运输途中碰撞、摩擦损伤而增加损耗和降低等级。

二、贮 运

包装好的商品菜，装车运输前有条件的要先行预冷，使商品蔬菜温度下降到各种蔬菜适合贮藏的温度。如果用集装箱冷藏车运输，只要按标准件包装，装入冷藏车就可以，冷藏车可按需要调温，使商品菜处于适合贮藏温度条件下，能保鲜、保质。如果用没有冷藏设备的火车或汽车运输，就要考虑商品菜的耐冷耐热性能、包装材料和运输时间长短、地区间气候变化等因素，采取适当措施，防止贮运途中使商品蔬菜失去鲜嫩或变质、腐烂。例如，广东、福建等地区每年都有大量商品蔬菜调运到北京、东北等地销售，品种有番茄、黄瓜、大椒、菜花、甘蓝、洋葱、芹菜、菠菜等。这些品种的贮藏条件都不同，又多在秋、冬、春季进行南菜北运。路程距离都在2 000千米以上，时间一般要 7 天至半个月。气候越往北越寒冷。这样的远距离调运商品菜，就要做好贮运过程的温度管理工作，南段降温，中间段过渡，北段要做好保温。